21世纪应用型本科院校规划教材

U0367560

大学物理学习指导

常州工学院物理教学部

南京大学出版社

图书在版编目(CIP)数据

大学物理学习指导 / 常州工学院物理教学部主编.
－－南京：南京大学出版社，2017.12(2024.1 重印)
21 世纪应用型本科院校规划教材
ISBN 978－7－305－19673－7

Ⅰ．①大… Ⅱ．①常… Ⅲ．①物理学－高等学校－教
学参考资料 Ⅳ．①O4

中国版本图书馆 CIP 数据核字(2017)第 303863 号

出版发行　南京大学出版社
社　　　址　南京市汉口路 22 号　　　　邮　编　210093
丛 书 名　21 世纪应用型本科院校规划教材
书　　　名　大学物理学习指导
主　　　编　常州工学院物理教学部
责任编辑　朱彦霖　单　宁　　　　　编辑热线　025－83597482

照　　　排　南京南琳图文制作有限公司
印　　　刷　南京百花彩色印刷广告制作有限责任公司
开　　　本　787×1092　1/16　印张 16　字数 389 千
版　　　次　2017 年 12 月第 1 版　2024 年 1 月第 7 次印刷
ISBN 978－7－305－19673－7
定　　　价　39.50 元

网址：http://www.njupco.com
官方微博：http://weibo.com/njupco
微信服务号：njuyuexue
销售咨询热线：(025) 83594756

前　言

本书是为非物理专业学生学习《大学物理》课程而编写的学习指导书,旨在让学生对基本概念、原理和规律有比较全面而系统的认识,理解各种运动形式之间的联系,并能灵活地加以运用,对近代物理学及其新发展有一般的了解;引导学生熟悉和掌握各种分析问题、解决问题的方法,提高学生的综合素质和技能,从而为学生学习后继专业课程和解决实际问题提供必不可少的物理基础知识及常用方法.

全书共有 13 章,第一章质点运动学,第二章牛顿定律,第三章动量守恒定律和能量守恒定律,第四章刚体的转动,第五章静电场,第六章静电场中的导体与电介质,第七章恒定磁场,第八章电磁感应、电磁场,第九章振动,第十章波动,第十一章光学,第十二章气体动理论,第十三章热力学基础.每章中的"基本要求"为学生指点各知识点要求掌握的程度,分为了解、理解、掌握和熟练应用等;"基本概念和规律"帮助学生归纳主要内容;"学习指导"帮助学生梳理知识点的联系、物理学的思想、方法等;"典型例题"则加强学生对重点、难点知识的理解和掌握,并帮助学生培养分析问题、解决问题的能力;"练习题"(题型有选择、填空、计算、应用)有利于学生及时复习巩固、了解自己对知识的掌握及应用程度.

本书采用基于二维码的互动式学习平台,每章附有二维码,学生扫一扫可见本章电子资源及习题参考答案,便于学生进行拓展学习和自我检测.

本书第一章由李恒梅编写,第二章由王刚编写,第三章由金雪尘编写,第四章由王震编写,第五章由黄红云编写,第六章由杨景景编写,第七章由肖虹编写,第八章由张德生编写,第九章由茆锐编写,第十章由沈玉乔编写,第十一章由万志龙编写,第十二章由秦赛编写,第十三章由姚茵编写.

本书是在常州工学院物理教学部编写的《大学物理辅导与练习》的基础上改编修订而成,在此对所有参与编写过《大学物理辅导与练习》的老师表示感谢!限于编者的水平,书中难免有不妥和疏漏之处,恳请广大师生批评指正.

编　者

2017 年 9 月于常州工学院

目　　录

第一章　质点运动学

扫一扫
可见本章电子资源

1.1　基本要求

（1）理解质点模型和参照系的概念,掌握矢量、标量概念及表示方法.

（2）掌握描述质点运动的物理量:位置矢量、位移、速度、加速度以及它们之间的联系.

（3）能借助于直角坐标系熟练地计算质点运动时的速度、加速度.

（4）掌握描述圆周运动的物理量:角坐标、角位移、角速度、角加速度以及它们之间的联系.掌握切向加速度、法向加速度.

（5）能借助于平面极坐标、自然坐标系熟练地计算质点作圆周运动时的角速度、角加速度、切向加速度、法向加速度.掌握角量与线量之间的关系.

（6）了解相对运动的基本概念,并能解决一些简单问题.

1.2　基本概念和规律

1. 参考系和坐标系

（1）参考系:为描述物体的运动而选择的标准物,称为参考系.

（2）坐标系:在参考系上建立适当的坐标系来定量描述物体的运动.常用的坐标系有直角坐标系、平面极坐标系和自然坐标系等.

2. 质点

忽略物体的大小和形状,把物体看成一个具有质量的点,称为质点.质点是一个理想模型.

3. 位置矢量和运动方程

（1）位置矢量 r:在时刻 t,质点在坐标系里的位置可用位置矢量 r 来表示,简称位矢,它是一个有向线段,由坐标原点指向质点所在位置.

在直角坐标系中,质点的位置可用各坐标轴分量及单位矢量表示如下:

$$r=x\boldsymbol{i}+y\boldsymbol{j}+z\boldsymbol{k}.$$

注意　式中 x,y,z 是含有"＋","－"号的代数量.

（2）运动方程:质点相对参考系运动时,它的位矢 r 是随时间而变化的,因此 r 是时间的函数,我们把质点的位矢 r 随时间变化的函数关系式叫做质点的运动方程.即

$$r=r(t)=x(t)\boldsymbol{i}+y(t)\boldsymbol{j}+z(t)\boldsymbol{k}.$$

4. 位移

（1）位移:表示质点位矢的变化,记作 Δr,是由初位置 A 指向末位置 B 的有向线段.在

直角坐标系中可表示为:
$$\Delta\boldsymbol{r}=(x_B-x_A)\boldsymbol{i}+(y_B-y_A)\boldsymbol{j}+(z_B-z_A)\boldsymbol{k}=\Delta x\boldsymbol{i}+\Delta y\boldsymbol{j}+\Delta z\boldsymbol{k}.$$

(2) 路程:质点运动中实际经过轨迹的长度.

注意 位移的大小一般不等于路程.质点只有在做单向直线运动时位移的大小才等于路程.

5. 速度

(1) 平均速度:
$$\bar{\boldsymbol{v}}=\frac{\Delta\boldsymbol{r}}{\Delta t}=\frac{\Delta x}{\Delta t}\boldsymbol{i}+\frac{\Delta y}{\Delta t}\boldsymbol{j}+\frac{\Delta z}{\Delta t}\boldsymbol{k}=\bar{v}_x\boldsymbol{i}+\bar{v}_y\boldsymbol{j}+\bar{v}_z\boldsymbol{k}.$$

(2) 平均速率:
$$\bar{v}=\frac{\Delta s}{\Delta t}\neq|\bar{\boldsymbol{v}}|.$$

注意 平均速率描述的是质点运动的平均快慢程度,是标量,一般不等于平均速度的大小.

(3) (瞬时)速度:
$$\boldsymbol{v}=\frac{\mathrm{d}\boldsymbol{r}}{\mathrm{d}t}=\frac{\mathrm{d}x}{\mathrm{d}t}\boldsymbol{i}+\frac{\mathrm{d}y}{\mathrm{d}t}\boldsymbol{j}+\frac{\mathrm{d}z}{\mathrm{d}t}\boldsymbol{k}=v_x\boldsymbol{i}+v_y\boldsymbol{j}+v_z\boldsymbol{k}.$$

瞬时速度简称速度.瞬时速度的大小称为瞬时速率,简称速率.

(4) (瞬时)速率:
$$v=|\boldsymbol{v}|=\left|\frac{\mathrm{d}\boldsymbol{r}}{\mathrm{d}t}\right|=\sqrt{v_x^2+v_y^2+v_z^2}\ \text{或}\ v=\frac{\mathrm{d}s}{\mathrm{d}t}$$

6. 加速度

(1) 平均加速度:
$$\bar{\boldsymbol{a}}=\frac{\Delta\boldsymbol{v}}{\Delta t}$$

(2) (瞬时)加速度:
$$\boldsymbol{a}=\frac{\mathrm{d}\boldsymbol{v}}{\mathrm{d}t}=\frac{\mathrm{d}v_x}{\mathrm{d}t}\boldsymbol{i}+\frac{\mathrm{d}v_y}{\mathrm{d}t}\boldsymbol{j}+\frac{\mathrm{d}v_z}{\mathrm{d}t}\boldsymbol{k}=a_x\boldsymbol{i}+a_y\boldsymbol{j}+a_z\boldsymbol{k}$$

7. 平面极坐标系、自然坐标系

当物体做平面曲线运动时,可利用平面极坐标系或自然坐标系来描述物体的运动情况.

(1) 平面极坐标系:如图 1-1 所示,质点在 A 的位置可由(r,θ)来确定,这种以(r,θ)为坐标的坐标系称为平面极坐标系,它与直角坐标系之间的变换关系为 $x=r\cos\theta,y=r\sin\theta$. 当质点运动时,位矢 $\boldsymbol{r}$、角坐标 θ 随时间而改变,即:$\boldsymbol{r}=\boldsymbol{r}(t),\theta=\theta(t)$.

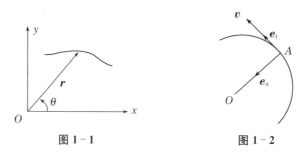

图 1-1   图 1-2

(2) 自然坐标系:如图 1-2 所示,固定在质点上跟随质点一起运动的坐标系,它是以动点 A 为原点、以切向单位矢量 $\boldsymbol{e}_t$ 和法向单位矢量 $\boldsymbol{e}_n$ 建立的二维坐标系.运动方向为 $\boldsymbol{e}_t$ 正方向.

8. 圆周运动

在平面极坐标系中,质点作圆周运动时,位矢 $\boldsymbol{r}$ 的大小不变,角坐标 θ 随时间而改变,即

θ 是时间的函数,即运动方程 $\theta(t)$.

描述圆周运动的物理量:

(1) 角坐标: θ

(2) 运动方程: $\theta(t)$

(3) 角位移: $\Delta\theta = \theta_2 - \theta_1$

(4) 角速度: $\omega = \dfrac{\mathrm{d}\theta}{\mathrm{d}t}$

(5) 角加速度: $\alpha = \dfrac{\mathrm{d}\omega}{\mathrm{d}t} = \dfrac{\mathrm{d}^2\theta}{\mathrm{d}t^2}$

在自然坐标系中,在圆周运动的轨迹上设定起点和正方向(选运动方向为 $\boldsymbol{e}_t$ 正方向)后,可用曲线的弧长 s 来确定质点的位置. 位置 s 随时间的变化的关系式即为运动方程 $S(t)$.

(6) 线速度:
$$\boldsymbol{v} = v\boldsymbol{e}_t = \frac{\mathrm{d}s}{\mathrm{d}t}\boldsymbol{e}_t.$$

线速度可简称速度,式中 $v = \dfrac{\mathrm{d}s}{\mathrm{d}t}$ 称为速率,即线速度的大小.

(7) 加速度: $\boldsymbol{a} = \dfrac{\mathrm{d}\boldsymbol{v}}{\mathrm{d}t} = \dfrac{\mathrm{d}v}{\mathrm{d}t}\boldsymbol{e}_t + v\dfrac{\mathrm{d}\boldsymbol{e}_t}{\mathrm{d}t} = \dfrac{\mathrm{d}v}{\mathrm{d}t}\boldsymbol{e}_t + \dfrac{v^2}{r}\boldsymbol{e}_n = a_t\boldsymbol{e}_t + a_n\boldsymbol{e}_n = \boldsymbol{a}_t + \boldsymbol{a}_n.$

(8) 切向加速度:

$a_t = \dfrac{\mathrm{d}v}{\mathrm{d}t} > 0$, $\boldsymbol{a}_t$ 的方向与 $\boldsymbol{e}_t$ 方向一致,加速运动.

$a_t = \dfrac{\mathrm{d}v}{\mathrm{d}t} < 0$, $\boldsymbol{a}_t$ 的方向与 $\boldsymbol{e}_t$ 方向相反,减速运动.

(9) 法向加速度: $a_n = \dfrac{v^2}{r} > 0$, $\boldsymbol{a}_n$ 方向总是指向圆心,故也称向心加速度.

总加速度 $\boldsymbol{a}$ 的方向总是指向曲线的凹侧.

(10) 角量与线量的关系: $s = r\theta, v = r\omega, a_t = r\alpha, r\omega^2$.

若质点在平面内做一般曲线运动,上面式子中所有半径 r 改为质点所在位置处的曲率半径 ρ 即可.

1.3　学习指导

质点运动学一般可分为二类问题:

(1) 已知运动方程,通过求导运算求速度、加速度等.

(2) 已知加速度和初始条件,通过积分运算求速度、运动方程等.

若已知速度和初始条件,可通过求导求加速度,通过积分求运动方程.

若已知加速度的表示式为 $a(x), a(v)$ 等,可通过转换积分变量求解.

描述质点运动的位矢、位移、速度、加速度均为矢量,它们不仅有大小,而且有方向,学习时一定要注意矢量和标量的区别,注意矢量的写法、图示法、单位矢量的表示等. 为简便起见或为避免出错,可采用分量式运算、表示.

学习大学物理必须打好高等数学的基础,能熟练掌握求导、积分运算、解微分方程等,注意处理好物理与数学的关系,一方面物理离不开数学,一些物理概念、定义、规律必须通过数学公式表示,但另一个方面,数学不能取代或掩盖物理的本质意义,一定要弄清物理知识的内涵.

求解物理问题,要学会分析题意,应有明晰的思路和方法,能判断问题的类型和性质,特别要学会画示意图来帮助直观分析解决问题,解题时还应注意答题步骤的表示要清晰、简明,并注意物理量的单位等.

学习大学物理还需注意与中学物理的区别与联系.

1.4 典型例题

例 1-1 已知质点的运动方程为 $\boldsymbol{r}=2t\boldsymbol{i}+(2-t^2)\boldsymbol{j}$(SI),求:

(1) 质点的轨迹;

(2) 由 $t=0$ 到 $t=2$ s 内质点的位移和路程;

(3) 质点运动的速度和速率;

(4) 在直角坐标系和自然坐标系中的加速度.

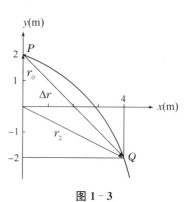

解:(1) 由运动方程可知:$x=2t$,$y=2-t^2$,消去 t

得轨迹方程为:$y=2-\dfrac{x^2}{4}$,此轨迹为抛物线(如图

1-3 所示).

图 1-3

(2) $t=0$ 代入运动方程,$\boldsymbol{r}_0=2\boldsymbol{j}$,质点在 P 点.

$t=2$ 代入运动方程,$\boldsymbol{r}_2=4\boldsymbol{i}-2\boldsymbol{j}$,质点在 Q 点.

位移:$\Delta\boldsymbol{r}=\boldsymbol{r}_2-\boldsymbol{r}_0=4\boldsymbol{i}-4\boldsymbol{j}$,由 P 指向 Q 的有向线段.

位移的大小:$|\Delta\boldsymbol{r}|=\sqrt{(\Delta x)^2+(\Delta y)^2}=5.66$ m).

对 PQ 弧长取微元 $\mathrm{d}s$,$\mathrm{d}s=\sqrt{(\mathrm{d}x)^2+(\mathrm{d}y)^2}$,由轨迹方程可得 $\mathrm{d}y=-\dfrac{1}{2}x\mathrm{d}x$,由 $t=0$ 到 $t=2$ s 内的路程为

$$S=\int_P^Q\mathrm{d}s=\int_0^4\frac{1}{2}\sqrt{4+x^2}\,\mathrm{d}x=5.91\text{ m})$$

(3) 速度:$$\boldsymbol{v}=\frac{\mathrm{d}\boldsymbol{r}}{\mathrm{d}t}=2\boldsymbol{i}-2t\boldsymbol{j}\text{ (m/s)}.$$

速率:$$v=\sqrt{v_x^2+v_y^2}=2\sqrt{1+t^2}\text{ (m/s)}.$$

(4) 在直角坐标系中:$$\boldsymbol{a}=\frac{\mathrm{d}\boldsymbol{v}}{\mathrm{d}t}=-2\boldsymbol{j}\text{ (m/s}^2).$$

在自然坐标系中:$$a_t=\frac{\mathrm{d}v}{\mathrm{d}t}=\frac{2t}{\sqrt{1+t^2}}\text{ (m/s}^2).$$

$$a_n=\sqrt{a^2-a_t^2}=\frac{2}{\sqrt{1+t^2}}\text{ (m/s}^2).$$

$$\boldsymbol{a}=\frac{2t}{\sqrt{1+t^2}}\boldsymbol{e}_t+\frac{2}{\sqrt{1+t^2}}\boldsymbol{e}_n.$$

从本题的求解过程可以看出,当质点做一般曲线运动时,用公式 $a_n=\dfrac{v^2}{\rho}$ 求法向加速度是比较麻烦的,因为曲率半径不容易计算,但是先求出质点的切向加速度和总加速度后,再

利用公式 $a_n = \sqrt{a^2 - a_t^2}$ 求法向加速度就比较方便了.

例 1-2　一质点具有加速度 $\boldsymbol{a} = 4\boldsymbol{i} + 6t\boldsymbol{j}$ (m/s²),在 $t = 0$ 时,其速度为 0,位矢 $\boldsymbol{r}_0 = 10\boldsymbol{i}$ (m),求:

(1) $t = 3$ s 时速度的大小和方向;

(2) 运动方程.

解:(1) 由 $a_x = \dfrac{\mathrm{d}v_x}{\mathrm{d}t} = 4$,得 $\mathrm{d}v_x = 4\mathrm{d}t$,

等式两边积分,由初始条件:$t = 0$ 时,$v_{0x} = 0$,得

$$\int_0^{v_x} \mathrm{d}v_x = \int_0^t 4\mathrm{d}t \Rightarrow v_x = 4t$$

由 $a_y = \dfrac{\mathrm{d}v_y}{\mathrm{d}t} = 6t$,得 $\mathrm{d}v_y = 6t\mathrm{d}t$,

等式两边积分,由初始条件:$t = 0$ 时,$v_0 y = 0$,得

$$\int_0^{v_y} \mathrm{d}v_y = \int_0^t 6t\mathrm{d}t \Rightarrow v_y = 3t^2$$

所以速度为
$$\boldsymbol{v} = 4t\boldsymbol{i} + 3t^2\boldsymbol{j}$$

将 $t = 3$ s 代入,得 $\boldsymbol{v}_3 = 12\boldsymbol{i} + 27\boldsymbol{j}$,

$t = 3$ s 时速度的大小为

$$v_3 = \sqrt{v_x^2 + v_y^2} = \sqrt{12^2 + 27^2} \approx 29.5 \text{ m/s}.$$

$\boldsymbol{v}_3$ 与 x 轴之间的夹角为

$$\alpha = \arctan \frac{v_y}{v_x} = \arctan \frac{27}{12} = 66°02'$$

(2) 由 $v_x = \dfrac{\mathrm{d}x}{\mathrm{d}t} = 4t$,得 $\mathrm{d}x = 4t\mathrm{d}t$,

等式两边积分,并由初始条件:$t = 0$ 时,$x_0 = 10$,得:

$$\int_{10}^x \mathrm{d}x = \int_0^t 4t\mathrm{d}t \Rightarrow x = 2t^2 + 10$$

由 $v_y = \dfrac{\mathrm{d}y}{\mathrm{d}t} = 3t^2$,得 $\mathrm{d}y = 3t^2\mathrm{d}t$,

等式两边积分,并由初始条件:$t = 0$ 时,$y_0 = 0$,得:

$$\int_0^y \mathrm{d}y = \int_0^t 3t^2\mathrm{d}t \Rightarrow y = t^3$$

运动方程为:
$$\boldsymbol{r} = (2t^2 + 10)\boldsymbol{i} + t^3\boldsymbol{j}$$

例 1-3　一质点在半径为 0.1 m 的圆周上运动,其角位置为 $\theta = 2 + 4t^3$,式中 θ 的单位为 rad,t 的单位为 s,求:

(1) $t = 2.0$ s 时质点的角速度、速度;

(2) $t = 2.0$ s 时质点的角加速度、切向加速度和法向加速度.

解:(1) 角速度:
$$\omega = \frac{\mathrm{d}\theta}{\mathrm{d}t} = 12t^2$$

速度:
$$v = r\omega = 1.2t^2$$

将 $t = 2.0$ s 代入,得:$\omega_2 = 48$ rad/s

$$v_2 = 4.8 \text{ m/s})$$

（2）角加速度：
$$\alpha = \frac{\mathrm{d}\omega}{\mathrm{d}t} = 24t$$

切向加速度：
$$a_t = r\alpha = r\frac{\mathrm{d}\omega}{\mathrm{d}t} = 2.4t$$

法向加速度：
$$a_n = r\omega^2 = 14.4t^4$$

将 $t = 2.0$ s 代入，得：$a_2 = 48 \text{ rad/s}^2$）
$$a_{t2} = 4.8 \text{ m/s}^2)$$
$$a_{n2} = 2.30 \times 10^2 \text{ m/s}^2)$$

此题也可以由角量与线量的关系先求出 $s = r\theta = 0.2 + 0.4t^3$，再求出

$$v = \frac{\mathrm{d}s}{\mathrm{d}t} = 1.2t^2$$

$$\omega = \frac{v}{r} = 12t^2$$

角加速度、切向加速度和法向加速度的求解同上，不再赘述.

例 1-4 一质点沿半径为 R 的圆作圆周运动，其初速度为 v_0，切向加速度为 $-b(b>0)$，求：

（1）t 时刻质点的速率；

（2）t 时刻质点的加速度；

（3）质点停止运动前，共沿圆周运动了多少圈？

解：（1）由 $a_t = \frac{\mathrm{d}v}{\mathrm{d}t} = -b$

得 $\mathrm{d}v = -b\mathrm{d}t$

等式两边积分，并由初始条件：$t=0$ 时，$v=v_0$，得

$$\int_{v_0}^{v} \mathrm{d}v = \int_{0}^{t} -b\mathrm{d}t$$
$$v = v_0 - bt \qquad\qquad (1)$$

（2）$a_n = \frac{v^2}{R} = \frac{(v_0 - bt)^2}{R}$，又已知 $a_t = -b$

加速度：
$$\boldsymbol{a} = -b\boldsymbol{e}_t + \frac{(v_0 - bt)^2}{R}\boldsymbol{e}_n$$

加速度的大小：$a = \sqrt{a_t^2 + a_n^2} = \frac{1}{R}\sqrt{R^2 b^2 + (v_0 - bt)^4}$

加速度的方向：$\boldsymbol{a}$ 与 $\boldsymbol{v}$（即 $\boldsymbol{e}_t$）间的夹角为

$$\theta = \arctan\frac{a_n}{a_t} = \arctan\frac{-(v_0 - bt)^2}{Rb} （如图 1-4 所示）$$

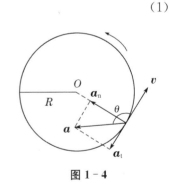

图 1-4

（3）由 $v = \frac{\mathrm{d}s}{\mathrm{d}t} = v_0 - bt$

得：$\mathrm{d}s = (v_0 - bt)\mathrm{d}t$

等式两边积分，并由初始条件：$t=0$ 时，$s_0=0$，得

$$\int_{0}^{s} \mathrm{d}s = \int_{0}^{t} (v_0 - bt)\mathrm{d}t$$

$$s = v_0 t - \frac{1}{2} b t^2 \qquad\qquad (2)$$

由(1)式,令 $v = 0$ 得停止运动所需时间 $t = \dfrac{v_0}{b}$,代入(2)式,得:

$$s = \frac{v_0^2}{2b}$$

质点停止运动前运动的圈数: $\qquad n = \dfrac{s}{2\pi R} = \dfrac{v_0^2}{4\pi b R}$

例 1-5　已知质点的运动方程为 $x = R\cos\omega t$,$y = R\sin\omega t$,式中,R 和 ω 均为常数. 试求:

(1) 轨道方程;

(2) 任意时刻的速度和速率;

(3) 任意时刻的加速度.

解:(1) 由已知运动方程,消去 t 即可得轨道方程:

$$x^2 + y^2 = R^2$$

轨迹是以坐标原点为圆心,以 R 为半径的圆. 如图 1-5 所示.

(2) 由已知条件,可得

$$v_x = \frac{\mathrm{d}x}{\mathrm{d}t} = -R\omega\sin\omega t$$

$$v_y = \frac{\mathrm{d}y}{\mathrm{d}t} = R\omega\cos\omega t$$

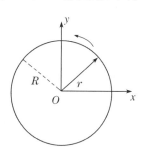

图 1-5

任意时刻的速度为

$$\boldsymbol{v} = v_x \boldsymbol{i} + v_y \boldsymbol{j} = -R\omega\sin\omega t\,\boldsymbol{i} + R\omega\cos\omega t\,\boldsymbol{j}$$

任意时刻的速率(速度的大小)为

$$v = \sqrt{v_x^2 + v_y^2} = \sqrt{(-R\omega\sin\omega t)^2 + (R\omega\cos\omega t)^2} = R\omega$$

此为常量,说明质点作匀速率圆周运动.

速度的方向可用 $\boldsymbol{v}$ 和 x 轴正方向的夹角 θ 表示

$$\tan\theta = \frac{v_y}{v_x} = \frac{R\omega\cos\omega t}{-R\omega\sin\omega t} = -\cot\omega t$$

由此式可知,速度的方向与半径垂直,即为沿圆周上某点的切线方向.

(3) 任意时刻质点的加速度为

$$\boldsymbol{a} = \frac{\mathrm{d}\boldsymbol{v}}{\mathrm{d}t} = -R\omega^2\cos\omega t\,\boldsymbol{i} - R\omega^2\sin\omega t\,\boldsymbol{j} = -\omega^2\boldsymbol{r}$$

"—"号表示加速度的方向与 $\boldsymbol{r}$ 方向相反,即始终指向圆心.

加速度的大小为

$$a = \sqrt{(-R\omega^2\cos\omega t)^2 + (-R\omega^2\sin\omega t)^2} = R\omega^2$$

这就是质点做匀速率圆周运动时的向心加速度.

求加速度还可用另一种更简便的方法,用上面已求得的速率 $v = R\omega$,求切向加速度和法向加速度分别为

$$a_t = \frac{\mathrm{d}v}{\mathrm{d}t} = 0, \qquad a_n = \frac{v^2}{R} = R\omega^2$$

得加速度的大小为
$$a=\sqrt{a_t^2+a_n^2}=R\omega^2$$

切向加速度为零,只有法向加速度,总加速度为法向加速度,方向沿半径指向圆心,说明质点做匀速率圆周运动.

1.5 练习题

一、选择题

1. 若以时钟的时针为参照系,则分针转一圈所需要的时间是　　　　　　　　( )

A. 55 分　　　　B. $65\frac{5}{11}$分　　　　C. $65\frac{1}{4}$分　　　　D. $55\frac{5}{13}$分

2. 一质点沿半径为 R 的圆周运动一周回到原地,它在运动过程中位移和路程大小的最大值分别为　　　　　　　　( )

A. $2\pi R,2\pi R$　　　　B. $2\pi R,2R$　　　　C. $2R,2\pi R$　　　　D. $0,2\pi R$

3. 一质点沿 x 轴上运动的规律是 $x=t^2-4t+5$,其中 x 以 m 计,t 以 s 计,前 3 s 内它的　　　　　　　　( )

A. 位移和路程都是 3 m　　　　B. 位移和路程都是 -3 m

C. 位移是 -3 m,路程是 3 m　　　　D. 位移是 -3 m,路程是 5 m

4. 一运动质点在某瞬时位于位矢 $\boldsymbol{r}(x,y)$ 的端点处,其速度大小为　　　　　　　　( )

A. $\dfrac{\mathrm{d}r}{\mathrm{d}t}$　　　　B. $\dfrac{\mathrm{d}|\boldsymbol{r}|}{\mathrm{d}t}$　　　　C. $\dfrac{\mathrm{d}\boldsymbol{r}}{\mathrm{d}t}$　　　　D. $\sqrt{\left(\dfrac{\mathrm{d}x}{\mathrm{d}t}\right)^2+\left(\dfrac{\mathrm{d}y}{\mathrm{d}t}\right)^2}$

5. 质点做曲线运动,其速度为 $\boldsymbol{v}$,速率为 v,某一时间内的平均速度为 $\bar{\boldsymbol{v}}$,平均速率为 $\bar{v}$,它们之间的关系必定有　　　　　　　　( )

A. $|\boldsymbol{v}|=v,|\bar{\boldsymbol{v}}|=\bar{v}$　　　　B. $|\boldsymbol{v}|\neq v,|\bar{\boldsymbol{v}}|\neq\bar{v}$

C. $|\boldsymbol{v}|=v,|\bar{\boldsymbol{v}}|\neq\bar{v}$　　　　D. $|\boldsymbol{v}|\neq v,|\bar{\boldsymbol{v}}|=\bar{v}$

6. 某质点做直线运动的运动方程为 $x=t^3+5t+6$,则该质点做　　　　　　　　( )

A. 匀加速直线运动,加速度沿 x 轴正方向

B. 匀加速直线运动,加速度沿 x 轴负方向

C. 变加速直线运动,加速度沿 x 轴正方向

D. 变加速直线运动,加速度沿 x 轴负方向

7. 一质点在 xOy 平面内运动,其运动方程为 $x=at,y=b+ct^2$,式中 a、b、c 均为常数.当质点的运动方向与 x 轴成 $45°$ 角时,它的速率为　　( )

A. a　　　　B. $\sqrt{2}a$

C. $2c$　　　　D. $\sqrt{a^2+4c^2}$

8. 如图所示,一人用缆绳牵引小船靠岸,设水平的牵引速度 v 为常量,岸高为 h,则小船作　　( )

A. 匀速运动　　　　B. 匀变速运动

C. 加速运动　　　　D. 减速运动

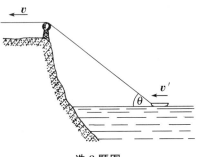

选 8 题图

9. 一质点在平面上运动,已知质点位置矢量的表示式为 $r=at^2i+bt^2j$(其中 a、b 为常量),则该质点做 　　　　　　　　　　　　　　　　　　　　(　　)

　　A. 匀速直线运动　　　　　　　　B. 变速直线运动

　　C. 椭圆运动　　　　　　　　　　D. 一般曲线运动

10. 沿直线运动的物体,其速率与时间成反比,则其加速度大小与速率的关系是(　　)

　　A. 与速率成正比　　　　　　　　B. 与速率平方成正比

　　C. 与速率成反比　　　　　　　　D. 与速率平方成反比

11. 小球沿斜面向上运动,其运动方程为 $x=5+4t-t^2$(SI),则小球运动到最高点的时间是 　　　　　　　　　　　　　　　　　　　　　　　(　　)

　　A. $t=4$ s　　　　B. $t=2$ s　　　　C. $t=8$ s　　　　D. $t=5$ s

12. 一质点在 Oy 轴上运动,其运动方程为 $y=4t^2-2t^3$,则质点返回原点时的速度和加速度分别为 　　　　　　　　　　　　　　　　　　　　　(　　)

　　A. 8 m/s,16 m/s^2　　　　　　　B. -8 m/s,16 m/s^2

　　C. -8 m/s,-16 m/s^2　　　　　D. 8 m/s,-16 m/s^2

13. 一质点沿 x 轴运动,其运动方程为 $x=5t^2-3t^3$,式中时间 t 以 s 为单位,当 $t=2$ s 时,该质点正在 　　　　　　　　　　　　　　　　　　　　(　　)

　　A. 加速　　　　　B. 减速　　　　　C. 匀速　　　　　D. 静止

14. 一质点沿 x 轴做直线运动,运动方程为 $x=-t^2+2t+3$(SI),则其初速度和正最大位移分别为 　　　　　　　　　　　　　　　　　　　　　(　　)

　　A. -2 m/s,6 m　B. 2 m/s,4 m　C. 1 m/s,4 m　D. 2 m/s,3 m

15. 物体从 H 高处做自由落体运动,着地后被地面反弹向上,设反弹后的速度大小是着地时的速度大小的 80%,则反弹后可以升高到 　　　　　　　　(　　)

　　A. 0.96H　　　　B. 0.80H　　　　C. 0.75H　　　　D. 0.64H

16. 一质点做直线运动,某时刻的瞬时速度 $v=2$ m/s,瞬时加速度 $a=-2$ m/s^2,则一秒后质点的速度等于 　　　　　　　　　　　　　　　　　　(　　)

　　A. 0　　　　　　　B. -2 m/s　　　　C. 2 m/s　　　　　D. 不能确定

17. 以下四种运动,加速度保持不变的是 　　　　　　　　　　　　　　(　　)

　　A. 单摆的运动　　　　　　　　　B. 匀速圆周运动

　　C. 变加速直线运动　　　　　　　D. 抛体运动

18. 一质点的运动方程为:$r=R\cos\omega ti+R\sin\omega tj$,式中 R、ω 为正常数. 从 $t=\dfrac{\pi}{\omega}$ 到 $t=\dfrac{2\pi}{\omega}$ 时间内,该质点的位移是 　　　　　　　　　　　　　　　　　(　　)

　　A. $-2Ri$　　　　B. $2Ri$　　　　　C. $-2j$　　　　　D. 0

19. 一质点的运动方程为:$r=R\cos\omega ti+R\sin\omega tj$,式中 R、ω 为正常数. 从 $t=\dfrac{\pi}{\omega}$ 到 $t=\dfrac{2\pi}{\omega}$ 时间内,该质点的路程是 　　　　　　　　　　　　　　　　　(　　)

　　A. $2R$　　　　　　B. πR　　　　　C. 0　　　　　　　D. $\pi R\omega$

20. 下图中正确表示质点在曲线轨迹上 P 点的运动未减速的图是　　　　(　　)

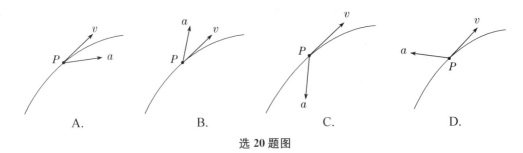

A.　　　　B.　　　　C.　　　　D.

选 20 题图

21. 下列表达中正确的是 （ ）

    A. 做曲线运动的物体,必有切向加速度

    B. 做作曲线运动的物体,必有法向加速度

    C. 具有加速度的物体,其速率必随时间改变

    D. 以上说法都不正确

22. 质点在做半径为 R 的变速圆周运动,v 表示任一时刻质点的速率,则任一时刻质点的加速度大小为 （ ）

    A. $\dfrac{\mathrm{d}v}{\mathrm{d}t}$
    B. $\dfrac{v^2}{R}$
    C. $\dfrac{\mathrm{d}v}{\mathrm{d}t}+\dfrac{v^2}{R}$
    D. $\sqrt{\left(\dfrac{\mathrm{d}v}{\mathrm{d}t}\right)^2+\dfrac{v^4}{R^2}}$

23. 质点沿半径为 R 的圆周按下列规律运动:路程(弧长)$s=bt-\dfrac{1}{2}ct^2$,式中 b,c 为正的常量,且 $\dfrac{b^2}{c}<R$. 则在切向加速度与法向加速度数值达到相等以前经历的时间是 （ ）

    A. $\dfrac{b}{c}+\sqrt{\dfrac{R}{C}}$
    B. $\dfrac{b}{c}-\sqrt{\dfrac{R}{C}}$
    C. $\dfrac{b}{c}-CR^2$
    D. $\dfrac{b}{c}+CR^2$

24. 两物体以相同的初速率 v_0 做斜抛运动,物体 1 的抛射角为 $60°$,物体 2 的抛射角为 $45°$,这两抛物线最高点的曲率半径之比 $\rho_1:\rho_2$ 应为 （ ）

    A. $1:2$
    B. $1:\sqrt{2}$
    C. $2:1$
    D. $\sqrt{2}:1$

25. 一细直杆 AB,竖直靠在墙壁上,B 端沿水平方向以恒定速率 v 滑离墙壁,则当细杆运动到图示位置时,细杆中点 C 的速度 （ ）

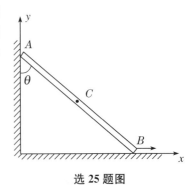

    A. 大小为 $\dfrac{v}{2}$,方向与 B 端运动方向相同

    B. 大小为 $\dfrac{v}{2}$,方向与 A 端运动方向相同

    C. 大小为 $\dfrac{v}{2}$,方向沿杆身方向

    D. 大小为 $\dfrac{v}{2\cos\theta}$,方向与水平方向成 θ 角

选 25 题图

二、填空题

1. 已知质点的运动方程为 $x=3t,y=2t^2$. 则质点的轨迹方程为＿＿＿＿＿;且在第 2 s 内的位移为 $\Delta \boldsymbol{r}=$＿＿＿＿＿.

2. 质点以 3.14 m/s 的速率作半径为 5 m 的匀速圆周运动,则该质点在 5 s 内位移的大小是_____;经过的路程是_____.

3. 质点在 xOy 平面内运动,运动方程为 $x=2t$,$y=19-2t^2$(SI),则在第 2 s 内质点的位移为 $\Delta r=$_____,2 s 末的瞬时速度大小 $v=$_____ m/s.

4. 一物体以初速度 v_0 从某点开始运动,在 Δt 时间内,经长度为 s 的曲线路径后回到出发点,此时速度为 $-v_0$,则在这段时间内:物体的平均速率是_____;物体的平均加速度是_____.

5. 质点在 xOy 平面内运动,其运动方程为 $x=3t+5$,$y=\dfrac{1}{2}t^2+2t-4$(SI),则其速度为_____;加速度为=_____.

6. 已知质点运动方程为 $r=\left(5+2t-\dfrac{1}{2}t^2\right)i+\left(4t+\dfrac{1}{3}t^3\right)j$(SI),当 $t=2$ s 时,$v=$_____,$a=$_____.

7. 一质点从 $r_0=-5j$ 位置开始运动,其速度与时间的关系为 $v=3t^2i+5j$(SI),则质点到达 x 轴所需的时间 $t=$_____,此时质点在 x 轴上的位置为 $x=$_____.

8. 一小球沿斜面向上运动,其运动方程为 $x=5+4t-t^2$(SI),则小球运动到最高点所需时间为 $t=$_____.

9. 一质点沿 x 轴做直线运动,它的运动方程为 $x=3+5t+6t^2-t^3$(SI)则(1)质点在 $t=0$ 时刻的速度 $v_0=$_____ m/s;(2)加速度为零时,该质点的速度 $v=$_____ m/s.

10. 一质点沿 x 轴运动,其运动方程为 $x=2+t+t^3$(SI),则 $t=1$ s 时,质点的速度为 $v=$_____;第 1 s 内位移为 $\Delta x=$_____.

11. 一质点沿 x 轴运动,其运动方程为 $x=10-9t+6t^2-t^3$(SI),质点的速度 $v=$_____,加速度 $a=$_____.

12. 一质点沿 x 轴运动,$v=1+4t^3$(SI).若 $t=0$ 时,质点位于原点,则 $t=2$ s 时,质点的加速度 $a=$_____,质点的坐标 $x=$_____.

13. 一船初速为 v_0,运动中受到水的阻力作减速运动,加速度的大小与船的速率成正比,比例系数为 k,则船速减为其初速的一半所需的时间为_____,在这段时间内船前进的距离为_____.

14. 在 y 上做直线运动的质点,已知其初速度为 v_0,初始位置为 y_0,加速度 $a=12kt$,k 为常量,则其速度与时间的关系为 $v=$_____,运动方程为 $y=$_____.

15. 在 x 轴上做直线运动的质点,已知其初速度为 v_0,初位置为 x_0,加速度 $a=At^2+B$(A、B 为常数),则 t 时刻质点的速度 $v=$_____;运动方程为_____.

16. 一质点沿 x 轴运动,其加速度 a 与位置坐标 x 的关系为 $a=2+6x^2$(SI 制)如果质点在原点处的速度为零,则其在任意位置处的速度 $v=$_____.

17. 已知一质点在 xOy 平面上运动,其运动方程为 $r=6\cos\dfrac{\pi}{6}ti+6\sin\dfrac{\pi}{6}tj$,则质点的瞬时速度 $v=$_____,轨迹方程为_____.

18. 已知一质点在 xOy 平面上运动,其运动方程为 $r=6\cos\dfrac{\pi}{6}ti+6\sin\dfrac{\pi}{6}tj$,则质点的

瞬时速度 $v=$ _____,加速度 $a=$ _____.

19. 一质点以匀速率在 xOy 平面内运动,其轨迹如图所示,由图中 A、B、C、D 四点可知 _____点的加速度值最大,_____点的加速度值最小.

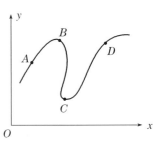

填 19 题图

20. 加速度矢量可分解为法向加速度和切向加速度两个分量,对匀速率圆周运动,切向加速度为 _____,总的加速度等于 _____加速度.

21. 某转轮上一点的角位置和时间的关系为 $\theta=4t-3t^2+t^3$(SI),则在 2 s 末到 4 s 末这段时间内,平均角速度为 _____,2 s 末的角加速度为 _____.

22. 一飞轮以 $3\ \mathrm{rad/s^2}$ 的恒定角加速度由静止开始转动,则 2 s 末时飞轮的角速度大小为 _____,距圆心 0.5 m 处某点在 2 s 末时的线速度大小为 _____.

23. 质点做沿半径为 0.10 m 的圆周运动,其角坐标 θ 可用下式表示 $\theta=5+2t^3$(SI).$t=1$ s 时,它的切向加速度为 _____,法向加速度为 _____.

24. 一物体做如图所示的斜抛运动,测得在轨道 P 点处的速度大小为 v,其方向与水平方向成 $30°$ 角.则物体在 P 点的切向加速度 $a_t=$ _____,轨道的曲率半径 $\rho=$ _____.

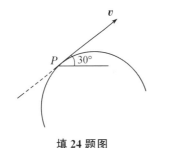

填 24 题图

填 25 题图

25. 灯距地面的高度为 h_1,一个身高为 h_2 的人在灯下以匀速率 v 沿水平直线行走,如图所示,他的头顶在地上的影子 M 点沿地面移动的速度为 $v_M=$ _____.

三、计算题

1. 一人自原点出发,20 s 内向东走 40 m,又在 10 s 内向南走 30 m. 试求:

(1) 合位移的大小和方向;

(2) 每一段位移中的平均速度;

(3) 30 s 内的平均速度和平均速率.

2. 质点的运动方程为:$x=3t^2-4t$,$y=-t^3+3t$,式中 x、y 的单位是 m,t 的单位是 s. 试求:

(1) 质点初速度的大小和方向.

(2) $t=1$ s 时质点加速度的大小和方向.

3. 质点的运动方程为:$x=3t+5$,$y=\dfrac{1}{2}t^2+3t-4$,式中 x、y 的单位是 m,t 的单位是 s. 试求:

(1) 质点速度分量的表达式,计算 $t=4$ s 时质点的速度.

(2) 质点加速度分量的表达式,计算 $t=4$ s 时质点的加速度.

4. 一质点的加速度 $\boldsymbol{a}=6t\boldsymbol{i}+12t\boldsymbol{j}$,在 $t=0$ 时,其速度为零,位置矢量 $\boldsymbol{r}_0=16\boldsymbol{i}$.（SI 制)求:

(1) 在任意时刻的速度和位置矢量;

(2) 轨迹方程.

5. 一质点在 Ox 轴上运动,其运动方程为 $x=4t^2-2t^3$,求质点返回原点时的速度和加速度.

6. 已知质点沿 x 轴运动,其加速度和坐标的关系为 $a=2+6x^2$(SI),且质点在 $x=0$ 处的速率为 10 m/s,试求该质点的速度与坐标的关系.

7. 一质点沿 x 轴以初速度 v_0 做减速运动,加速度 $a=-\dfrac{k}{m}v$,k、m 为正常量. 设初始时刻质点的位置为 $x_0=0$,求:

(1) $v(t)$;$x(t)$;$v(x)$;

(2) 运动多远停下?

8. 已知质点的运动方程为 $\boldsymbol{r}=A_1\cos\omega t\boldsymbol{i}+A_2\sin\omega t\boldsymbol{j}$ (SI),其中 A_1、A_2、ω 均为正的常数,且 $A_1>A_2$,则:

(1) 证明质点的运动轨迹为一椭圆;

(2) 证明质点的加速度恒指向椭圆中心.

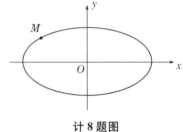

计 8 题图

9. 一个转动的齿轮上,一个齿尖 P 沿半径为 R 的圆周运动,其路程 s 随时间的变化规律为 $s=v_0t+\dfrac{1}{2}bt^2$,其中 v_0 和 b 都是正的常量,求 t 时刻齿尖 P 的速度和加速度的大小.

10. 某电动机转子半径 $r=0.1\,\text{m}$,转子转过的角位移与时间的关系为 $\theta=2+4t^3$. 试求:

(1) $t=2\,\text{s}$ 时,边缘上一点的法向加速度和切向加速度的大小;

(2) 当电动机的转角 θ 等于多大时,其合加速度与半径成 45°角?

11. 一匀质圆盘,半径 $R=1$ m,绕通过圆心垂直盘面的固定竖直轴转动. $t=0$ 时, $\omega_0=0$,其角加速度按 $\alpha=\dfrac{t}{2}$ rad/s² 的规律变化,问:

(1) 何时($t=0$ 除外)圆盘边缘某点的总加速度 a 与半径成 45°角?

(2) 此时圆盘边缘任一点转过的弧长.

12. 一质点运动方程为 $r=5\cos 2t\,i+5\sin 2t\,j$(SI),求:

(1) 切向加速度 a_t 为多少?

(2) 法向加速度 a_n 为多少?

13. 一直杆,一端与半径为 R 的固定大圆环连接在 O 点,直杆还穿过套在大环上的小环 M,如图所示.已知直杆以匀角速绕 O 点转动,分别采用直角坐标系和自然坐标系,求:

(1) 小环 M 的速度的大小;

(2) 小环 M 的加速度的大小.(设 $t=0$ 时,$\theta=\theta_0$)

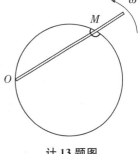

计 13 题图

四、应用题

1. 如图所示,一小型迫击炮架设在一斜坡的底端 O 处,已知斜坡倾角为 α,炮身与斜坡的夹角为 β,炮弹的出口速度为 v_0,忽略空气阻力.求:(1) 炮弹落地点 P 与点 O 的距离 OP;

(2) 欲使炮弹能垂直击中坡面,证明 α 和 β 必须满足 $\tan\beta=\dfrac{1}{2\tan\alpha}$ 并与 v_0 无关.

应 1 题图

2. 飞机以 $60\,\text{m/s}$ 的速度在离地面 $180\,\text{m}$ 的空中沿水平直线飞行,驾驶员要把物品空投到正前方某一地面目标处,问:

(1) 投放时目标在飞机下方前多远?

(2) 此时驾驶员看目标的视线和水平线的夹角 θ 为多少?

(3) 物品开始投放至该地面目标处所需时间为多少?

(4) 物品投放后 $3.0\,\text{s}$ 时,它的切向加速度和法向加速度各为多少?(g 取 $10\,\text{m/s}^2$)

3. 一条宽度为 d 的河流,水流速度与离岸距离成正比,岸边水流速度为零,河中心水流速度最快,设为 v_0,如图所示.某人乘小船以不变的划速 u 垂直于水流方向离岸划去,求小船从岸边到河中心的运动轨迹.

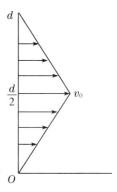

应 3 题图

4. 一气球以速率 v_0 从地面上升,由于风的影响,气球的水平速度按 $v_x = by$ 增大,其中 b 是正的常量,若取气球开始上升处地面为坐标原点,向右为 x 轴正方向,向上为 y 轴正方向,求:

(1) 气球的运动方程;

(2) 气球水平漂移的距离与高度的关系.

(3) 经过时间 t 气球与起点的距离.

5. 一升降机以加速度 $1.22\,\text{m/s}^2$ 上升,当上升速度为 $2.44\,\text{m/s}$ 时,有一螺丝自升降机的天花板上松脱,天花板与升降机的底面相距 $2.74\,\text{m}$.计算:

(1) 螺丝从天花板落到底面所需要的时间;

(2) 螺丝相对升降机外固定柱子的下降距离.

6. 一直立的雨伞,张开后其边缘圆周的半径为 R,离地面的高度为 h.(1)当伞绕伞柄以匀角速度 ω 旋转时,求证水滴沿边缘飞出去后落在地面上半径为 $r=R\sqrt{1+2h\omega^2/g}$ 的圆周上;(2)读者能否由此定性构想一种草坪上或农田灌溉的旋转式洒水器的方案?

7. 一无风的下雨天,一列火车以 $v_1=20.0\ \text{m/s}$ 的速度匀速前进,在车内的旅客看见玻璃窗外的雨滴和竖直线成 $75°$ 角下降.求雨滴下落的速度 v_2.(设下降的雨滴做匀速运动)

8. 如图所示,一汽车在雨中沿直线行驶,其速率为 v_1,下落雨滴的速度方向偏于竖直方向之前 θ 角,速率为 v'_2,若车后有一长方形物体,问车速 v_1 为多大时,此物体正好不会被雨水淋湿?

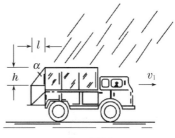

应8题图

9. 一人能在静水中以 $1.10\ \text{m/s}$ 的速度划船前进.今欲横渡一宽为 $1.00\times10^3\ \text{m}$,水流速度为 $0.55\ \text{m/s}$ 的大河.(1)他若要从出发点横渡该河而到达正对岸的一点,那么应如何确定划行方向?到达正对岸需多少时间?(2)如果希望用最短的时间过河,应如何确定划行方向?船到达对岸的位置在什么地方?

第二章　牛顿定律

2.1　基本要求

（1）掌握牛顿三大运动定律，了解其适用范围.

（2）掌握几种常见的力：万有引力（重力）、弹性力、摩擦力.

（3）熟练运用牛顿运动定律解决常见的力学问题.

（4）了解惯性参考系、非惯性参考系的概念.

（5）了解力学相对性原理.

2.2　基本概念和规律

1. 牛顿第一定律

任何物体都要保持静止或匀速直线运动状态，直到外力迫使它改变运动状态为止. 数学表达式为

$$\boldsymbol{F}=0 \text{ 时，} \boldsymbol{v}=\text{恒矢量}=\boldsymbol{c}.$$

任何物体都具有保持其运动状态不变的性质，称为惯性，牛顿第一定律也称惯性定律.

2. 牛顿第二定律

动量为 $\boldsymbol{p}$ 的物体，在合外力 $\boldsymbol{F}$ 的作用下，其动量随时间的变化率应等于作用在物体上的合外力，数学表达式为

$$\boldsymbol{F}=\frac{\mathrm{d}\boldsymbol{p}}{\mathrm{d}t}=\frac{\mathrm{d}(m\boldsymbol{v})}{\mathrm{d}t}=m\frac{\mathrm{d}\boldsymbol{v}}{\mathrm{d}t}+\boldsymbol{v}\frac{\mathrm{d}m}{\mathrm{d}t}$$

$v \ll C(C$ 为光速）时，可认为 m 不变，故有

$$\boldsymbol{F}=m\frac{\mathrm{d}\boldsymbol{v}}{\mathrm{d}t}=m\boldsymbol{a}$$

在直角坐标系中 $\boldsymbol{F}$ 的分量形式为

$$F_x=m\frac{\mathrm{d}v_x}{\mathrm{d}t}$$

$$F_y=m\frac{\mathrm{d}v_y}{\mathrm{d}t}$$

$$F_z=m\frac{\mathrm{d}v_z}{\mathrm{d}t}$$

在自然坐标系中的分量形式为

$$F_t=m\frac{\mathrm{d}v}{\mathrm{d}t}=mr\frac{\mathrm{d}\omega}{\mathrm{d}t}$$

$$F_n=m\frac{v^2}{r}=mr\omega^2$$

3. 牛顿第三定律

两个物体之间的作用力 $\boldsymbol{F}$ 和反作用力 $\boldsymbol{F}'$ 大小相等,方向相反,沿同一直线,分别作用在两个物体上,数学表达式为

$$\boldsymbol{F} = -\boldsymbol{F}'$$

4. 惯性系

牛顿运动定律成立的参考系称为惯性系.相对惯性系静止或匀速直线运动的参考系都是惯性系,否则为非惯性系.牛顿运动定律只适用于惯性系,且适用对象为宏观低速的物体.

5. 几种常见的力

（1）万有引力

在两个相距为 r,质量分别为 m_1,m_2 的质点间有万有引力,其大小与它们的质量乘积成正比,与它们之间的距离的二次方成反比,其方向沿着它们的连线.如图 2-1 所示,m_2 受 m_1 的万有引力可表示为

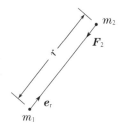

图 2-1

$$\boldsymbol{F}_{12} = -G\frac{m_1 m_2}{r^2}\boldsymbol{e}_r$$

式中 $\boldsymbol{e}_r$ 是由施力物体指向受力物体的矢径的单位矢量,万有引力的方向总是与 $\boldsymbol{e}_r$ 方向相反.$G = 6.67 \times 10^{-11}$ N·m²·kg⁻²,称为引力常量.

重力:$\boldsymbol{P} = m\boldsymbol{g}$

地球表面附近 $mg = G\dfrac{m_E \cdot m}{R^2}$

地球表面附近的重力加速度:$g = \dfrac{Gm_E}{R^2} = \dfrac{6.67 \times 10^{-11} \times 5.98 \times 10^{24}}{(6.371 \times 10^6)^2} = 9.826$ m/s²)

g 也可以通过实验测出,g 随地球纬度增加而略有增加.通常 g 取 9.80 m/s².月球表面附近的重力加速度约为地球的 $\dfrac{1}{6}$,$g' \approx 1.62$ m/s².

（2）弹性力

弹性力是由物体形变而产生的.常见的弹性力有绳中张力、正压力、支持力等,典型的是弹簧的弹力 $F = -kx$,式中 k 称为弹簧的倔强系数.

（3）摩擦力

① 静摩擦力 $f_{静}$:两个相互接触的物体间有相对滑动的趋势但尚未相对滑动时,在接触面上产生阻碍发生相对滑动的力,称为静摩擦力.静摩擦力大小会随着相对运动趋势的改变而改变,达到某一数值时,物体即将滑动,这时静摩擦力达到最大值,称为最大静摩擦力,$f_{max} = \mu_0 N$,μ_0 称为静摩擦因素.$0 \leqslant f_{静} \leqslant f_{max}$,静摩擦力的方向总是与相对滑动趋势方向相反.

② 滑动摩擦力 f:两个相互接触的物体间发生相对滑动时,在接触面上产生的摩擦力叫做滑动摩擦力.滑动摩擦力的大小 $f = \mu N$,μ 称为滑动摩擦因素,滑动摩擦力的方向总是与物体相对滑动方向相反,且位于公切面内.μ 略小于 μ_0,在一般计算时,除非特别指明,可认为它们近似相等,即 $\mu_0 \approx \mu$.

6. 伽利略相对性原理

力学定律在不同的惯性系中具有相同的形式,在同一惯性系内部所做的任何力学实验,

都不能确定该惯性系相对其他惯性系是否在运动.这个原理叫做力学相对性原理或伽利略相对性原理.

7. 非惯性系、惯性力

(1) 非惯性系:相对惯性系做加速运动的参考系称为非惯性系.

(2) 惯性力:牛顿运动定律只适用于惯性系,为了能运用牛顿运动定律求解非惯性系中的力学问题,引入惯性力的概念.非惯性系的加速度为 $\boldsymbol{a}_0$,惯性力为 $\boldsymbol{F} = -m\boldsymbol{a}_0$.

2.3 学习指导

牛顿运动定律是处理经典力学问题的基础,我们要能熟练地应用它来求解相关的动力学问题.牛顿运动定律只适用于惯性系,研究问题时要选择惯性系,建立合适的坐标系,否则必须考虑惯性力.

应用牛顿定律解决具体问题时,通常采用分量式列出动力学方程.

在直角坐标系中分量形式为:

$$F_x = m\frac{\mathrm{d}v_x}{\mathrm{d}t}$$

$$F_y = m\frac{\mathrm{d}v_y}{\mathrm{d}t}$$

$$F_z = m\frac{\mathrm{d}v_z}{\mathrm{d}t}$$

在自然坐标系中分量形式为:

$$F_t = m\frac{\mathrm{d}v}{\mathrm{d}t} = mr\frac{\mathrm{d}\omega}{\mathrm{d}t}$$

$$F_n = m\frac{v^2}{r} = mr\omega^2$$

应用牛顿定律解题步骤:

(1) 隔离物体,确定研究对象;

(2) 正确分析受力,画出各个物体的受力图;

(3) 对各个物体分别建立合适的坐标系,且分别在图中标出;

(4) 根据牛顿第二定律,列出各个物体的动力学方程;

(5) 先解微分方程,后代入数据,并注意单位;

(6) 判断结果是否合理,必要时进行适当讨论.

2.4 典型例题

例 2-1 将质量为 m 的物体以初速度 v_0 竖直向上发射,设空气阻力正比于瞬时速率,比例系数为 k,试求:

(1) 物体运动到最大高度所需的时间;

(2) 物体能达到的最大高度.

解:(1) 要求物体运动到最大高度所需的时间,也即要求出 $v(t)$ 函数关系,再令 $v=0$,即可求得 t_H.

分析物体受力情况:受重力 $G=mg$,方向向下;受空气阻力大小 $f=kv$,方向向下,画出受力图,并建立以发射处为坐标原点、竖直向上为 y 轴正方向的坐标系,如图 2-2 所示.

由牛顿第二定律

$$0-kv-mg=m\frac{\mathrm{d}v}{\mathrm{d}t} \tag{1}$$

得

$$\mathrm{d}v=-\left(\frac{k}{m}v+g\right)\mathrm{d}t$$

等式两边积分,且由初始条件 $t=0$ 时,$v=v_0$,得

$$\int_{v_0}^{v}\frac{\mathrm{d}v}{\frac{k}{m}v+g}=-\int_0^t\mathrm{d}t$$

$$v=\left(\frac{mg}{k}+v_0\right)e^{-\frac{k}{m}t}-\frac{mg}{k} \tag{2}$$

令 $v=0$,得物体到达最大高度所需的时间

$$t_H=\frac{m}{k}\ln\left(1+\frac{kv_0}{mg}\right)$$

另外,从 (2) 式可看出,当 $t\to\infty$ 时,$v\to-\frac{mg}{k}$,即大小 $\frac{mg}{k}$ 恒定,"—"号说明沿 y 轴反方向,即物体保持匀速下降,此时的 v 也称物体的收尾速度.

(2) 求最大高度 H,利用 $\frac{\mathrm{d}v}{\mathrm{d}t}=\frac{\mathrm{d}v}{\mathrm{d}y}\cdot\frac{\mathrm{d}y}{\mathrm{d}t}=\frac{\mathrm{d}v}{\mathrm{d}y}v$ 的关系式转换积分变量,代入 (1) 式,得

$$-kv-mg=mv\frac{\mathrm{d}v}{\mathrm{d}y}$$

等式两边积分,且由初始条件 $y=0$ 时,$v=v_0$,得:

$$-\int_{v_0}^{0}\frac{v\mathrm{d}v}{\frac{k}{m}v+g}=\int_0^H\mathrm{d}y$$

$$H=-\int_0^{v_0}\frac{v\mathrm{d}v}{\frac{k}{m}v+g}=\frac{mv_0}{k}-\frac{m^2g}{k^2}ln\left(1+\frac{kv_0}{mg}\right)$$

例 2-2 如图 2-3 所示,长为 l 的轻绳,一端系质量为 m 的小球,另一端系于固定点 O,小球可在竖直平面内运动,开始时小球在水平位置静止释放,求小球到达 C 点处的角速度及绳的张力.

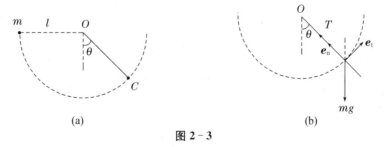

图 2-3

解:对小球进行受力分析,画出受力图,并建立切向、法向自然坐标系,如图 2-3(b) 所

示. 根据牛顿第二定律列出动力学方程:

切向: $$0-mg\sin\theta=m\frac{\mathrm{d}v}{\mathrm{d}t} \tag{1}$$

法向: $$T-mg\cos\theta=ml\omega^2 \tag{2}$$

利用 $\frac{\mathrm{d}v}{\mathrm{d}t}=\frac{\mathrm{d}}{\mathrm{d}t}(l\omega)=l\frac{\mathrm{d}\omega}{\mathrm{d}\theta}\cdot\frac{\mathrm{d}\theta}{\mathrm{d}t}=l\omega\frac{\mathrm{d}\omega}{\mathrm{d}\theta}$,(1)式可改写为: $-\frac{g}{l}\sin\theta\cdot\mathrm{d}\theta=\omega\mathrm{d}\omega$

等式两边积分,并利用初始条件,$\omega_0=0,\theta_0=-\frac{\pi}{2}$,得

$$-\frac{g}{l}\int_{-\frac{\pi}{2}}^{\theta}\sin\theta\cdot\mathrm{d}\theta=\int_0^{\omega}\omega\mathrm{d}\omega$$

得 $$\omega=\sqrt{\frac{2g\cos\theta}{l}}$$

代入(2)式,得绳中张力为 $T=mg\cos\theta+ml\omega^2=3mg\cos\theta$

此题也可以用动能定理及机械能守恒定律求解,且较简便.

例 2-3 如图 2-4(a)所示,质量为 M 的长直平板以速度 v_0 在光滑水平面上做直线运动,现将质量为 m 的木块轻轻放在长直平板上,板与木块间的摩擦系数为 μ,求木块在长直平板上滑行多远才能与板具有相同的速度?

解:设 a_M 为长直平板在惯性系(以静止的光滑水平面为参考系)中的加速度,a_M 方向与 v_0 的方向相反,长直平板的水平方向受力图及坐标轴正方向如图 2-4(b)所示.

选长直平板为参考系(非惯性系),设木块在此参考系中的加速度为 a_m. 在非惯性系中,木块除了受摩擦力 $f=\mu mg$ 外,还受惯性力 $F_{惯}=-ma_M$,如图 2-4(c)所示.

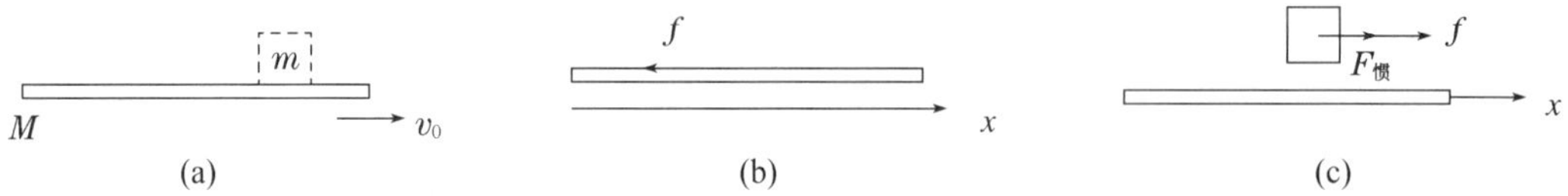

图 2-4

在惯性系中,根据牛顿第二定律,对平板 M 列方程:

$$-\mu mg=Ma_M,得 a_M=-\frac{\mu mg}{M}$$

在非惯性系中,对木块 m 列方程:

$$\mu mg+m\frac{\mu mg}{M}=ma_m$$

得 $$a_m=\frac{m+M}{M}\mu g$$

开始时木块相对于平板的速度为 $-v_0$,后来木块与平板具有相同的速度,即木块相对于平板的速度为 0,即在此非惯性系中,木块速度由 $-v_0$ 变化到 0.

设在此过程中的位移为 Δx,则根据匀变速运动公式:

$$0-(-v_0)^2=2a_m\Delta x$$

得 $$\Delta x=-\frac{Mv_0^2}{2(m+M)\mu g}$$

"$-$"号表示滑行的方向与 x 轴正方向相反,即与平板的运动方向相反. 木块在平板上滑行

的距离为 $\dfrac{Mv_0^2}{2(m+M)\mu g}$.

有兴趣者也可选取光滑水平面为参考系(惯性系)求解,结果应相同.

2.5　练习题

一、选择题

1. 如图所示,用手提一根下端系着重物的轻弹簧,竖直向上做匀加速运动. 当手突然停止运动的瞬间,物体将　　　　　　　　　　　　　　　　(　　)

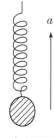

选 1 题图

    A. 即处于静止状态

    B. 向上做匀速运动

    C. 向上做加速运动

    D. 在重力作用下向上做减速运动

2. 在电梯中有弹簧秤,当电梯静止时,称得一个物体重量为 500 N,当电梯做匀变速运动时,称得其重量为 400 N,则该电梯的加速度是　　　　　(　　)

    A. 大小为 0.2 g,方向向上　　　　B. 大小为 0.8 g,方向向上

    C. 大小为 0.2 g,方向向下　　　　D. 大小为 0.8 g,方向向下

3. 如图所示,质点从竖直放置的圆周顶端 A 处分别沿不同长度的弦 AB 和 AC 由静止下滑,不计摩擦阻力. 质点下滑到底部所需的时间分别为 t_B 和 t_C,则　　　　(　　)

    A. $t_B=t_C$　　　　B. $t_B>t_C$　　　　C. $t_B<t_C$　　　　D. 条件不足,无法判定

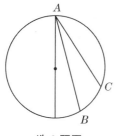

选 3 题图

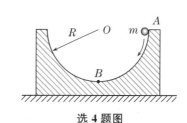

选 4 题图

4. 如图所示,一质量为 m 的质点沿半径为 R 的圆弧从 A 点下滑,因为有摩擦力,质点做匀速率运动,则其　　　　　　　　　　　　　　　　　　　　(　　)

    A. 加速度为零　　　B. 所受合力为零

    C. 所受切向力为零　D. 所受合力不变

5. 如图所示,m_B 处于光滑水平面上,且通过一轻绳跨过定滑轮与 m_A 连接,其加速度大小为 a. 若去掉 m_A 而代之以拉力 $T=m_A g$,算出 m_B 的加速度大小 a',则　　　　　　　　(　　)

    A. $a'=a$　　　　　B. $a'>a$

    C. $a'<a$　　　　　D. 不能判定

6. 如图所示,两个质量均为 m 的物体 A 和

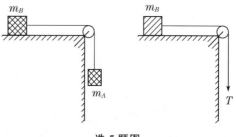

选 5 题图

B 用轻弹簧相连置于光滑平板 C 上,整个系统处于静止.当抽出板 C 的瞬间,A 和 B 的加速度大小分别为 （　　）

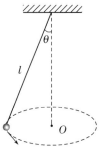

选 6 题图

A. $0,0$ 　　　　　　　　　　B. g,g

C. $0,2g$ 　　　　　　　　　D. $0,g$

7. 体重、身高相同的甲乙两人,分别用双手握住跨过无摩擦轻滑轮的绳子各一端.他们从同一高度由初速为零向上爬,经过一定时间,甲相对绳子的速率是乙相对绳子速率的两倍,则到达顶点的情况是 （　　）

A. 甲先到达 　　　　　　　　B. 乙先到达

C. 同时到达 　　　　　　　　D. 谁先到达不能确定

8. 当煤块自上而下不断地落入一节正在沿水平轨道运动的货车中时货车受恒定的牵引力 F 的作用,不计一切摩擦,则在上述装煤过程中 （　　）

A. 货车的加速度逐渐减小,而速度逐渐增大

B. 货车的加速度逐渐减小,而速度也逐渐减小

C. 货车的加速度逐渐增大,而速度也逐渐增大

D. 货车的加速度逐渐增大,而速度逐渐减小

9. 假设某星球的半径是地球半径的 0.5 倍,质量是地球的 0.1 倍,地球表面附近的重力加速度为 g,则该星球表面附近的重力加速度为 （　　）

A. $0.4g$ 　　　B. $0.05g$ 　　　C. $0.1g$ 　　　D. $2.5g$

10. 航天飞机在进入绕地球做匀速圆周运动的轨道后,有一位宇航员走出飞机外,他将 （　　）

A. 做平抛运动 　　　　　　　B. 向着地心落向地球

C. 绕地球做匀速圆周运动 　　D. 由于惯性而做匀速直线运动

11. 摆长为 l 的单摆拉开一角度后自由释放,摆球在摆动的过程中,摆球的加速度大小是(θ 是摆角) （　　）

A. $a=\dfrac{v^2}{l}$ 　　　　　　　　B. $a=\pm g\sin\theta$

C. $a=\sqrt{\left(\dfrac{v^2}{l}\right)^2+(g\sin\theta)^2}$ 　　　D. $a=\sqrt{1+3\cos^2\theta}$

12. 如图所示,一圆锥摆的摆球在水平面内做匀速圆周运动,细悬线长为 l,与竖直方向夹角为 θ,小球质量为 m,忽略空气阻力,小球转动的周期为 （　　）

选 12 题图

A. $\sqrt{\dfrac{l}{g}}$ 　　　　　　　　　B. $\sqrt{\dfrac{l\cos\theta}{g}}$

C. $2\pi\sqrt{\dfrac{l}{mg}}$ 　　　　　　　D. $2\pi\sqrt{\dfrac{l\cos\theta}{g}}$

13. 如图所示,竖立的圆筒形转笼的半径为 R,绕中心轴 OO' 转动,物块 A 紧靠在圆筒的内壁上,两者间的摩擦系数为 μ,要使物块 A 不下落,圆筒转动的角速度 ω 至少应为 （　　）

A. $\sqrt{\dfrac{\mu g}{R}}$　　　　B. $\sqrt{\mu g}$　　　　C. $\sqrt{\dfrac{g}{\mu R}}$　　　　D. $\sqrt{\dfrac{g}{R}}$

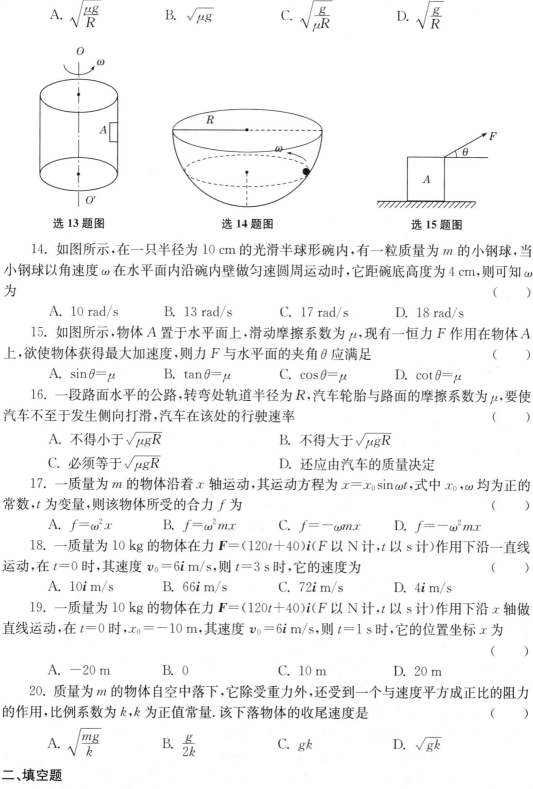

选 13 题图　　　　　　　　选 14 题图　　　　　　　　选 15 题图

14. 如图所示,在一只半径为 10 cm 的光滑半球形碗内,有一粒质量为 m 的小钢球,当小钢球以角速度 ω 在水平面内沿碗内壁做匀速圆周运动时,它距碗底高度为 4 cm,则可知 ω 为　　　　　　　　　　　　　　　　　　　　　　　　　　　（　　）

　　A. 10 rad/s　　　　B. 13 rad/s　　　　C. 17 rad/s　　　　D. 18 rad/s

15. 如图所示,物体 A 置于水平面上,滑动摩擦系数为 μ,现有一恒力 F 作用在物体 A 上,欲使物体获得最大加速度,则力 F 与水平面的夹角 θ 应满足　　　　（　　）

　　A. $\sin\theta=\mu$　　　B. $\tan\theta=\mu$　　　C. $\cos\theta=\mu$　　　D. $\cot\theta=\mu$

16. 一段路面水平的公路,转弯处轨道半径为 R,汽车轮胎与路面的摩擦系数为 μ,要使汽车不至于发生侧向打滑,汽车在该处的行驶速率　　　　　　　　　（　　）

　　A. 不得小于 $\sqrt{\mu g R}$　　　　　　　　B. 不得大于 $\sqrt{\mu g R}$

　　C. 必须等于 $\sqrt{\mu g R}$　　　　　　　　D. 还应由汽车的质量决定

17. 一质量为 m 的物体沿着 x 轴运动,其运动方程为 $x=x_0\sin\omega t$,式中 x_0,ω 均为正的常数,t 为变量,则该物体所受的合力 f 为　　　　　　　　　　　（　　）

　　A. $f=\omega^2 x$　　　B. $f=\omega^2 mx$　　　C. $f=-\omega mx$　　　D. $f=-\omega^2 mx$

18. 一质量为 10 kg 的物体在力 $\boldsymbol{F}=(120t+40)\boldsymbol{i}$($F$ 以 N 计,t 以 s 计)作用下沿一直线运动,在 $t=0$ 时,其速度 $\boldsymbol{v}_0=6\boldsymbol{i}$ m/s,则 $t=3$ s 时,它的速度为　　　　（　　）

　　A. $10\boldsymbol{i}$ m/s　　　B. $66\boldsymbol{i}$ m/s　　　C. $72\boldsymbol{i}$ m/s　　　D. $4\boldsymbol{i}$ m/s

19. 一质量为 10 kg 的物体在力 $\boldsymbol{F}=(120t+40)\boldsymbol{i}$($F$ 以 N 计,t 以 s 计)作用下沿 x 轴做直线运动,在 $t=0$ 时,$x_0=-10$ m,其速度 $\boldsymbol{v}_0=6\boldsymbol{i}$ m/s,则 $t=1$ s 时,它的位置坐标 x 为

　　　　　　　　　　　　　　　　　　　　　　　　　　　　　　　　　（　　）

　　A. -20 m　　　B. 0　　　C. 10 m　　　D. 20 m

20. 质量为 m 的物体自空中落下,它除受重力外,还受到一个与速度平方成正比的阻力的作用,比例系数为 k,k 为正值常量. 该下落物体的收尾速度是　　　　（　　）

　　A. $\sqrt{\dfrac{mg}{k}}$　　　B. $\dfrac{g}{2k}$　　　C. gk　　　D. $\sqrt{gk}$

二、填空题

1. 质量均为 m 的两个小球 A 和 B,A 用细线挂在天花板上,B 用一轻弹簧挂在 A 的下

方,处于静止状态,如图所示.当上面的细线烧断的瞬间,A 的加速度等于_____,B 的加速度等于_____.

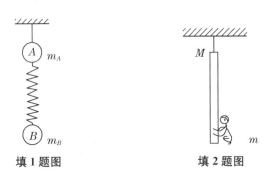

填 1 题图　　　　　　填 2 题图

2. 一只质量为 m 的猴子,原来抓住一根用绳吊在天花板上的质量为 M 的直杆,如图所示.悬线突然断开,小猴则沿杆竖直向上爬以保持它离地的高度不变,此时直杆下落的加速度为_____.

3. 两个质量相同的木块 A 和 B 紧靠在一起,置于光滑的水平面上,如图所示.若它们分别受到水平推力 F_1 和 F_2 的作用,则 A 对 B 的作用力为_____.

填 3 题图　　　　　　填 4 题图

4. 如图所示,已知两物体质量分别为 $m_1 = 4\ \text{kg}$,$m_2 = 6\ \text{kg}$,叠放在光滑水平面上,二者间的最大静摩擦系数为 0.2,另有一水平力 F 作用于 m_2.若使两物体之间无相对滑动,则 F 最大为_____;此时系统加速度大小为_____.

5. 如图所示,两物体 A 和 B 的质量分别为 m_A 和 m_B,分别固定在弹簧的两端竖直放置在光滑的水平面 C 上,弹簧的质量可忽略不计.若把支持面 C 迅速移走,则在移开的一瞬间,A 的加速度大小 $a_A =$_____,B 的加速度大小 $a_B =$_____.

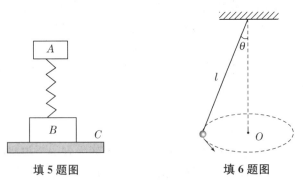

填 5 题图　　　　　　填 6 题图

6. 如图所示,一圆锥摆的摆球在水平面内做匀速圆周运动,细悬线长为 l,与竖直方向夹角为 θ,小球质量为 m,忽略空气阻力,则悬线的张力为_____,小球所受合力为_____,小球的速率为_____.

7. 质量为 m 的人站在升降机内的磅秤上,观察磅秤的读数为 $3mg$ 时,说明升降机的加速度为_____.

8. 在竖直向上运动的升降机中,弹簧秤下挂一个质量为 1 kg 的物体.若弹簧秤上的示数为 12 N 时,升降机做_____运动;若弹簧秤上的示数为 8 N 时,升降机做_____运动;若弹簧秤上的示数为 9.8 N 时,升降机做_____运动.

9. 一细绳长为 l,一端固定,另一端悬挂一质量为 m 的重物,重物在竖直平面内左右摆动,其最大偏角为 α,则物体在最大偏角时的切向加速度为_____,物体回到偏角为零的位置时绳子的张力为_____.

10. 如图所示,一质量为 m 的物体,置于水平地面上,物体与地面的摩擦系数为 μ,欲使 F 最省力,则 $\theta=$_____.

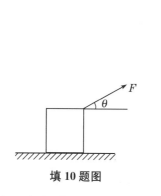

填 10 题图

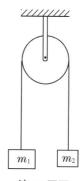

填 11 题图

11. 如图所示,一轻绳跨过一个定滑轮,两端各系一质量分别为 m_1 和 m_2 的重物,且 $m_1 > m_2$.滑轮质量及一切摩擦均不计,此时系统的加速度的大小为 a,今用一竖直向下的恒力 $F = m_1 g$ 代替 m_1 的重物,质量为 m_2 的重物的加速度大小为 a',则 a'_____a(填"<"、">"或"=").

12. 若地球的半径缩小 0.2%,质量不变,则地球表面处重力加速度 g 增大的百分比是_____.

13. 在合外力 $F = 3 + 2t$(SI)的作用下质量为 10 kg 的物体从静止开始做直线运动.在第 3 s 末,物体的加速度为_____,速度为_____.

14. 质量为 2 kg 的质点在平面上运动,其运动方程为 $x = 5t$,$y = \cos 5t$(SI).$t = 2\pi$ s 时,质点的速度为_____,作用于质点的力为_____.

15. 一质量为 5 kg 的物体(视为质点),其运动方程 $\boldsymbol{r} = 6\boldsymbol{i} - 5t^2\boldsymbol{j}$(SI),式中 $\boldsymbol{i}$、$\boldsymbol{j}$ 分别为 x、y 轴正向的单位矢量,则物体所受的合外力 f 大小为_____,其方向为_____.

16. 质量为 0.25 kg 的质点,受 $\boldsymbol{F} = t\boldsymbol{i}$(N)的力作用,$t = 0$ 时刻质点以 $\boldsymbol{v} = 2\boldsymbol{j}$(m/s)的速度通过坐标原点,该质点在任意时刻的位置矢量是_____.

17. 质量为 m 的质点,在变力 $F = F_0(1 - kt)$(F_0 和 k 均为常量)作用下沿 x 轴做直线运动.若 $t = 0$ 时,质点处于坐标原点,速度为 v_0,则质点的速度随时间的变化规律为 $v =$_____,质点的运动方程为_____.

18. 质量 $m = 6$ kg 的物体沿 x 轴在一无摩擦的路径上运动,$t = 0$ 时物体的位置 $x_0 = 0$,速度 $v_0 = 0$,则在力 $F = 3 + 4x$(SI)作用下,物体移动了 3 m 时,它的速度为_____,加速度为_____.

19. 设一质量为 m 的质点在 x 轴上运动,质点仅受到指向原点的引力 $f=-\dfrac{k}{x^2}$ 作用,k 为正常数. 若在 $x=a$ 处质点的速度为零,则在 $x=\dfrac{a}{2}$ 处质点的速度大小为_____.

20. 质量为 m 的船初速为 v_0,运动中受到水的阻力,阻力的大小与船的速率成正比,比例系数为 k,则船速减为其初速的一半所需的时间为_____,在这段时间内船前进的距离为_____.

三、计算题

1. 如图所示,一细绳穿过一固定的、光滑的、半径可忽略的细管,两端分别拴着质量为 m 和 M 的小球. 当小球 m 绕管子的几何轴转动时,m 到管口的绳长为 l,绳与竖直方向的夹角为 θ,(1) 证明:$\cos\theta=\dfrac{m}{M}$;(2) 求小球 m 的速度、它所受到的向心力和转动的周期.

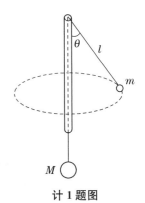

计 1 题图

2. 如图所示,在顶角为 2θ 的圆锥顶点上,系一倔强系数为 k、原长为 l_0 的轻弹簧. 今在弹簧的另一端挂上一质量为 m 的物体,使其在光滑的圆锥面上绕圆锥轴线(竖直轴)做圆周运动. 试求恰使物体离开圆锥面时的角速度以及此时弹簧的长度.

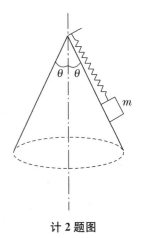

计 2 题图

3. 如图所示,质量分别为 m_1 和 m_2 的两只小球,用弹簧连在一起,且以长为 L_1 的线拴在轴 O 上,m_1 与 m_2 均以角速度 ω 绕轴在光滑的水平面上做匀速圆周运动. 当两球之间的距离为 L_2 时,将线烧断. 试求线被烧断的瞬间两球的加速度 a_1 和 a_2(弹簧和线的质量忽略不计).

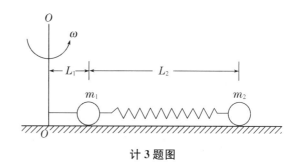

计 3 题图

4. 一物体质量 $m=2$ kg,在合外力 $\boldsymbol{F}=(3+2t)\boldsymbol{i}$(SI) 的作用下,从静止出发沿水平 x 轴做直线运动,若选初始位置为 x 轴坐标原点,求当 $t=1$ s 时:(1) 物体的速度;(2) 物体的位置.

5. 质量为 10 kg 的质点在力 $F=120t+40$(SI) 的作用下,沿 x 轴做直线运动,$t=0$ 时,质点位于 $x_0=5.0$ m,其初速度 $v_0=6.0$ m/s,求质点在任意时刻的速度和位置.

6. 质量为 m,速率为 v_0 的摩托车,在关闭发动机后沿直线前进,它所受到的阻力大小为 $f=cv$(c 为正的常数),方向与速度方向相反,试求:

(1) 关掉发动机后 t 时刻的速度;

(2) 这段时间内车所走的路程.

7. 质量为 m 的摩托车,在恒定的牵引力 F 作用下工作,它所受的阻力与其速率的平方成正比,比例系数为 k,它能达到的最大速率是 v_M.试计算从静止到加速至 $\frac{v_M}{2}$ 所需的时间及所走过的路程.

8. 一质量为 m 的质点在外力 F 的作用下沿 x 轴运动,已知 $t=0$ 时质点位于原点,且初始速度为零,力 F 随距离线性减小:$x=0$ 时,$F=F_0$;$x=L$ 时,$F=0$.试求质点在 $x=L$ 处的速率.

9. 假设物体沿着地球的某一直径的隧道运动,试求物体通过地心时的速率.已知地球的半径约为 6.4×10^6 m,密度约为 5.5×10^3 kg/m^3.

10. 如图所示,在密度为 ρ_1 的液体上方有一悬挂的长为 l、密度为 ρ_2 的均匀直棒,棒的下端刚与液面接触.今剪断挂线,棒在重力和浮力作用下下沉,若 $\rho_2 < \rho_1$,求棒下落过程中的最大速度.

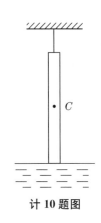

计 10 题图

11. 如图所示,有一小钢块,从静止开始自半径为 R 的光滑半球形钢球顶端下滑,求小钢块脱离钢球时的角度 θ.

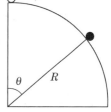

计 11 题图

12. 光滑的水平桌面上放置一固定的圆环带,半径为 R,一物体贴着环带内侧运动,如图所示.物体与环带间的滑动摩擦系数为 μ,设在某一时刻物体经过 A 点时的速率为 v_0,求此后 t 时刻物体的速率和从 A 点开始所经过的路程.

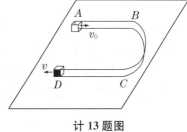

计 12 题图

13. 如图所示,在光滑的水平桌面上,放置一固定板壁,板壁与水平面垂直,它的 AB 和 CD 部分是平板,BC 部分是半径为 R 的半圆柱面.一质量为 m 的物块在光滑的水平桌面上以速率 v_0 沿板壁滑动,物块与板壁之间的摩擦系数为 μ,试求物块沿板壁从 D 点滑出时的速率.

计 13 题图

四、应用题

1. 工地上有一吊车,将甲、乙两块混凝土预制板吊起送至高空.甲块质量为 $m_1 = 2.00 \times 10^2$ kg,乙块质量为 $m_2 = 1.00 \times 10^2$ kg.设吊车、框架和钢丝绳的质量不计.试求下述两种情况下,钢丝绳所受的张力以及乙块对甲块的作用力:(1)两物块以 10.0 m/s² 的加速度上升;(2)两物块以 1.0 m/s² 的加速度上升.

2. 火车转弯时需要较大的向心力,如果两条铁轨都在同一水平面内(内轨、外轨等高),这个向心力只能由外轨提供,也就是说外轨会受到车轮对它很大的向外侧压力,这是很危险的. 因此,对应于火车的速率及转弯处的曲率半径,必须使外轨适当地高出内轨,称为外轨超高. 现有一质量为 m 的火车,以速率 v 沿半径为 R 的圆弧轨道转弯,已知路面倾角为 θ,试求:

（1）在此条件下,火车速率 v_0 为多大时,才能使车轮对铁轨内外轨的侧压力均为零?

（2）如果火车的速率 $v \neq v_0$,则车轮对铁轨的侧压力为多少?

3. 在 10 m 高台跳水时,运动员从 10.0 m 高台上由静止跳入水中,假定运动员质量为 50 kg,在水中受的阻力与速度的平方成正比,比例系数为 20 kg/m,当运动员的速率减少到 2.0 m/s 时翻身,并用脚蹬池上浮,求此时运动员在水中下沉的距离.（在水中可近似认为重力与水的浮力相等）

4. 质量为 m 的跳水运动员从某高台上跳入水中,假设运动员入水时的速率为 v_0,在水中受的阻力与速度的平方成正比,比例系数为 b. 若以水面上一点为坐标原点,竖直向下为 y 轴正方向. 求:（1）运动员在水中的速率 v 与 t 的函数关系;（2）运动员在水中的速率 v 与 y 的函数关系.（在水中可近似认为重力与水的浮力相等）

5. 质量为 45.0 kg 的物体;由地面以初速度 60.0 m/s 竖直向上发射,物体受到空气的阻力为 $F_r = kv$,且 $k = 0.03$ N/(m/s).

（1）求物体发射到最大高度所需的时间.

（2）最大高度为多少?

扫一扫
可见本章电子资源

第三章 动量守恒定律和能量守恒定律

3.1 基本要求

（1）掌握动量、冲量的概念，并明确其物理意义.

（2）掌握动量定理、动量守恒定律及其适用条件，并能运用它们分析和解决质点、质点系在平面内运动的力学问题.

（3）掌握功的概念，能计算一维运动情况下变力的功.

（4）理解保守力做功的特点及势能的概念，掌握重力势能、万有引力势能、弹性势能.

（5）掌握动能定理、功能原理、机械能守恒定律及其适用条件，并能运用它们分析和解决质点、质点系在平面内运动的力学问题.

3.2 基本概念和规律

1. 动量 p

质点的质量与它的速度的乘积，简称动量，即 $p = mv$，它是矢量，是状态量.

2. 冲量 I

力对时间的积分（累积作用），称为力的冲量，简称冲量，即 $I = \int_{t_1}^{t_2} F(t)\mathrm{d}t$，它是矢量，是过程量. 注意 $F(t)$ 是变力. 中学物理中 F 是恒定的，冲量为 $F \cdot \Delta t$.

3. 动量定理

质点的动量定理和质点系的动量定理可以统一表示为微分形式和积分形式，而内涵不同.

微分形式：
$$F\mathrm{d}t = \mathrm{d}p$$

积分形式：
$$I = \int_{t_1}^{t_2} F\mathrm{d}t = p - p_0$$

对于单个质点而言，F 就是该质点所受的合外力，$p = mv$ 表示质点的末动量，$p_0 = mv_0$ 表示质点的初动量. 即在给定时间间隔内，合外力作用在质点上的冲量，等于质点在此时间内动量的增量. 这就是质点的动量定理.

对于质点系而言，$F = \sum_i F_i$ 是所有质点受到的外力的矢量和（质点系内部相互之间作用力矢量和为零），$p = \sum_i p_i = \sum_i m_i v_i$ 表示所有质点末动量的矢量和，$p_0 = \sum_i p_{0i} =$

$\sum_i m_i v_{0i}$ 表示所有质点初动量的矢量和. 即在给定时间间隔内, 作用于系统的合外力的冲量等于系统在此时间内动量的增量. 这就是质点系的动量定理.

在应用动量定理解决具体问题时常用积分形式的分量式去处理. 质点的动量定理在直角坐标系中, 其分量式为:

$$I_x = \int_{t_1}^{t_2} F_x \mathrm{d}t = mv_x - mv_{0x}$$

$$I_y = \int_{t_1}^{t_2} F_y \mathrm{d}t = mv_y - mv_{0y}$$

$$I_z = \int_{t_1}^{t_2} F_z \mathrm{d}t = mv_z - mv_{0z}$$

4. 动量守恒定律

当系统所受合外力为零时, 系统的总动量保持不变, 即当 $\boldsymbol{F} = \sum_i \boldsymbol{F}_i = 0$ 时, $\boldsymbol{p} = \sum_i m_i \boldsymbol{v}_i = \boldsymbol{C}$.

在直角坐标系中, 其分量式为:

$$p_x = \sum_i m_i v_{ix} = c_1 (F_x = 0)$$

$$p_y = \sum_i m_i v_{iy} = c_2 (F_y = 0)$$

$$p_z = \sum_i m_i v_{iz} = c_3 (F_z = 0)$$

当系统只有一个质点, 就是质点的动量守恒定律.

若系统所受合外力不为零, 即 $\boldsymbol{F} \neq 0$, 但在某一方向上所受合外力为零, 如 $F_x = 0$, 尽管系统的总动量不守恒, 但在 x 方向上的分动量守恒, 即有 $p_x = \sum_i m_i v_{ix} =$ 恒量.

5. 功和功率

功的定义: 力在位移方向的分量与该位移大小的乘积.

力 $\boldsymbol{F}$ 所做的元功为

$$\mathrm{d}W = \boldsymbol{F} \cdot \mathrm{d}\boldsymbol{r}$$

变力所做的功为

$$W = \int \mathrm{d}W = \int_A^B \boldsymbol{F} \cdot \mathrm{d}\boldsymbol{r}$$

功是标量, 它与积分路径有关, 是过程量.

在直角坐标系中:

$$W = \int_A^B (F_x \mathrm{d}x + F_y \mathrm{d}y + F_z \mathrm{d}z)$$

合力对质点所做的功, 等于每个分力所做的功的代数和.

$$W = W_1 + W_2 + W_3 + \cdots\cdots + W_N$$

功率: 功随时间的变化率叫做功率, 用 P 表示.

$$P = \frac{\mathrm{d}W}{\mathrm{d}t} = \boldsymbol{F} \cdot \boldsymbol{v}$$

6. 动能和动能定理

质点的动能 $E_k = \frac{1}{2}mv^2$，是状态量，且总是 $E_k \geq 0$.

（质点、质点系）动能定理： $\qquad W = \Delta E_k$

对于单个质点：

$$W = \int_A^B \boldsymbol{F} \cdot \mathrm{d}\boldsymbol{r} = \Delta E_k = \frac{1}{2}mv_2^2 - \frac{1}{2}mv_1^2,$$

即合外力对质点所做的功，等于质点动能的增量.

对于质点系：

$$W = W_外 + W_内 = \Delta E_k = E_k - E_{k_0} = \sum_i \frac{1}{2}m_i v_i^2 - \sum_i \frac{1}{2}m_i v_{i_0}^2,$$

即质点系的一切外力做的功和一切内力做的功之和等于质点系动能的增量.

7. 保守力和势能

某力对质点所做的功只与质点的始末位置有关，而与路径无关，我们把具有这种特点的力叫做保守力. 保守力做功的特点： $W = \oint_l \boldsymbol{F} \cdot \mathrm{d}\boldsymbol{r} = 0$. 我们把做功与路径有关的力叫做非保守力.

势能 E_p：我们把与质点位置有关的能量称为质点的势能，势能是状态量.

保守力做功等于质点势能的增量的负值，表达式为

$$W_保 = \int_A^B \boldsymbol{F}_保 \cdot \mathrm{d}\boldsymbol{r} = -(E_{p_B} - E_{p_A})$$

常用势能有：

（1）重力势能： $\qquad E_p = mgy$（选 $y=0$ 处，$E_p = 0$）

（2）弹性势能： $\qquad E_p = \frac{1}{2}kx^2$（选弹簧原长位置 $E_p = 0$）

（3）引力势能： $\qquad E_p = -G\frac{m_1 m_2}{r}$（选 $r \to \infty$ 处，$E_p = 0$）

机械能 E：动能和势能的总和称为机械能. 表达式为：

$$E = E_k + E_p$$

8. 质点系的功能原理

$$W_外 + W_{非保内} = \Delta E$$

即质点系外力与非保守内力做功之和等于质点系机械能的增量.

9. 机械能守恒定律

当 $W_外 + W_{非保内} = 0$ 时，则 $\Delta E = 0$ 或 $E = E_0$，即当作用于质点系的外力和非保守内力做功之和为零时，质点系的机械能保持不变（守恒）.

10. 能量守恒定律

能量既不能产生，也不能消失，只能从一种形式转变为另一种形式. 对一个孤立系统来说，系统内各种形式的能量可以相互转化，但总量保持不变.

3.3 学习指导

本章的研究对象是质点或质点系,首先确定研究对象是质点还是质点系,做好受力分析,若是质点系,须区分内力和外力.由于涉及的定理、定律只适用于惯性系,所以要选择惯性参考系且是同一个惯性参考系,建立合适的坐标系,分别应用质点、质点系的相关定理、定律列出相应的方程来求解相关物理量.

由牛顿第二定律,分别把力对时间、空间进行累积,得到动量定理、动能定理,对单个质点的动力学问题,可以运用牛顿第二定律、质点动量定理、质点动能定理.当外力仅是时间的显函数时,运用质点动量定理更方便.当外力仅是位置坐标的显函数时,运用质点动能定理更方便.

对质点系的动力学问题,可以运用质点系动量定理、质点系动能定理或功能原理.当质点系所受外力仅是时间的显函数时,运用质点系动量定理更方便.当质点系所受外力、内力仅是位置坐标的显函数时,运用质点系动能定理或功能原理更方便.

当质点系所受合外力零时,可应用质点系动量守恒定律.当质点系所受合外力不为零,但质点系所受合外力在某方向上的分量为零时,则该方向动量守恒;若质点系所受合外力远小于系统内力,如发生碰撞、爆炸等,合外力可以忽略不计,可应用质点系动量守恒定律.

当作用于质点系的外力和非保守内力做功之和为零时,可应用机械能守恒定律.

几点注意事项:

(1) 应用动量定理、动量守恒定律解决具体问题时常用分量式,由于动量、冲量、力、速度都是矢量,所以一定要选择坐标轴的正方向.若是已知量,与坐标轴的正方向一致,取"+",与坐标轴的正方向相反,取"−";若是未知量,求出结果">0",表示它的方向与坐标轴的正方向一致,求出结果"<0",表示它的方向与坐标轴的正方向相反.

(2) 应用动量守恒定律、机械能守恒定律,一定要判断是否符合守恒的条件.

(3) 对于势能,要注意它的相对性,即势能的值是相对零势能位置而言.

重力势能 $E_p=mgy$(选 $y=0$ 处,$E_p=0$),$y>0$ 时,$E_p>0$;$y<0$ 时,$E_p<0$;

弹性势能 $E_p=\dfrac{1}{2}kx^2$(选弹簧原长位置 $E_p=0$),弹性势能总是大于等于零;

引力势能 $E_p=-G\dfrac{m_1m_2}{r}$(选 $r\to\infty$ 处,$E_p=0$),引力势能总是小于等于零.

(4) 对变力所做的功的计算,要设法先求出力 $\boldsymbol{F}$ 所做的元功 $\mathrm{d}W=\boldsymbol{F}\cdot\mathrm{d}\boldsymbol{r}$,再积分求出总功,它与积分路径有关.

3.4 典型例题

例 3-1 如图 3-1(a)所示,一质量为 $0.05\,\mathrm{kg}$、速率为 $10\,\mathrm{m/s}$ 的钢球,以与钢板法线呈 $45°$ 角的方向撞击在钢板上,并以相同的速率和角度弹回来,设球与钢板的碰撞时间为 $0.05\,\mathrm{s}$,求在此碰撞时间内钢板所受的平均冲力.

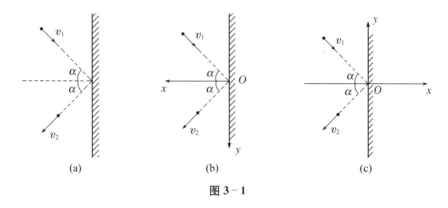

图 3-1

解：选如图 3-1(b)所示的坐标系，对钢球应用动量定理，列出分量式：$(v_1=v_2=v)$
$$\bar{F}_x \Delta t = mv_2\cos\alpha - m(-v_1\cos\alpha) = 2mv\cos\alpha$$
$$\bar{F}_y \Delta t = mv_2\sin\alpha - mv_1\sin\alpha = 0$$

所以，钢球所受的平均冲力为
$$\bar{F} = \bar{F}_x = \frac{2mv\cos\alpha}{\Delta t}$$

钢板所受的平均冲力为
$$\bar{F}' = -\bar{F} = -\frac{2mv\cos\alpha}{\Delta t}$$
$$= -\frac{2\times0.05\times10\times\cos45°}{0.05} = -14.1\ \text{N}.$$

即钢板所受的平均冲力大小为 14.1 N，方向与 x 轴正方向相反，即垂直钢板向内.

若选如图 3-1(c)所示的坐标系，对钢球应用动量定理，列出分量式：$(v_1=v_2=v)$
$$\bar{F}_x \Delta t = -mv_2\cos\alpha - mv_1\cos\alpha = -2mv\cos\alpha$$
$$\bar{F}_y \Delta t = -mv_2\sin\alpha - m(-v_1\sin\alpha) = 0$$

所以，钢球所受的平均冲力为
$$\bar{F} = \bar{F}_x = -\frac{2mv\cos\alpha}{\Delta t}$$

钢板所受的平均冲力为
$$\bar{F}' = -\bar{F} = \frac{2mv\cos\alpha}{\Delta t}$$
$$= \frac{2\times0.05\times10\times\cos45°}{0.05} = 14.1\ \text{N}$$

即钢板所受的平均冲力大小为 14.1 N，方向与 x 轴正方向相同，即垂直钢板向内.

选不同的坐标系，结果相同，即钢板所受的平均冲力大小为 14.1 N，方向垂直钢板向内.

例 3-2 建筑工地一台打桩机，把质量与气锤相等的水泥柱打入地基，设气锤与桩的碰撞是完全非弹性的，而且地基对桩的阻力与桩进入地基的深度成正比.第一锤打过后，桩被打入地基 0.50 m，如果每次气锤打击的速率均相等.试求：此后的连续三锤能把桩打入地基多少？

解:选地面为坐标原点,竖直向下为 y 轴正方向. 设气锤与桩的质量为 m,气锤打到桩上前的一瞬间的速率为 v_0,方向向下. 地基对桩的阻力大小 $f=ky$,方向向上. 如图 3-2 所示,由于气锤与桩的碰撞是完全非弹性的,由动量守恒定律有

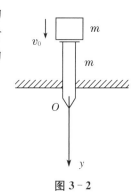

图 3-2

$$mv_0+0=(m+m)v$$

第一次碰撞后瞬间,锤与桩一起运动的速度为

$$v=\frac{m}{2m}v_0=\frac{1}{2}v_0$$

$v>0$,表示方向与 y 轴正方向一致,向下.

碰撞后瞬间锤与桩一起运动的总动能为:

$$E_{k_0}=\frac{1}{2}(m+m)v^2=\frac{1}{4}mv_0^2$$

桩被打入地基 0.50 m 处时锤与桩(质点系)的总动能为 $E_k=0$

对于第一锤,阻力所做的功可根据质点系的动能定理来求:

$$\int_0^{0.5}ky\cdot\mathrm{d}y\cdot\cos180°=\Delta E_k=0-\frac{1}{4}mv_0^2$$

此后连续的三锤,设可以到达的地下深度为 y,则根据质点系的动能定理:

$$\int_{0.5}^y-ky\cdot\mathrm{d}y=3\times\left(0-\frac{1}{4}mv_0^2\right)=3\int_0^{0.5}-ky\cdot\mathrm{d}y$$

$$\frac{1}{2}ky^2\Big|_{0.5}^y=3\times\left(\frac{1}{2}ky^2\Big|_0^{0.5}\right)$$

$$y^2-0.25=3\times(0.25-0)$$

解得

$$y=1.0\text{ m}.$$

所以第二、第三、第四锤共把桩打入地基的距离为:

$$\Delta y=1.0-0.50=0.50\text{ m}.$$

例 3-3 一物体在介质中按规律 $x=ct^3$ 做直线运动,c 为一常量. 设介质对物体的阻力正比于速度的平方,阻力系数为 k. 试求物体由 $x_0=0$ 运动到 $x=l$ 时,阻力所做的功.

分析:本题为一维变力做功问题,可按功的定义式求解. 由于阻力的大小 $f=kv$,不是位置坐标的显函数,不能直接积分. 第一种方法,可将 $f(v)$ 变换到 $f(x)$,按功的定义式 $W=\int f\cdot\mathrm{d}x$ 求解. 第二种方法,是将 $f(v)$ 变换到 $f(t)$,$\mathrm{d}x$ 也变换为 $\mathrm{d}t$,转换积分变量后,注意积分的上、下限也应作相应的变换,然后进行求解.

解:方法一:由 $x=ct^3$,可得物体的速度

$$v=\frac{\mathrm{d}x}{\mathrm{d}t}=3ct^2$$

按题意及上述关系,物体所受阻力的大小为

$$f=kv^2=9kc^2t^4=9kc^{\frac{2}{3}}x^{\frac{4}{3}}$$

阻力所做的功为:

$$W=\int_0^l f\cdot\mathrm{d}x\cdot\cos180°=-\int_0^l 9kc^{\frac{2}{3}}x^{\frac{4}{3}}\mathrm{d}x=-\frac{27}{7}kc^{\frac{2}{3}}l^{\frac{7}{3}}$$

方法二：由上知 $f = 9kc^2 t^4$，$dx = 3ct^2 dt$

且由 $x = ct^3$ 可知，当 $x_0 = 0$ 时，$t = 0$，当 $x = l$ 时，$t = \left(\dfrac{l}{c}\right)^{\frac{1}{3}}$

阻力做的功为：

$$W = \int_0^l f \, dx \cos 180° = \int_0^{\left(\frac{l}{c}\right)^{\frac{1}{3}}} -9kc^2 t^4 \cdot 3ct^2 dt$$

$$= -27kc^3 \cdot \frac{1}{7} t^7 \Big|_0^{\left(\frac{l}{c}\right)^{\frac{1}{3}}} = -\frac{27}{7} kc^{\frac{2}{3}} l^{\frac{7}{3}}$$

例 3-4 一质点在力 $\mathbf{F} = 2y^2 \mathbf{i} + 6x \mathbf{i}$（SI 制）作用下沿图 3-3 所示的路径运动，求：

(1) 质点沿路径 Oac 运动，$\mathbf{F}$ 所做的功；

(2) 质点沿路径 Oc 运动，$\mathbf{F}$ 所做的功；

(3) 判断 $\mathbf{F}$ 是否为保守力.

分析：该题为二维变力做功问题，可按直角坐标系变力做功的

表达式 $W = \int_A^B (F_x dx + F_y dy)$ 求解，式中 A、B 分别为起点和终

点，关键在于沿不同的路径时需求出 F_x、F_y 与 dx、dy 所对应的表达式，并注意积分变量的统一与转换及相应的积分上、下限的对应关系.

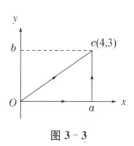

图 3-3

解：(1) 沿路径 Oac，可分为沿路径 Oa 与路径 ac 组合.

沿 Oa 路径：$y = 0$，则 $dy = 0$，$F_x = 2y^2 = 0$，$F_y = 6x$，则

$$W_{Oa} = \int_0^a (F_x dx + F_y dy) = \int_0^a (0 \cdot dx + 6x \cdot 0) = 0$$

沿 ac 路径：$x = 4$，$dx = 0$，$F_x = 2y^2$，$F_y = 6x = 24$，则

$$W_{ac} = \int_a^c (F_x dx + F_y dy) = \int_0^3 (2y^2 \cdot 0 + 24 \cdot dy) = 24y \Big|_0^3 = 72 \text{ J}$$

所以 $W_{Oac} = W_{Oa} + W_{ac} = 0 + 72 = 72 \text{ J}$

(2) 沿路径 Oc：$y = \dfrac{3}{4} x$，$dy = \dfrac{3}{4} dx$，$F_x = 2y^2$，$F_y = 6x$，则

$$W_{Oc} = \int_0^c (F_x dx + F_y dy) = \int_0^c (2y^2 dx + 6x dy) = \int_0^4 \left(\frac{9}{8} x^2 dx + 6x \cdot \frac{3}{4} dx\right)$$

$$= \left(\frac{3}{8} x^3 + 9x^2\right) \Big|_0^4 = 24 + 144 = 168 \text{ J}$$

(3) 因为 $W_{Oac} \neq W_{Oc}$，即力 $\mathbf{F}$ 做功与路径有关，可判断 $\mathbf{F}$ 为非保守力.

有兴趣者还可求质点沿路径 Obc 运动，$\mathbf{F}$ 所做的功，$W_{Obc} = 72$ J.

3.5 练习题

一、选择题

1. 质量为 20 g 的子弹沿 x 轴正向以 500 m/s 的速率射入一木块后，与木块一起仍沿 x 轴正向以 50 m/s 的速率前进，在此过程中木块所受冲量为 （ ）

A. 9 N·s　　　　B. −9 N·s　　　　C. 10 N·s　　　　D. −10 N·s

2. 质量为 m 的铁锤,从某一高度自由下落,与桩发生完全非弹性碰撞.设碰撞前锤速为 v,打击时间为 Δt,锤的重量不能忽略,则铁锤所受的平均冲力为　　　　　　（　）

A. $\dfrac{mv}{\Delta t}+mg$　　　B. $\dfrac{mv}{\Delta t}-mg$　　　C. $\dfrac{mv}{\Delta t}$　　　D. $\dfrac{2mv}{\Delta t}$

3. 一质量为 m 的运动质点,受到某力的冲量后,速度 v 的大小不变,而方向改变了 θ 角,则这个力的冲量的大小为　　　　　　　　（　）

A. $2mv\sin\dfrac{\theta}{2}$　　　　　　　B. $2mv\cos\dfrac{\theta}{2}$

C. $mv\sin\dfrac{\theta}{2}$　　　　　　　D. $mv\cos\dfrac{\theta}{2}$

4. 以大小为 4 N·s 的冲量作用于 8 kg 的静止物体上,物体由此获得的速度是（　）

A. 0.5 m/s　　　　　　　　B. 2 m/s

C. 32 m/s　　　　　　　　D. 无法确定

5. 一个不稳定的原子核,其质量为 M,开始时是静止的.当它分裂出一个质量为 m、速度为 v_0 的粒子后,原子核的其余部分沿相反方向反冲,则反冲速度的大小为　　　　（　）

A. $\dfrac{m}{M-m}v_0$　　　B. $\dfrac{m}{M}v_0$　　　C. $\dfrac{M+m}{m}v_0$　　　D. $\dfrac{m}{M+m}v_0$

6. 一船浮于静水中,船长 L,质量为 m,一个质量也为 m 的人从船尾走到船头,不计水和空气的阻力,则在此过程中船将　　　　　　　　　　（　）

A. 不动　　　　　　　　　B. 后退 L

C. 后退 $L/2$　　　　　　　D. 后退 $L/3$

7. 河中有一只静止的小船,船头与船尾各站着质量不相等的人.若两人以不同的速率相向而行,不计水的阻力,则小船的运动方向为　　　　　　　（　）

A. 与质量大的人运动方向一致　　B. 与动量小的人运动方向一致

C. 与速率大的人运动方向一致　　D. 与动能大的人运动方向一致

8. 圆锥摆的小球在水平面内作匀速率圆周运动,则　　　　　　　（　）

A. 重力和绳子的张力对小球都不做功

B. 重力和绳子的张力对小球都做功

C. 重力对小球做功,绳子张力对小球不做功

D. 重力对小球不做功,绳子张力对小球做功

9. 甲将弹簧拉伸 0.05 m 后,乙又继续再将弹簧拉伸 0.05 m,则甲、乙两所做的功的关系应为　　　　　　　　（　）

A. $W_甲>W_乙$　　　　　　　B. $W_甲=W_乙$

C. $W_甲<W_乙$　　　　　　　D. 无法判断

10. 把竖直挂着的质量为 m、长为 h 的均质铁链的下端对折起来与上端挂在一起,如图所示.要做的功应为　　　　　　（　）

A. $\dfrac{1}{2}mgh$　　　　　　　B. $\dfrac{1}{4}mgh$

C. mgh　　　　　　　　D. 零

选 **10** 题图

11. 如图所示,质量为 m 的小球系于细绳的一端,绳长为 l,上端固定,今以水平力 F 作用于小球上,使其缓慢地由竖直位置 A 移动到 B,A、B 间的距离为 s,则 F 在小球移动过程中所做的功为 （　　）

    A. $W=Fs$ B. $W=Fs\cos\theta$

    C. $W=mgl(1-\cos\theta)$ D. $W=Fs\sin\theta$

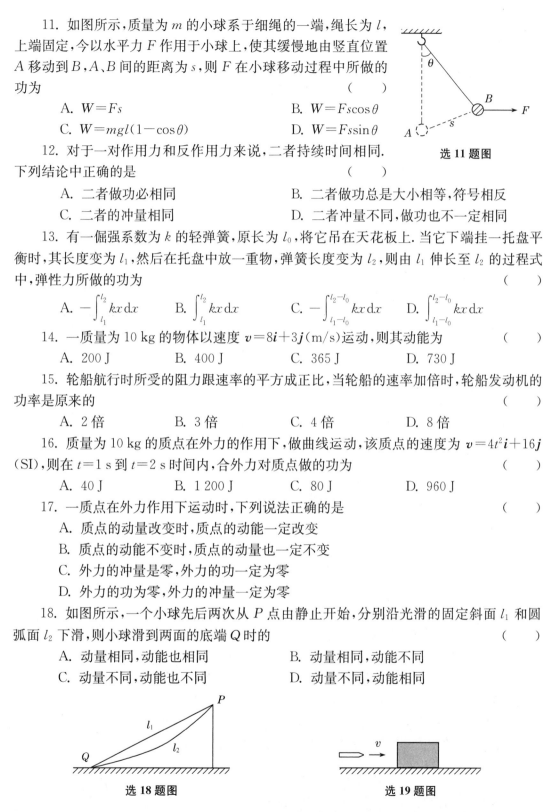

选 11 题图

12. 对于一对作用力和反作用力来说,二者持续时间相同.下列结论中正确的是 （　　）

    A. 二者做功必相同   B. 二者做功总是大小相等,符号相反

    C. 二者的冲量相同   D. 二者冲量不同,做功也不一定相同

13. 有一倔强系数为 k 的轻弹簧,原长为 l_0,将它吊在天花板上. 当它下端挂一托盘平衡时,其长度变为 l_1,然后在托盘中放一重物,弹簧长度变为 l_2,则由 l_1 伸长至 l_2 的过程式中,弹性力所做的功为 （　　）

    A. $-\int_{l_1}^{l_2} kx\,\mathrm{d}x$ B. $\int_{l_1}^{l_2} kx\,\mathrm{d}x$ C. $-\int_{l_1-l_0}^{l_2-l_0} kx\,\mathrm{d}x$ D. $\int_{l_1-l_0}^{l_2-l_0} kx\,\mathrm{d}x$

14. 一质量为 10 kg 的物体以速度 $\boldsymbol{v}=8\boldsymbol{i}+3\boldsymbol{j}$(m/s)运动,则其动能为 （　　）

    A. 200 J   B. 400 J   C. 365 J   D. 730 J

15. 轮船航行时所受的阻力跟速率的平方成正比,当轮船的速率加倍时,轮船发动机的功率是原来的 （　　）

    A. 2 倍   B. 3 倍   C. 4 倍   D. 8 倍

16. 质量为 10 kg 的质点在外力的作用下,做曲线运动,该质点的速度为 $\boldsymbol{v}=4t^2\boldsymbol{i}+16\boldsymbol{j}$(SI),则在 $t=1$ s 到 $t=2$ s 时间内,合外力对质点做的功为 （　　）

    A. 40 J   B. 1 200 J   C. 80 J   D. 960 J

17. 一质点在外力作用下运动时,下列说法正确的是 （　　）

    A. 质点的动量改变时,质点的动能一定改变

    B. 质点的动能不变时,质点的动量也一定不变

    C. 外力的冲量是零,外力的功一定为零

    D. 外力的功为零,外力的冲量一定为零

18. 如图所示,一个小球先后两次从 P 点由静止开始,分别沿光滑的固定斜面 l_1 和圆弧面 l_2 下滑,则小球滑到两面的底端 Q 时的 （　　）

    A. 动量相同,动能也相同   B. 动量相同,动能不同

    C. 动量不同,动能也不同   D. 动量不同,动能相同

选 18 题图　　　　　　　　选 19 题图

19. 如图所示,子弹射入放在水平光滑地面上静止的木块而不穿出,以地面为参考系,

指出下列说法中正确的是 　　　　　　　　　　　　　　　　　　　　　　（　　）

    A. 子弹的动能转变为木块的动能

    B. 子弹—木块系统的机械能守恒

    C. 子弹动能的减少等于子弹克服木块阻力所做的功

    D. 子弹克服木块阻力所做的功等于这一过程中产生的热

20. 下列四个实例中,你认为哪一个实例中物体和地球构成的系统的机械能不守恒？

　　　　　　　　　　　　　　　　　　　　　　　　　　　　　　　　　（　　）

    A. 物体作圆锥摆运动

    B. 抛出的铁饼作斜抛运动(不计空气阻力)

    C. 物体在光滑斜面上自由滑下

    D. 物体在拉力作用下沿光滑斜面匀速上升

21. 如图所示,质量分别为 m_1、m_2 的两物体放在被压缩的轻弹簧的两端,弹簧和物体一起放在水平桌面上,不计一切摩擦,当弹簧突然释放时,两球向水平方向射出,若水平射程 $s_1 = \frac{1}{2} s_2$,则 m_1 与 m_2 的关系是 　　　　　　　　　　（　　）

选 21 题图

    A. $m_1 = 2m_2$ B. $m_1 = \sqrt{2} m_2$

    C. $m_1 = m_2$ D. $m_2 = 2m_1$

22. 一竖直悬挂的轻弹簧下系一小球,平衡时弹簧伸长量为 d,现用手将小球托住,使弹簧不伸长,然后将其释放,不计一切摩擦,则弹簧的最大伸长量将为 　　　　（　　）

    A. d B. $\sqrt{2} d$ C. $2d$ D. 条件不足

23. 相向运动的两球做完全非弹性碰撞,碰撞后两球静止,则碰前两球的 　　（　　）

    A. 质量相等   B. 速率相等

    C. 动能相等   D. 动量大小相等,方向相反

24. 地球绕太阳运行,在近日点向远日点运动的过程中,下面叙述中正确的是 　（　　）

    A. 太阳的引力做正功   B. 地球的动能在增加

    C. 系统的引力势能在增加   D. 系统的机械能在减少

25. 一质子轰击 α 粒子时因未对准而发生轨迹偏转,假如附近没有其他带电粒子,则在这一过程中,由此质子和 α 粒子组成的系统 　　　　　　　　　　　　　　　（　　）

    A. 动量守恒,能量不守恒   B. 能量守恒,动量不守恒

    C. 动量和能量不守恒   D. 动量和能量都守恒

二、填空题

1. 如图所示,质量为 m 的小球自高为 y_0 处沿水平方向以速率 v_0 抛出,与地面碰撞后跳起的最大高度为 $\frac{1}{2} y_0$,水平速率为 $\frac{1}{2} v_0$,则碰撞过程中(1)地面对小球的垂直冲量的大小为_____;(2)地面对小球的水平冲量的大小为_____.

填 1 题图

2. 如图所示,有质量为 m 的水以初速度 v_1 进入弯管,经 t 秒后流出时的速度为 v_2,且 $v_1=v_2=v$,在管子转弯处,水对管壁的平均冲力大小是_____,方向_____(管内水受到的重力不考虑).

填 2 题图

3. 质量为 20 g 的子弹沿 x 轴正向以 500 m/s 的速率射入一木块后,与木块一起仍沿 x 轴正向以 50 m/s 的速率前进,则子弹所受冲量为_____N·s,木块的质量为_____kg.

4. 一个质量为 m 的物体,原来以速率 v 向北运动,突然受到外力打击后变为向西运动,但速率仍为 v,则外力的冲量大小为_____,方向为_____.

5. 在枪管内子弹受的合力 $F=600-2\times10^5 t$ N,子弹由枪口飞出的速率为 300 m/s,假定子弹离开枪口时合力刚好为零,则子弹经枪管长度所需时间 $\Delta t=$_____;该力的冲量 $I=$_____.

6. 质量 $m=2$ kg 的质点,受合力 $\boldsymbol{F}=12t\boldsymbol{i}$(N) 的作用,沿 ox 轴做直线运动,已知 $t=0$ 时 $x_0=0,v_0=0$,则从 $t=0$ 到 $t=3$ s 这段时间内,合力 $\boldsymbol{F}$ 的冲量 $\boldsymbol{I}=$_____,3 s 末质点的速度为 $v=$_____.

7. 质量为 M 的平板车,以速度 v 在光滑的水平面上滑行,一质量为 m 的物体从 h 高处竖直落到车子里.两者一起运动时的速度大小为_____.

8. 一机车的功率为 1.5×10^5 W,在此功率下,3 min 内列车的速率由 10 m/s 加速到 20 m/s,若忽略摩擦力,则机车在 3 min 内所做的功为_____J;机车的质量为_____kg.

9. 质量 $m=1$ kg 的物体,在坐标原点处从静止出发在水平面内沿 x 轴运动,其所受合力方向与运动方向相同,合力大小为 $F=3+2x$(SI),那么,物体在开始运动的 3 m 内,合力所做的功 $W=$_____;且 $x=3$ m 时,其速率 $v=$_____.

10. 一橡皮筋的拉伸距离为 x 时,其弹性恢复力为 $F=ax+bx^2$,当一个人把此橡皮筋从原长 $x=l_1$ 拉伸到 $x=l_2$ 时,需做功 $W=$_____.

11. 一质点,所受之力为 $F=4+6x$(SI).已知 $t=0$ 时,$x_0=0,v_0=0$,则物体在由 $x=0$ 运动到 $x=4$ m 的过程中,该力对物体所做的功为_____.

12. 质量为 m 的质点,在恒力 F 的作用下沿曲线从 A 点运动到 B 点(如图所示),AB 间的直线距离为 L,L 与 F 间夹角为 α,则在此过程中力 F 所做功为_____;若在 A 处质点速度为 0,则质点在 B 处的速度大小为_____.

填 12 题图

填 13 题图

13. 如图所示,一质量为 m 的小球,从轨道上的 A 点由静止开始滑下,当小球滑至轨道

上 B 点时速度为零,在此过程中,合外力对小球所做的功为_____;摩擦力对小球所做的功为_____.

14. 某人拉住河水中的船,使船相对于岸不动,以地面为参考系,人对船所做的功_____;以流水为参考系,人对船所做的功_____(填">0"、"=0"或"<0").

15. 弹簧原长 $l_0=0.5$ m,上端固定,下端吊一空篮子,弹簧长度为 $l_1=0.6$ m,空篮子质量为 0.5 kg,在篮子中放一重物,弹簧长度为 $l_2=0.8$ m,则放重物使弹簧伸长过程中,弹簧做功为_____.

16. 一竖直悬挂的轻弹簧,原长为 l_0,倔强系数为 k.在弹簧的下端挂一质量为 m 的物体.先将该物体用手托住,不使弹簧伸长,然后突然放手,则弹簧的最大伸长量可达到_____;当物体回到平衡位置时速度的大小为_____.

17. 汽车以匀速 v 沿水平路面前进.车中一人以相对于车的速度 u 向前掷一质量为 m 的小球,若将坐标系选在车上,小球的动能为_____,若将坐标系选在地面上,小球的动能为_____.

18. 一长为 l,质量均匀的链条,放在光滑的水平桌面上,若使其长度的一半悬于桌边下,然后由静止释放,任其滑动,则它全部离开桌面时的速率为_____.

19. 离地面 10 m 高处,一人以 10 m/s 的速率抛出一质量为 2 kg 的物体,物体落地时速率为 15 m/s,那么人在抛出物体过程中对物体做的功为_____;物体在飞行过程中克服阻力做的功为_____.($g=10$ m/s^2)

20. 水平桌面上有两物体,质量为 m 的物体以速率 v_0,与另一质量为 $2m$ 的静止物体发生完全非弹性碰撞,设桌面与物体间的摩擦系数为 μ,则碰撞后的机械能损失为_____;碰撞后物体可在桌面上滑行的距离为_____.

21. 设质量为 m 的卫星,在地球上空高度为两倍于地球半径 R 的圆形轨道上做匀速圆周运动,现用 m、R,引力恒量 G 和地球质量 M 表示卫星的动能为 $E_k=$_____,卫星和地球所组成的系统的势能 $E_p=$_____.

22. 设地球质量为 M,半径为 R,一质量为 m 的火箭从地面上升到距地面为 $2R$ 高度处,在此过程中,地球引力对火箭做的功为_____.

23. 质量为 m 的质点,在保守力 F 的作用下沿 x 轴作简谐运动,保守力对应的势能为 $E_p=ax^2-bx+c,a,b,c$ 为正常量,则保守力的表达式为_____,质点的平衡位置在 $x=$_____处.

24. 假定一个质量为 m_1 的质点和一个质是为 m_2 的质点之间相互作用的势能为 $E_p=-k\frac{m_1m_2}{x}$,式中 k 为正常量,x 为两质点间的距离,则两质点间的相互作用力为_____;使两质点距离由 $x=x_1$ 增加到 $x=x_1+d$ 时所要做的功是_____.

25. 一长为 L 质量为 m 的链条,置于光滑桌面,而其长度的 1/5 悬挂在桌边,若将悬挂部分拉回桌面,拉力做的功为_____,重力势能的增加为_____.

三、计算题

1. 如图所示,质量为 $M=2.0$ kg 的物体,用一根长为 $l=0.5$ m 的细绳悬挂在天花板上.现有一质量为 $m=20$ g 的子弹以 $v_0=200$ m/s 的水平速度射穿物体,刚穿出时子弹的速度大小 $v=50$ m/s,设穿透时间极短.求:

（1）子弹刚穿出时绳中张力的大小；

（2）子弹在穿透过程中所受的冲量.

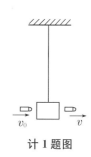

计 1 题图

2. 质量为 1 kg 的小球 A 以 2.5 m/s 的速率和一静止的、质量也为 1 kg 的小球 B 在光滑的水平面上作弹性碰撞，碰撞后球 B 以 1.5 m/s 的速率，沿与 A 原先运动方向成 $60°$ 的方向运动，求小球 A 的速度大小和方向.

3. 一水平放置的轻质弹簧，倔强系数为 k，其一端固定，另一端紧挨着两木块，质量均为 m，如图所示，忽略摩擦力，若开始时加外力使弹簧压缩进 d 的距离，然后撤销外力，求：

（1）B 离开 A 时的速率是多少？

（2）B 离开 A 后，弹簧所能达到的最大伸长量.

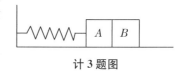

计 3 题图

4. 如图所示，质量为 m，速度为 v 的钢球，射向质量为 m' 的靶，靶中心有一小孔，内有倔强系数为 k 的弹簧，此靶最初处于静止状态，但可在水平面作无摩擦滑动. 求子弹射入靶内弹簧后，弹簧的最大压缩距离.

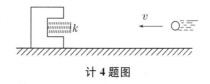

计 4 题图

5. 一辆质量为 30 t 的车厢，在平直铁轨上以 2 m/s 的速度和它前面的一辆质量为 50 t，以 1 m/s 的速度沿相同方向前进的机车挂接，挂接后它们以同一速度前进，试问：（1）挂接后的速度为多大？（2）机车受到的冲量为多大？

6. 当一个沿 x 轴的水平力加到一个质量为 1.5 kg 的物体上时，物体正静止在水平光滑面上，若 $F(x) = (2.5 - x^2)i$(N)，物体的初始位置为原点，求（1）物体通过 $x = 2$ m 时的动能；（2）在 $x = 0$ 至 $x = 2$ m 的区间内，物体的最大动能是多少？

7. 一弹簧原长为 l_0，倔强系数为 k，竖直悬挂，上端固定，下端挂一质量为 m 的物体. 先用手托住物体使弹簧处在原长状态.

（1）如托住物体使其缓慢下降，则达到平衡位置时，弹簧的伸长量为多少？

（2）如突然放手，则物体能达到的最大伸长量为多少？物体经过平衡位置时的速度为多少？

8. 一人从 10.0 m 深的井中提水，起始桶中装满水后的总质量为 10.0 kg，由于水桶漏水，每升高 1.0 m 要漏去 0.2 kg 的水，若水桶被人匀速地从井中提到井口，求人所做的功.

9. 力 $F = 2xi + 3j$，将一质点从位置 $r_1 = 2i + 3j$ 移动到位置 $r_2 = -4i - 3j$ 做多少功？(SI)

10. 一个力作用在一个质量为 3 kg 的类质点物体上，物体的位置与时间的函数关系为 $x = 3t - 4t^2 + t^3$(SI)，求（1）$t = 0$ s 到 $t = 4$ s 的时间间隔内，该力对物体做的功.（2）$t = 1$ s 时，力的瞬时功率.

11. 质量 $m=4$ kg 的物体沿 x 轴做直线运动,所受合外力 $F=4+9x^2$(SI). 若 $t=0$ 时物体的位置 $x_0=0$,速度 $v_0=0$,求该物体运动到 $x=2$ m 处速度的大小.

12. 质量为 $m=2$ kg 的物体在力 $\boldsymbol{F}=8t\boldsymbol{i}$(SI)的作用下,从静止出发沿 x 轴正向做直线运动,求:
   (1) 前 2 秒内该力所做的功;
   (2) 第 2 秒末物体的速度.

13. 设两个粒子之间的相互作用力为排斥力,其大小与粒子间距离的函数关系为 $f=\dfrac{k}{r^3}$,式中 k 为正值常量. 试求当这两个粒子相距为 $r=2a$ 时的势能.(设相互作用力为零的地方为势能零点)

14. 如图所示,质点在 xOy 平面上作圆周运动,有一力 $\boldsymbol{F}=F_0(x\boldsymbol{i}+y\boldsymbol{j})$ 作用在质点上,若该质点从 O 点运动到 (R,R) 位置,试求力 $\boldsymbol{F}$ 所做的功.

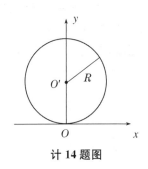

计 14 题图

15. 一质量为 m 的质点在 xoy 平面上运动,其运动方程为 $\boldsymbol{r}=a\cos\omega t\boldsymbol{i}+b\sin\omega t\boldsymbol{j}$(SI 制),式中 a、b、ω 是大于零的常数. 试求:

(1) 质点在点 $A(a,0)$ 和点 $B(0,b)$ 时的动能;

(2) 当质点从 A 点运动到 B 点时,质点所受外力 $\boldsymbol{F}=F_x\boldsymbol{i}+F_y\boldsymbol{j}$ 所做的功,以及分力 F_x 和 F_y 分别做的功.

四、应用题

1. 自动步枪连发时每分钟射出 120 发子弹,每发子弹的质量为 7.9 g,出口速率为 735 m/s,求射击时(以分钟计)枪托对肩部的平均压力.

2. 如图所示,在水平地面上有一横截面为 $S=0.2\ \mathrm{m^2}$ 的直角弯管,管中有流速为 $v=3.0\ \mathrm{m/s}$ 的水通过,求弯管所受力的大小和方向.

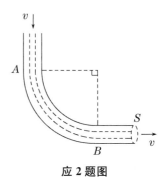

应 2 题图

3. 如图所示,一轻质弹簧倔强系数为 k,两端各固定一质量均为 M 的物块 A 和 B,放在水平光滑桌面上静止. 今有一质量为 m 的子弹沿弹簧的轴线方向以速度 v_0 射入一物块而不复出,求此后弹簧的最大压缩长度.

应 3 题图

4. 设两个质量均为 10^{30} kg,半径都是 2.0×10^3 m 的天体,相距 10^{10} m. 如果最初二者都是静止的,试求:

(1) 当它们的距离减小到一半时,它们的速率各为多大?

(2) 当它们就要碰上时,它们的速率又将各为多大?

5. 在水平面上固定一个半圆形滑槽,质量为 m 的滑块发初速度 v_0 沿切线方向进入滑槽一端(如图所示),设滑块与滑槽的摩擦系数的 μ,试证当滑块从滑槽的另一端滑出时,摩擦力所做的功为 $W = \frac{1}{2}mv_0^2(e^{-2\pi\mu} - 1)$.(提示:此题是变力做功,先求出滑块出滑槽的速率 $v = v_0 e^{-\pi\mu}$,再由动能定理求出功.)

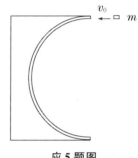

应 5 题图

6. 一质量为 m 的质点,系在细绳的一端,绳的另一端固定在平面上. 此质点在粗糙水平面上作半径为 r 的圆周运动,设质点的最初速率是 v_0,当它运动一周时,其速率为 $\frac{v_0}{2}$,求:

(1) 摩擦力做的功;

(2) 滑动摩擦系数;

(3) 在静止以前质点运动了多少圈?

7. 用铁锤把钉子敲入木板. 设木板对钉子的阻力与钉子进入木板的深度成正比,若第一次敲击,能把钉子钉入木板 1.00×10^{-2} m,第二次敲击时,保持第一次敲击钉子的速度,那么第二次能把钉子钉入木板多深?

8. 如图所示,有一自动卸货矿车,满载时的质量为 m',从与水平面成倾角 $\alpha = 30°$ 的斜面上的点 A 由静止下滑. 设斜面对车的阻力为车重的 0.25 倍,矿车下滑距离 l 时,矿车与缓冲弹簧一道沿斜面运动. 当矿车使弹簧产生最大压缩形变时,矿车自动卸货,然后矿车借助弹簧的弹性力的作用,使之返回原点 A 再装货,试问要完成这一过程,空载时与满载时车的质量之比为多大?

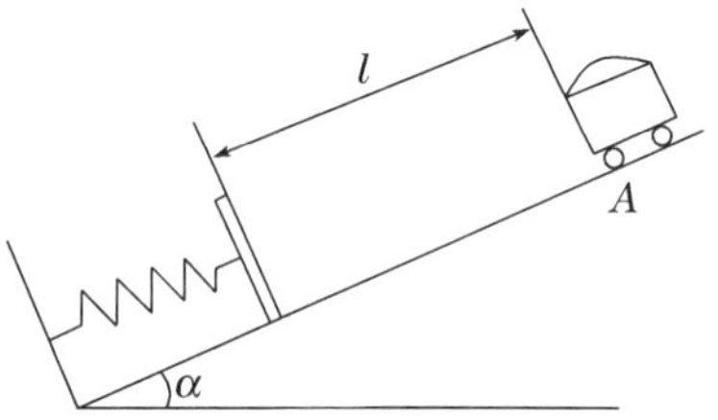

应 8 题图

第四章 刚体的转动

4.1 基本要求

（1）掌握描述刚体定轴转动的物理量以及角量和线量的关系.

（2）理解力矩和转动惯量概念,熟练掌握刚体绕定轴转动的转动定律.

（3）掌握角动量概念,理解质点和刚体绕定轴转动的角动量定理以及角动量守恒定律.

（4）理解力矩做功和转动动能概念,能正确运用动能定理和机械能守恒定律处理刚体绕定轴转动的问题,能利用刚体的有关知识分析刚体的简单系统的力学问题.

4.2 基本概念和规律

1. 刚体定轴转动的运动学

（1）刚体:在外力的作用下,大小、形状等都保持不变的物体;或组成物体的所有质点之间的距离始终保持不变的物体.

（2）刚体的平动:刚体内所作的任一条直线始终保持和其初始位置平行.其特点为:对刚体上任两点 A 和 B,它们的运动轨迹相似;$v_A = v_B$;$a_A = a_B$.因此描述刚体的平动时,可用其内任一个质点的运动来代表.

（3）刚体的定轴转动:刚体内各质元均作圆周运动且各圆心在同一条固定不动的直线上.

（4）运动学方程:$\theta = \theta(t)$（θ 为角坐标）.

（5）角位移:$\Delta\theta = \theta(t+\Delta t) - \theta(t)$.

（6）角速度:$\omega = \dfrac{\mathrm{d}\theta}{\mathrm{d}t}$.

（7）角加速度:$\alpha = \dfrac{\mathrm{d}\omega}{\mathrm{d}t} = \dfrac{\mathrm{d}^2\theta}{\mathrm{d}t^2}$.

（8）距转轴 r 处质元的线量与角量的关系:$v = r\omega, a_\tau = r\alpha, a_n = r\omega^2$.

（9）匀速定轴转动公式:$\theta = \theta_0 + \omega t$.

（10）匀变速定轴转动公式:$\omega = \omega_0 + \alpha t, \theta = \theta_0 + \omega_0 t + \dfrac{1}{2}\alpha t^2, \omega^2 = \omega_0^2 + 2\alpha(\theta - \theta_0)$.

2. 力矩的瞬时作用规律——刚体定轴转动定律

（1）力矩 $\boldsymbol{M}$:力矩是反映刚体运动状态改变原因的物理量.力矩的定义式为 $\boldsymbol{M} = \boldsymbol{r} \times \boldsymbol{F}$,其大小为 $Fr\sin\theta = Fd$.其中,从转轴与参考平面的交点到力 $\boldsymbol{F}$ 的作用线的垂直距离 d 叫做力对转轴的力臂,$\boldsymbol{r}$ 为转轴与参考平面的交点到力 $\boldsymbol{F}$ 的作用点 P 的矢径,θ 为径矢 $\boldsymbol{r}$ 与力 $\boldsymbol{F}$

之间的夹角.

（2）转动惯量：转动惯量是描述刚体转动惯性大小的物理量. 它的定义式为 $J = \sum \Delta m_i r_i^2$，式中 Δm_i 为刚体中任一质点的质量，r_i 为该质点距转轴的距离. 如果刚体上的质点是连续规则分布的，则其转动惯量可以用积分进行计算，即 $J = \int_V r^2 \mathrm{d}m$. 如果刚体是均匀的，则 $\mathrm{d}m = \rho \mathrm{d}V$，则有 $J = \int_V \rho r^2 \mathrm{d}V$，式中 ρ 为刚体的密度，$\mathrm{d}V$ 为体积元.

（3）平行轴定理：$J = J_c + md^2$，式中 J_c 是刚体相对于通过刚体质心的轴线的转动惯量，J 是刚体和上述轴线平行的另一轴线的转动惯量，m 是刚体的质量，d 是两平行轴线之间的距离.

（4）转动定律：$M = J\boldsymbol{\alpha}$，式中 M 是刚体受到的对某转轴的合外力矩，J 是该刚体对转轴的转动惯量，$\boldsymbol{\alpha}$ 是角加速度. 转动定律是刚体定轴转动的基本定律，它表明了力矩的瞬时作用规律. 与牛顿第二定律的数学表达式 $\boldsymbol{F} = m\boldsymbol{a}$ 相比较，力矩 M 对应于力 $\boldsymbol{F}$，转动惯量 J 对应于质量 m，角加速度 $\boldsymbol{\alpha}$ 对应于加速度 $\boldsymbol{a}$.

3. 力矩的时间累积作用

（1）角动量 $\boldsymbol{L}$：

① 质点的角动量：$\boldsymbol{L} = \boldsymbol{r} \times \boldsymbol{p} = m\boldsymbol{r} \times \boldsymbol{v}$. 作圆周运动的质点，以圆心为参考点的角动量为 $L = rmv = mr^2\omega$.

② 刚体绕定轴转动的角动量：$\boldsymbol{L} = J\boldsymbol{\omega}$，其中 J 和 $\boldsymbol{\omega}$ 分别是刚体绕同一固定轴的转动惯量与角速度. $\boldsymbol{L}$ 和 $\boldsymbol{\omega}$ 虽然都是矢量，但在定轴转动的情况下，可以作为代数量处理，仅有正负之分.

（2）角动量定理：作用在物体上的冲量矩等于角动量的增量，即 $\int_{t_1}^{t_2} \boldsymbol{M} \mathrm{d}t = \boldsymbol{L}_2 - \boldsymbol{L}_1$.

（3）角动量守恒定律：如果作用在物体上的合外力矩 $\boldsymbol{M} = 0$，则角动量守恒，即 $\boldsymbol{L} = $ 恒量. 对于有心力的情况，质点对力心的角动量都是守恒的.

4. 力矩的空间累积作用

（1）力矩做功：在定轴转动的情况下，若刚体受到的力矩为 $\boldsymbol{M}$，角位移为 $\mathrm{d}\theta$，则 $\boldsymbol{M}$ 做的元功为 $\mathrm{d}W = M\mathrm{d}\theta$，若刚体转过的角度为 θ，则 $\boldsymbol{M}$ 做的功为 $W = \int_0^{\theta} M\mathrm{d}\theta$.

转动动能：刚体在作定轴转动时的动能，$E_k = \dfrac{1}{2}J_z\omega^2$.

（2）转动动能定理：合外力矩对绕定轴转动的物体所做的功等于刚体转动动能的增量，即 $W = \dfrac{1}{2}J\omega_2^2 - \dfrac{1}{2}J\omega_1^2$.

4.3 学习指导

刚体定轴转动问题有以下几种类型：

1. 刚体定轴转动的运动学问题

刚体定轴转动中的运动学问题可以归纳为两类：第一类问题是已知角位移或角速度，求角加速度,可以用微分法处理;第二类问题是已知角加速度,求角速度或角位移,可以用积分法加上初始条件来求解.

2. 转动惯量的计算

转动惯量的计算通常有两种方法:利用转动惯量的定义,通过求和或积分计算;利用转动惯量的可加性和平行轴定理求解.

3. 运用转动定律求解刚体定轴转动的动力学问题

转动定律 $M=J\alpha$ 在研究刚体定轴转动的动力学问题的地位相当于质点动力学中的牛顿第二定律 $F=ma$. 如果是一个由刚体和质点组成的系统,在解题时可按如下步骤进行:

（1）对刚体可根据 $M=J\alpha$ 列方程;

（2）对质点则根据 $F=ma$ 列方程;

（3）再根据线量与角量的关系 $a_\tau=r\alpha$ 列出补充方程;

（4）联立上述方程求解.

4. 运用角动量定理或角动量守恒定律解题

用角动量定理和角动量守恒定律解题的一般步骤与运用动量定理和动量守恒定律求解平动问题类似,只不过用角量取代线量. 使用时应注意方程中的力矩和角动量应对同一参考点或转轴而言. 角动量守恒要求整个过程中任意两个瞬间系统角动量的大小和方向都不变,因此要求系统所受的合外力矩为零.

5. 刚体定轴转动的动能定理和机械能守恒定律的运用

使用动能定理和机械能守恒定律求解刚体定轴转动的问题时,基本方法与质点的情况相似,但是要注意包含刚体转动的系统,重力势能应以系统质心的重力势能计算.

4.4　典型例题

例 4-1　如图 4-1 所示,一细杆可绕其一端在竖直平面内自由转动,当杆与水平线夹角为 θ 时,其角速度 $\alpha=\dfrac{3g}{2l}\cos\theta$,其中 l 为杆长,g 为重力加速度. 求:(1) 杆自静止由 $\theta_0=30°$ 转至 $60°$ 时杆的角速度;(2) 此时杆的端点 A 和中点 B 的线速度的大小.

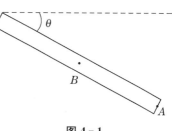

图 4-1

解: 方法一:用运动学的方法求解

(1) $\alpha=\dfrac{\mathrm{d}\omega}{\mathrm{d}t}=\dfrac{\mathrm{d}\omega}{\mathrm{d}\theta}\dfrac{\mathrm{d}\theta}{\mathrm{d}t}=\omega\dfrac{\mathrm{d}\omega}{\mathrm{d}\theta}=\dfrac{3g}{2l}\cos\theta$

分离变量得 $\omega\mathrm{d}\omega=\dfrac{3g}{2l}\cos\theta\mathrm{d}\theta$

等式两边分别积分得 $\displaystyle\int_0^\omega\omega\mathrm{d}\omega=\int_{\frac{\pi}{6}}^{\frac{\pi}{3}}\dfrac{3g}{2l}\cos\theta\mathrm{d}\theta$

$$\frac{1}{2}\omega^2=\frac{3g}{2l}\sin\theta\Big|_{\frac{\pi}{6}}^{\frac{\pi}{3}}=\frac{3g}{2l}\left(\sin\frac{\pi}{3}-\sin\frac{\pi}{6}\right)$$

解得 $\omega = \sqrt{\dfrac{3g}{l}\left(\dfrac{\sqrt{3}}{2} - \dfrac{1}{2}\right)}$.

（2）各点线速度的大小和各点到转轴的距离有关，运动角量和线量的关系得

$$v_A = l\omega = \sqrt{\dfrac{3gl}{2}\left(\sqrt{3} - 1\right)}$$

$$v_B = \dfrac{1}{2}l\omega = \sqrt{\dfrac{3gl}{8}\left(\sqrt{3} - 1\right)}$$

方法二：运用刚体的转动动能定理求解

$$
\begin{aligned}
W &= \int_{\theta_0}^{\theta} M \mathrm{d}\theta = \int_{\frac{\pi}{6}}^{\frac{\pi}{3}} mg\,\dfrac{l}{2}\cos\theta\,\mathrm{d}\theta \\
&= \dfrac{1}{2}mg\left(\sin\dfrac{\pi}{3} - \sin\dfrac{\pi}{6}\right) \\
&= \dfrac{1}{2}J\omega^2 - \dfrac{1}{2}J\omega_0^2 \\
&= \dfrac{1}{2}\cdot\dfrac{1}{3}ml^2\omega^2
\end{aligned}
$$

由上式可求得刚体的角速度为：$\omega = \sqrt{\dfrac{3g}{l}\left(\dfrac{\sqrt{3}}{2} - \dfrac{1}{2}\right)}$，与方法一的结果相同.

例 4-2 如图 4-2 所示，一刚体由半径为 R、质量为 M 的均质圆盘和一根长为 L、质量为 m 的均质细杆组成，试计算刚体对垂直于纸面的 O 轴的转动惯量.

解：根据转动惯量的可加性，由圆盘和细杆组成的系统的转动惯量可由两部分组成：

$J_O = J_{\text{杆}} + J_{\text{圆盘}}$

运用平行轴定理得 $J_{\text{圆盘}} = \dfrac{1}{2}MR^2 + M(L+R)^2$

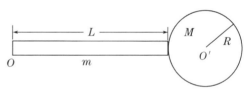

图 4-2

又 $J_{\text{杆}} = \dfrac{1}{3}mL^2$

所以 $J_O = \dfrac{1}{3}mL^2 + \dfrac{1}{2}MR^2 + M(L+R)^2$

例 4-3 一根细杆 OA 可绕端点 O 的水平轴自由转动，其长为 l，质量为 m，现把它放到水平位置，并处于静止状态. 问放手后 OA 摆至铅直位置时角速度 ω 多大？

分析：将细棒看作刚体处理，细棒从水平静止状态下落至竖直位置过程中，细棒做加速转动，其加速度随时间逐渐减小，因此，该题不能用匀变速转动公式. 正确的处理方式是将转动定律的数学表达式中的 α 转化为 $\alpha = \dfrac{\mathrm{d}\omega}{\mathrm{d}t} = \dfrac{\mathrm{d}\omega}{\mathrm{d}\theta}\dfrac{\mathrm{d}\theta}{\mathrm{d}t} = \omega\dfrac{\mathrm{d}\omega}{\mathrm{d}\theta}$，然后分离变量，代入初始条件积分.

解：设杆转到任意位置时，杆与水平方向的夹角为 θ，重力矩为

$$M = \dfrac{mgl}{2}\cos\theta$$

根据转动定律，有

$$M=\frac{mgl}{2}\cos\theta=\frac{1}{3}ml^2\alpha=\frac{1}{3}ml^2\frac{\mathrm{d}\omega}{\mathrm{d}t}$$

将上式中的 dt 代换成 dθ,有

$$\frac{mgl}{2}\cos\theta=\frac{1}{3}ml^2\frac{\mathrm{d}\omega}{\mathrm{d}t}\frac{\mathrm{d}\theta}{\mathrm{d}\theta}=\frac{1}{3}ml^2\omega\frac{\mathrm{d}\omega}{\mathrm{d}\theta}$$

分离变量后得

$$\omega\mathrm{d}\omega=\frac{3g}{2l}\cos\theta\mathrm{d}\theta$$

两边积分 $\int_0^\omega\omega\mathrm{d}\omega=\int_0^{\frac{\pi}{2}}\frac{3g}{2l}\cos\theta\mathrm{d}\theta$ 得 $\omega=\sqrt{\frac{3g}{l}}$

该题如果从功和能的角度求解会更简单些,详细解题过程请参考本章例 4-6.

例 4-4　一绕定轴旋转的刚体,其转动惯量为 J,转动角速度为 ω_0.现受一与转动角速度的平方成正比的阻力矩的作用,比例系数为 $k(k>0)$.试求此刚体转动的角速度及刚体从 ω_0 到 $\omega_0/2$ 所需的时间.

分析:由题意,作用于刚体上的力矩可写成 $-k\omega^2$.即力矩 M 是刚体角速度 ω 的函数,这时转动定律可选取 $M=J\frac{\mathrm{d}\omega}{\mathrm{d}t}$ 或 $M=J\omega\frac{\mathrm{d}\omega}{\mathrm{d}\theta}$ 两种形式.由于题目不涉及转角,故选择前者.

解:由题意,此刚体所受的外力矩

$$M=-k\omega^2 \tag{1}$$

由转动定律

$$M=J\frac{\mathrm{d}\omega}{\mathrm{d}t}=-k\omega^2 \tag{2}$$

分离变量,有 $-\frac{\mathrm{d}\omega}{\omega^2}=\frac{k}{J}\mathrm{d}t$

由条件 $t=0$ 时 $\omega=\omega_0$,对上式积分 $\int_{\omega_0}^\omega-\frac{\mathrm{d}\omega}{\omega^2}=\int_0^t\frac{k}{J}\mathrm{d}t$

得

$$\omega=\frac{\omega_0 J}{J+\omega_0 kt} \tag{3}$$

将 $\omega=\frac{\omega_0}{2}$ 代入式(3),得 $t=\frac{J}{\omega_0 k}$

例 4-5　如图 4-3 所示,一质量为 m 的小球由一绳索系着,以角速度 ω_0 在无摩擦的水平面上,绕以半径为 r_0 的圆周运动.如果在绳的另一端作用一竖直向下的拉力,则小球以半径为 $\frac{r_0}{2}$ 的圆周运动.试求:小球新的角速度.

分析:由于沿轴向的拉力对小球不产生力矩,因此,小球在水平面上转动的过程中不受外力矩作用,其角动量守恒.

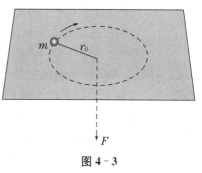

图 4-3

解:根据分析可得,小球在转动过程中,角动量守恒,故有

$$J_0\omega_0=J_1\omega_1$$

式中 J_0 和 J_1 分别是小球在半径为 r_0 和 $\frac{1}{2}r_0$ 时对轴的转动惯量,即 $J_0 = mr_0^2$ 和 $J_1 = \frac{1}{4}mr_0^2$,则

$$\omega = \frac{J_0}{J_1}\omega_0 = 4\omega_0$$

例 4-6 本题从功和能的角度,重新计算例 4-3.

解:方法一 用转动动能定理求

当杆由水平位置转到铅直位置时,重力矩做的功为

$$W = \int dW = \int M d\theta = \int_0^{\frac{\pi}{2}} mg\ \frac{l}{2}\cos\theta d\theta = mg\ \frac{l}{2}$$

根据转动动能定理有

$$mg\ \frac{l}{2} = \frac{l}{2}J\omega^2 - 0 = \frac{1}{2}\ \frac{1}{3}ml^2\omega^2$$

最后得

$$\omega = \sqrt{\frac{3g}{l}}$$

方法二 用机械能守恒定律求

把杆与地球看成一个系统,除重力做功以外,无其他力做功,所以机械能守恒. 以杆在铅直位置时质心 C 的位置为重力势能零点,有

$$mg\ \frac{l}{2} = \frac{1}{2}J\omega^2 = \frac{1}{2}\ \frac{1}{3}ml^2\omega^2$$

$$\omega = \sqrt{\frac{3g}{l}}$$

4.5 练习题

一、选择题

1. 刚体绕定轴做匀变速转动时,刚体上距转轴为 r 的任一点的 （　　）

    A. 切向、法向加速度的大小均随时间变化

    B. 切向、法向加速度的大小均保持恒定

    C. 切向加速度的大小恒定,法向加速度的大小变化

    D. 法向加速度的大小恒定,切向加速度的大小变化

2. 有两个力同时作用在一个有固定转轴的刚体上,下列说法正确的是 （　　）

    A. 这两个力都平行于轴作用时,它们对轴的合力矩可能是零

    B. 这两个力都垂直于轴作用时,它们对轴的合力矩可能是零

    C. 当这两个力的合力为零时,它们对轴的合力矩也一定是零

    D. 当这两个力对轴的合力矩为零时,它们的合力也一定是零

3. 关于力矩下列说法正确的是 （　　）

    A. 对某个绕定轴转动刚体而言,内力矩可能改变刚体的角加速度

    B. 一对作用力和反作用力对同一轴的力矩之和必为零

　　C. 一对作用力和反作用力对同一轴的力矩之和可能不为零

　　D. 质量相等,形状和大小不同的两个刚体,在相同力矩的作用下,它们的运动状态
　　　一定相同

4. 几个力同时作用在一个具有光滑固定转轴的刚体上,如果这几个力的矢量和为零,
则此刚体　　　　　　　　　　　　　　　　　　　　　　　　　　　　　　　　　　(　　)

　　A. 必然不会转动　　　　　　　　　　　B. 转速必然不变

　　C. 转速必然改变　　　　　　　　　　　D. 转速可能不变,也可能改变

5. 均匀细棒 OA 可绕过其一端 O 而与棒垂直的水平固定光滑轴转动,今使棒从水平位
置由静止开始自由下落,在棒摆到竖直位置的过程中,下列说法正确的是　　　　(　　)

　　A. 角速度从小到大,角加速度不变

　　B. 角速度从小到大,角加速度从小到大

　　C. 角速度从小到大,角加速度从大到小

　　D. 角速度不变,角加速度为零

6. 将细绳绕在一个具有水平光滑轴的飞轮边缘上,如果在绳端挂一质量为 m 的重物
时,飞轮的角加速度为 α. 如果以拉力 $2mg$ 代替重物拉绳时,飞轮的角加速度将　(　　)

　　A. 小于 α　　　　　　　　　　　　　　B. 大于 α,小于 2α

　　C. 大于 2α　　　　　　　　　　　　　D. 等于 2α

7. 如图所示,A、B 为两个相同的绕着轻绳的定滑轮. B
滑轮挂一质量为 M 的物体,A 滑轮受拉力 F,而且 $F=Mg$. 设
A、B 两滑轮的角加速度分别为 α_A 和 α_B,不计滑轮轴的摩擦,
则有　　　　　　　　　　　　　　　　　　　　(　　)

　　A. $\alpha_A=\alpha_B$　　　　　B. $\alpha_A>\alpha_B$

　　C. $\alpha_A<\alpha_B$　　　　D. 开始时 $\alpha_A=\alpha_B$,以后 $\alpha_A<\alpha_B$

选 7 题图

8. 关于刚体对轴的转动惯量,下列说法中正确的是
　　　　　　　　　　　　　　　　　　　　　　(　　)

　　A. 只取决于刚体的质量,与质量的空间分布和轴的位置无关

　　B. 取决于刚体的质量和质量的空间分布,与轴的位置无关

　　C. 取决于刚体的质量、质量的空间分布和轴的位置

　　D. 只取决于转轴的位置,与刚体的质量和质量的空间分布无关

9. 有 A、B 两个半径相同、质量相同的细圆环,A 环的质量分布均匀,B 环的质量分布
不均匀. 设它们对通过环心并与环面垂直轴的转动惯量分别为 J_A 和 J_B,则　　(　　)

　　A. $J_A>J_B$　　　　　　　　　　　　B. $J_A<J_B$

　　C. $J_A=J_B$　　　　　　　　　　　　D. 无法确定 J_A 与 J_B 哪个大

10. 质量为 m 长为 l 的均匀细杆,两端各拴一个质量为 m 的小球,则绕通过质心并与棒
面垂直的轴的转动惯量为
　　　　　　　　　　　　　　　　　　　　　　　　　　　　　　　　(　　)

　　A. $\dfrac{7}{12}ml^2$　　　　B. $\dfrac{13}{12}ml^2$　　　　C. $\dfrac{25}{12}ml^2$　　　　D. $\dfrac{3}{2}ml^2$

11. 两匀质圆盘 A 和 B,其密度分别为 ρ_A 和 ρ_B,半径为 R_A 和 R_B,两盘质量相等,厚度
相等. 若 $\rho_A>\rho_B$,两盘对通过盘心且垂直于盘面的轴的转动惯量分别为 J_A 和 J_B,则有(　　)

A. $J_A = J_B, R_A < R_B$　　　　　　　　B. $J_A > J_B, R_A > R_B$

C. $J_A < J_B, R_A < R_B$　　　　　　　　D. $J_A < J_B, R_A > R_B$

12. 刚体角动量守恒的充分必要条件是　　　　　　　　　　　　　　　　（　　）

　　A. 刚体不受外力矩的作用

　　B. 刚体所受合外力矩为零

　　C. 刚体所受的合外力和合外力矩均为零

　　D. 刚体的转动惯量和角速度均保持不变

13. 质点在有心力作用下　　　　　　　　　　　　　　　　　　　　　　（　　）

　　A. 动能守恒　　　B. 动量守恒　　　C. 角动量守恒　　　D. 势能守恒

14. 一人站在无摩擦的转动平台上,双臂水平地举着二哑铃,当他把二哑铃水平地收缩到胸前的过程中,人与哑铃组成的系统应满足　　　　　　　　　　　　　（　　）

　　A. 机械能守恒,角动量守恒　　　　　B. 机械能守恒,角动量不守恒

　　C. 机械能不守恒,角动量守恒　　　　D. 机械能不守恒,角动量不守恒

15. 如图所示,一光滑细杆上端由光滑铰链固定,杆可绕其上端在任意角度的锥面上绕 OO' 做匀角速转动. 有一小环套在杆的上端处,开始使杆在一个锥面上运动起来,而后小环由静止开始沿杆下滑,在小球下滑过程中,小环、杆和地球组成的系统的机械能以及小环加杆对 OO' 的角动量这两个量中　　　（　　）

　　A. 机械能、角动量都不守恒

　　B. 机械能守恒、角动量不守恒

　　C. 机械能不守恒、角动量守恒

　　D. 机械能、角动量都守恒

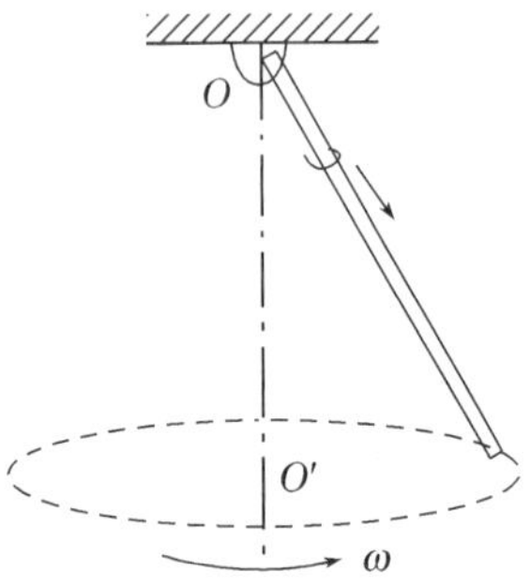

选 15 题图

16. 一圆盘绕过盘心且与盘面垂直的轴 O 以角速度 ω 按图所示方向转动,若将两个大小相等方向相反但不在同一条直线的力 F 沿盘面同时作用到圆盘上,则圆盘的角速度 ω　　　　　　　　　　　　　　　　　　（　　）

　　A. 必然增大　　　B. 必然减少　　　C. 不会改变　　　D. 如何变化,不能确定

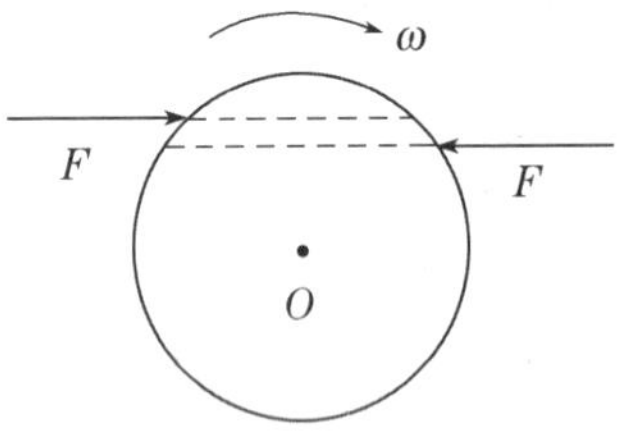

选 16 题图

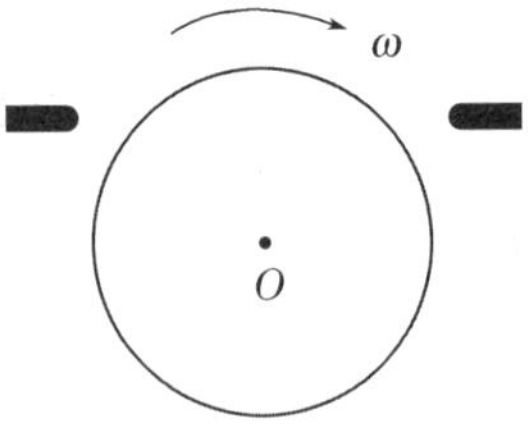

选 17 题图

17. 一圆盘正绕垂直于盘面的水平光滑固定轴 O 转动,如图所示,射来两个质量相同、速度大小相同、方向相反并在一条直线上的子弹,子弹射入圆盘并且留在盘内,则子弹射入后的瞬间,圆盘的角速度 ω 将　　　　　　　　　　　　　　　　　　（　　）

　　A. 增大　　　B. 不变　　　C. 减小　　　D. 不能确定

18. 一个物体正在绕固定光滑轴自由转动　　　　　　　　　　　　　　　（　　）

　　A. 当它受热膨胀或遇冷收缩时,角速度不变

B. 当它受热时角速度变大,遇冷时角速度变小

C. 当它受热或遇冷时,角速度均变大

D. 当它受热时角速度变小,遇冷时角速度变大

19. 有一个半径为 R 的水平转台,可绕通过其中心的竖直固定光滑轴转动,转动惯量为 J,开始时转台以匀角速度 ω_0 转动,此时有一质量为 m 的人站在转台中心,随后人沿半径向外跑去,当人到达转台边缘时,转台的角速度为 　　　　　　　　　（　　）

　　A. $\dfrac{J}{J+mR^2}\omega_0$ 　　　B. $\dfrac{J}{(J+m)R^2}\omega_0$ 　　　C. $\dfrac{J}{mR^2}\omega_0$ 　　　D. ω_0

20. 一均匀细杆长为 l,质量为 m,开始时竖直放置,可绕其上端旋转,给它一个起始角速度 ω,如杆能在竖直平面内持续转动而不摆动(一切摩擦不计),则 　　　　（　　）

　　A. $\omega \geqslant \sqrt{\dfrac{g}{l}}$ 　　　B. $\omega \geqslant \sqrt{\dfrac{3g}{l}}$ 　　　C. $\omega \geqslant \sqrt{\dfrac{6g}{l}}$ 　　　D. $\omega \geqslant \sqrt{\dfrac{12g}{l}}$

21. 光滑的水平桌面上有长为 $2l$、质量为 m 的匀质细杆,可绕通过其中点 O 且垂直于桌面的竖直固定轴自由转动,转动惯量为 $\dfrac{1}{3}ml^2$,起初杆静止,有一质量为 m 的小球在桌面上正对着杆的一端,在垂直杆长的方向上,以速率 v 运动,如图所示. 当小球与杆端发生碰撞后,就与杆粘在一起随杆转动. 则这一系统碰撞后的转动角速度是 　　　　（　　）

　　A. $\dfrac{lv}{12}$ 　　　　　B. $\dfrac{2v}{3l}$ 　　　　　C. $\dfrac{3v}{4l}$ 　　　　　D. $\dfrac{3v}{l}$

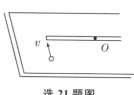

选 21 题图

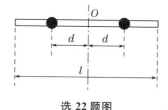

选 22 题图

22. 如图所示,一水平刚性轻杆,质量不计,杆长 $l=20$ cm,其上穿有两个小球. 初始时,两小球相对杆中心 O 对称放置,与 O 的距离 $d=5$ cm,二者之间用细线拉紧. 现在让细杆绕通过中心 O 的竖直固定轴作匀角速的转动,转速为 ω_0,烧断细线让两球向杆的两端滑动. 不考虑转轴的摩擦和空气的阻力,当两球都滑至杆端时,杆的角速度为 　　　　（　　）

　　A. ω_0 　　　　　B. $2\omega_0$ 　　　　　C. $\dfrac{\omega_0}{2}$ 　　　　　D. $\dfrac{\omega_0}{4}$

23. 如图所示,一匀质细杆可绕通过其一端的水平光滑轴在竖直平面内自由转动,杆长 $l=\dfrac{5}{3}$ m,今使杆从与竖直方向成 $60°$ 角的位置由静止释放(g 取 10 m/s^2),则杆的最大角速度为 　　　　（　　）

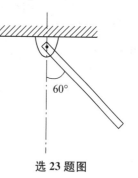

选 23 题图

　　A. 3 rad/s 　　　　　B. π rad/s

　　C. 9 rad/s 　　　　　D. $\sqrt{3}$ rad/s

24. 如图所示,一静止的均匀细棒,长为 L、质量为 M,可绕通过棒的端点且垂直于棒长的光滑固定轴 O 在水平面内转动,

转动惯量为 $\dfrac{ML^2}{3}$,一质量为 m、速率为 v 的子弹在水平面内沿与棒垂直的方向射入并穿出棒的自由端,设穿过棒后子弹的速率为 $\dfrac{v}{2}$,则此时棒的角速度大小应为　　　　　　（　　）

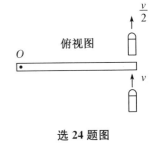

俯视图

选 24 题图

A. $\dfrac{mv}{ML}$

B. $\dfrac{5mv}{2ML}$

C. $\dfrac{3mv}{2ML}$

D. $\dfrac{7mv}{4ML}$

25. 一花样滑冰者,开始自转动,其动能为 $E_0 = \dfrac{1}{2}J_0\omega_0^2$,

她将手臂收回,转动惯量减少至原来的 $\dfrac{1}{3}$,此时她的角速度变为 ω,动能变为 E,则　　　（　　）

A. $\omega = 3\omega_0, E = E_0$

B. $\omega = \dfrac{\omega_0}{3}, E = 3E_0$

C. $\omega = \omega_0, E = 3E_0$

D. $\omega = 3\omega_0, E = 3E_0$

26. 如图所示,一细绳长为 l,质量为 m 的单摆和一长度为 l、质量为 m 能绕水平轴自由转动的匀质细棒,现将摆球和细棒同时从与铅直线成 θ 角度的位置静止释放,当二者运动到竖直位置时,摆球和细棒的角速度应满足　　　（　　）

A. $\omega_1 > \omega_2$

B. $\omega_1 = \omega_2$

C. $\omega_1 < \omega_2$

D. 无法判断

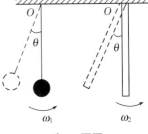

选 26 题图

27. 两个质量相同、飞行速度相同的球 A 和 B,其中 A 球无转动,B 球转动,要把它们接住所做的功分别为 W_1 和 W_2,则　　　　　　　　　　　　　　　　（　　）

A. $W_1 > W_2$　　　B. $W_1 < W_2$　　　C. $W_1 = W_2$　　　D. 无法判定

28. 一个圆盘绕一固定轴转动的转动惯量为 J,初始角速度为 ω_0,后来变为 $\dfrac{1}{2}\omega_0$,在上述过程中,阻力矩所做的功为　　　　　　　　　　　（　　）

A. $\dfrac{1}{4}J\omega_0^2$　　　B. $-\dfrac{3}{8}J\omega_0^2$　　　C. $-\dfrac{1}{4}J\omega_0^2$　　　D. $\dfrac{1}{8}J\omega_0^2$

29. 如图所示,一个卫星在椭圆轨道上围绕地球运转,R_A 和 R_B 分别是从地心至卫星的最大和最小距离,L_A 和 L_B 及 E_A 和 E_B 分别表示卫星在上述位置的角动量和动能,则下述一组关系始终正确的是　　　（　　）

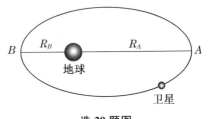

选 29 题图

A. $L_B = L_A, E_B > E_A$

B. $L_B = L_A, E_B = E_A$

C. $L_B > L_A, E_B = E_A$

D. $L_B > L_A, E_B > E_A$

二、填空题

1. 一个以恒定角加速度转动的圆盘,如果在某一时刻的角速度为 $\omega_1 = 20\pi$ rad/s,再转 60 转后角速度为 $\omega_2 = 30\pi$ rad/s,则角加速度 $\alpha = $ ＿＿＿＿＿＿,转过上述 60 转所需的时间 $\Delta t = $ ＿＿＿＿＿＿.

2. 绕定轴转动的飞轮均匀地减速,$t = 0$ 时角速度为 $\omega_0 = 5$ rad/s,$t = 20$ s 时角速度为 $\omega = 0.8\omega_0$,则飞轮的角加速度 $\alpha = $ ＿＿＿＿＿＿ rad/s^2,$t = 0$ 到 $t = 100$ s 时间内飞轮所转过的角度 $\theta = $ ＿＿＿＿＿＿ rad.

3. 电动机利用皮带传动拖动一个真空泵.电动机上装一半径为 0.1 m 的轮子,真空泵上装一半径为 0.29 m 的轮子,如图所示.如果电动机的转速为 1 450 r/min,则真空泵上的轮子的边缘上一点的线速度为 ＿＿＿＿＿＿,真空泵的转速为 ＿＿＿＿＿＿.

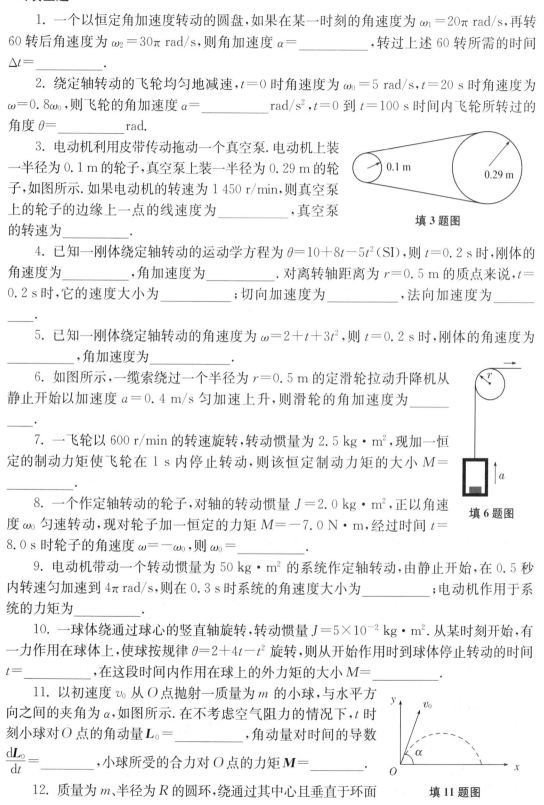

填 3 题图

4. 已知一刚体绕定轴转动的运动学方程为 $\theta = 10 + 8t - 5t^2$(SI),则 $t = 0.2$ s 时,刚体的角速度为 ＿＿＿＿＿＿,角加速度为 ＿＿＿＿＿＿.对离转轴距离为 $r = 0.5$ m 的质点来说,$t = 0.2$ s 时,它的速度大小为 ＿＿＿＿＿＿;切向加速度为 ＿＿＿＿＿＿,法向加速度为 ＿＿＿＿＿＿.

5. 已知一刚体绕定轴转动的角速度为 $\omega = 2 + t + 3t^2$,则 $t = 0.2$ s 时,刚体的角速度为 ＿＿＿＿＿＿,角加速度为 ＿＿＿＿＿＿.

6. 如图所示,一缆索绕过一个半径为 $r = 0.5$ m 的定滑轮拉动升降机从静止开始以加速度 $a = 0.4$ m/s 匀加速上升,则滑轮的角加速度为 ＿＿＿＿＿＿.

7. 一飞轮以 600 r/min 的转速旋转,转动惯量为 2.5 kg·m^2,现加一恒定的制动力矩使飞轮在 1 s 内停止转动,则该恒定制动力矩的大小 $M = $ ＿＿＿＿＿＿.

8. 一个作定轴转动的轮子,对轴的转动惯量 $J = 2.0$ kg·m^2,正以角速度 ω_0 匀速转动,现对轮子加一恒定的力矩 $M = -7.0$ N·m,经过时间 $t = 8.0$ s 时轮子的角速度 $\omega = -\omega_0$,则 $\omega_0 = $ ＿＿＿＿＿＿.

填 6 题图

9. 电动机带动一个转动惯量为 50 kg·m^2 的系统作定轴转动,由静止开始,在 0.5 秒内转速匀加速到 4π rad/s,则在 0.3 s 时系统的角速度大小为 ＿＿＿＿＿＿;电动机作用于系统的力矩为 ＿＿＿＿＿＿.

10. 一球体绕通过球心的竖直轴旋转,转动惯量 $J = 5 \times 10^{-2}$ kg·m^2.从某时刻开始,有一力作用在球体上,使球按规律 $\theta = 2 + 4t - t^2$ 旋转,则从开始作用时到球体停止转动的时间 $t = $ ＿＿＿＿＿＿,在这段时间内作用在球上的外力矩的大小 $M = $ ＿＿＿＿＿＿.

11. 以初速度 v_0 从 O 点抛射一质量为 m 的小球,与水平方向之间的夹角为 α,如图所示.在不考虑空气阻力的情况下,t 时刻小球对 O 点的角动量 $\boldsymbol{L}_0 = $ ＿＿＿＿＿＿,角动量对时间的导数 $\dfrac{\mathrm{d}\boldsymbol{L}_0}{\mathrm{d}t} = $ ＿＿＿＿＿＿,小球所受的合力对 O 点的力矩 $\boldsymbol{M} = $ ＿＿＿＿＿＿.

12. 质量为 m、半径为 R 的圆环,绕通过其中心且垂直于环面

填 11 题图

轴线的转动惯量为＿＿＿＿＿;而对于质量为 m、半径为 R 的均匀圆盘,绕通过其中心且垂直于环面轴线的转动惯量为＿＿＿＿＿＿＿＿.

13. 身高和体重均相同的两人甲和乙,分别握住跨过无摩擦定滑轮的绳子两端,滑轮与绳子质量不计.两人均以初速度为零开始向上爬,已知甲对绳的速度是乙对绳的速度的两倍,则两人到达顶点的顺序为＿＿＿＿＿＿＿＿(填"甲先到"、"乙先到"或"同时到达").

14. 有一飞轮,质量为 500 kg,半径为 0.6 m,其质量可看为均匀分布在轮缘上,正以 220 rad/s 的角速度转动.则该飞轮的转动惯量为＿＿＿＿＿＿＿＿ kg·m²,要让该飞轮在 30 s 内匀变速停下来,需要＿＿＿＿＿＿＿N·m 的平均制动力矩.

15. 绕定轴转动的飞轮均匀地减速,$t=0$ 时角速度为 40 rad/s,$t=20$ s 时角速度为零,则 $t=0$ 到 $t=20$ s 时间内飞轮所转过的角度 $\theta=$＿＿＿＿＿＿＿＿,若该飞轮相对该轴的转动惯量为 50 kg·m²,则其所受合外力矩大小为＿＿＿＿＿＿＿＿.

16. 如图所示,一长为 L 的轻质细杆,两端分别固定质量为 m 和 $2m$ 的小球,此系统在竖直平面内可绕过中点 O 且与杆垂直的水平光滑轴(O 轴)转动,开始时杆与水平成 $60°$ 角,处于静止状态,无初转速地释放后,杆球这一刚体系统绕 O 轴转动,系统绕 O 轴的转动惯量 $J=$＿＿＿＿＿＿＿.释放后,当杆转到水平位置时刚体受到的合外力矩大小 $M=$＿＿＿＿＿＿＿＿;角加速度 $\alpha=$＿＿＿＿＿＿＿＿.

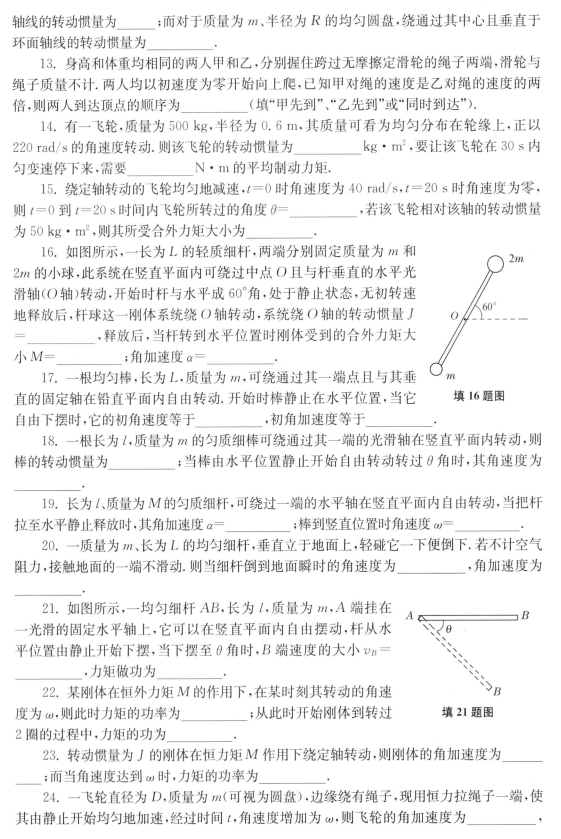

填 16 题图

17. 一根均匀棒,长为 L,质量为 m,可绕通过其一端点且与其垂直的固定轴在铅直平面内自由转动.开始时棒静止在水平位置,当它自由下摆时,它的初角速度等于＿＿＿＿＿＿＿＿,初角加速度等于＿＿＿＿＿＿＿＿.

18. 一根长为 l,质量为 m 的匀质细棒可绕通过其一端的光滑轴在竖直平面内转动,则棒的转动惯量为＿＿＿＿＿＿＿＿;当棒由水平位置静止开始自由转动转过 θ 角时,其角速度为＿＿＿＿＿＿＿＿.

19. 长为 l、质量为 M 的匀质细杆,可绕过一端的水平轴在竖直平面内自由转动,当把杆拉至水平静止释放时,其角加速度 $\alpha=$＿＿＿＿＿＿＿＿;棒到竖直位置时角速度 $\omega=$＿＿＿＿＿＿＿＿.

20. 一质量为 m、长为 L 的均匀细杆,垂直立于地面上,轻碰它一下便倒下.若不计空气阻力,接触地面的一端不滑动.则当细杆倒到地面瞬时的角速度为＿＿＿＿＿＿＿＿,角加速度为＿＿＿＿＿＿＿＿.

21. 如图所示,一均匀细杆 AB,长为 l,质量为 m,A 端挂在一光滑的固定水平轴上,它可以在竖直平面内自由摆动,杆从水平位置由静止开始下摆,当下摆至 θ 角时,B 端速度的大小 $v_B=$＿＿＿＿＿＿＿＿,力矩做功为＿＿＿＿＿＿＿＿.

填 21 题图

22. 某刚体在恒外力矩 M 的作用下,在某时刻其转动的角速度为 ω,则此时力矩的功率为＿＿＿＿＿＿＿＿;从此时开始刚体到转过 2 圈的过程中,力矩的功为＿＿＿＿＿＿＿＿.

23. 转动惯量为 J 的刚体在恒力矩 M 作用下绕定轴转动,则刚体的角加速度为＿＿＿＿＿＿＿＿;而当角速度达到 ω 时,力矩的功率为＿＿＿＿＿＿＿＿.

24. 一飞轮直径为 D,质量为 m(可视为圆盘),边缘绕有绳子,现用恒力拉绳子一端,使其由静止开始均匀地加速,经过时间 t,角速度增加为 ω,则飞轮的角加速度为＿＿＿＿＿＿＿＿,

拉力做的功为_____.

25. 如果地球两极的冰山溶化,将会使地球的转动惯量变_____(填"大"、"小"),自转速度变_____(填"快"、"慢").

26. 一个转动惯量为 J 的圆盘绕一固定轴转动,起初角速度为 ω_0,它所受的力矩是与转动角速度成正比的阻力矩 $M_f = -k\omega$(k 为常数),其角速度从 ω_0 变为 $\frac{\omega_0}{2}$ 所需时间为_____;在上述过程中阻力矩所做的功为_____.

27. 一飞轮以角速度 ω_0 绕轴旋转,飞轮对轴的转动惯量为 J_0,另一静止飞轮突然被啮合到同一轴上,该飞轮对轴的转动惯量为前者的二倍,啮合后整个系统的角速度变为_____,动能的变化为_____.

28. 将一质量为 m 的小球,系于轻绳的一端,绳的另一端穿过光滑水平桌面上的小孔用手拉住,先使小球以角速度 ω_1 在桌面上做半径为 r_1 的圆周运动,然后缓慢将绳下拉,使半径缩小为 r_2,在此过程中小球的动能增量是_____.

29. 花样滑冰运动员绕通过自身的竖直轴转动,开始时两臂伸开,转动惯量为 J_0,角速度为 ω_0;然后将两手臂合拢,使其转动惯量为 $\frac{2}{3}J_0$,则转动角速度变为_____,动能的变化为_____.

30. 如图所示,一均匀细杆长为 L,质量为 M,可绕过一端点的轴 O 在竖直面自由转动,将杆拉到水平位置而静止释放,当它落到铅直位置时,与一质量为 m 的物体发生完全非弹性碰撞,碰撞后的瞬间 m 的速度为_____,其相对于 O 点的角动量为_____.

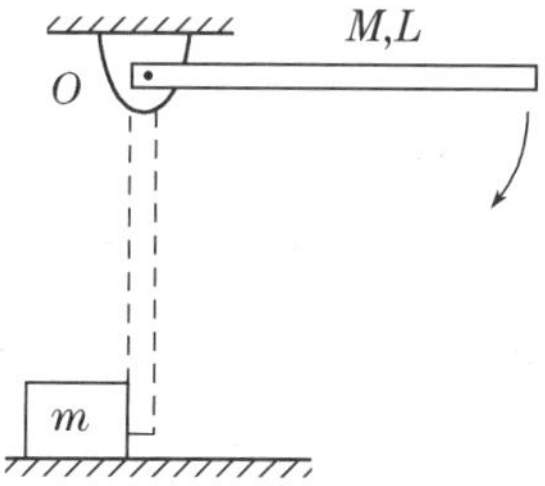

填30题图

三、计算题

1. 一个原来静止的飞轮在 6.0 s 内角速度均匀的增加到 36 rad/s,求
(1) 求飞轮的角加速度;
(2) 在此时间内飞轮转过的圈数.

2. 一飞轮作定轴转动,其转过的角度 θ 与时间 t 的关系由下式给出:$\theta = at + bt^2 - ct^4$ (SI)式中 a、b、c 都是恒量.试求飞轮角加速度的表示式及距转轴 r 处质点的切向加速度和法向加速度.

3. 一旋转齿轮的角加速度 α 由下式给出: $\alpha = 4at^3 - 3bt^2$ (SI),式中 t 为时间,a 与 b 均为常量.假定齿轮具有初角速率为 ω_0.试求角速度和转过的角度(以时间的函数表示).

4. 如图所示,一半径为 R 质量为 m 的均匀圆形平板放置在粗糙的水平桌面上,平板与桌面间的摩擦系数为 μ,摩擦力均匀地分布在圆形平板的底面.现让平板绕垂直于平板中心的 OO' 轴转动,试求摩擦力对 OO' 轴的力矩.

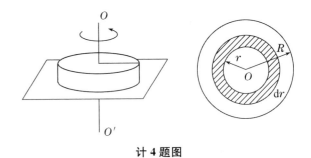

计 4 题图

5. 一根长为 l、质量为 M 的均质细直棒,一端装在固定的光滑水平轴上,另一端固定一质量为 m,半径为 r 的小球,细棒可在竖直平面内转动.求:该物体的转动惯量.

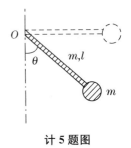

计 5 题图

6. 试求图示圆柱体绕中心轴的转动惯量.设圆柱体的质量为 m,半径为 R,4 个圆柱形空洞的半径均是 $\dfrac{R}{3}$,从中心轴到各个空洞中心的距离均为 $\dfrac{R}{2}$.

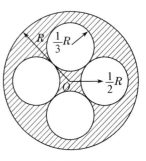

计 6 题图

7. 如图所示,质量为 $M=16\,\text{kg}$ 的实心圆柱体 A,其半径为 $r=15\,\text{cm}$,可以绕其固定水平轴转动,阻力忽略不计.一条轻的柔绳绕在圆柱体上,其另一端系一个质量为 $m=8.0\,\text{kg}$ 的物体 B,求(1) 绳的张力;(2) 物体 B 由静止开始下降 $1.0\,\text{s}$ 后的距离.($g=10\,\text{m/s}^2$)

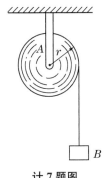

计 7 题图

8. 如图所示,两个质量为 m_1 和 m_2 的物体分别系在两条绳上,这两条绳又分别绕在半径为 r 和 R 并装在同一轴的两鼓轮上.设轴间摩擦不计,鼓轮和绳的质量均不计,求鼓轮的角加速度.

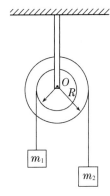

计 8 题图

9. 如图所示,光滑斜面倾角为 θ,顶端固定一半径为 R,质量为 M 的定滑轮,质量为 m 的物体用一轻绳缠在定滑轮上沿斜面下滑,求:下滑的加速度 a.

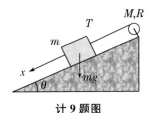

计 9 题图

10. 如图所示,一个质量为 6.0 kg 的物体放在倾角为 30° 的斜面上,斜面顶端装一滑轮.跨过滑轮的轻绳,一端系于该物体上,并与斜面平行,另一端悬挂一个质量为 18 kg 的砝码.滑轮质量 2.0 kg,其半径为 0.1 m,物体与斜面间的摩擦系数为 0.1.试求:

(1) 砝码运动的加速度;

(2) 滑轮两边绳子所受的张力.(假定滑轮是均匀圆盘式的,重力加速度 g 取 10 m/s²)

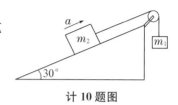

计 10 题图

11. 一质量为 M、半径为 R 的均质圆盘,以通过其中心且与盘面垂直的水平轴以角速度 ω 转动,若在某时刻,一质量为 m 的小碎块从盘边缘裂开,且恰好沿垂直方向上抛,求碎块能达到的高度是多少? 破裂后圆盘的角动量为多大?

12. 如图所示,一长为 l 的均匀直棒可绕过其一端且与棒垂直的水平光滑固定轴转动.抬起另一端使棒向上与水平面成 60°,然后无初转速地将棒释放.已知棒对轴的转动惯量为 $\frac{1}{3}ml^2$,其中 m 和 l 分别为棒的质量和长度.($g=10$ m/s²)求:

(1) 放手时棒的角加速度;

(2) 棒转到水平位置时的角速度.

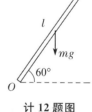

计 12 题图

13. 如图所示,质量为 m、长为 l 的细杆两端用细线悬挂在天花板上,当其中一细线烧断的瞬间另一根细线中的张力 T 为多大?

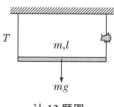

计 13 题图

14. 轮 A 和轮 B 通过皮带传送动力,轮 B 的半径是轮 A 的 3 倍,如图所示.设轮与皮带间无相对滑动,求在下列两种情况下,轮 A 和轮 B 的转动惯量之比(1) 两飞轮的动能相等.(2) 两飞轮的角动量大小相等.

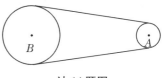

计 14 题图

15. 如图所示,轮 A 的质量为 m,半径为 r,以角速度 ω_0 转动;轮 B 的质量为 M,半径为 R,套在轮 A 的轴上.两轮都可视为均质圆板.将轮 B 移动使其与轮 A 接触,若轮轴间的摩擦力矩不计,试求

(1) 两轮接触后转动的角速度;
(2) 两轮结合过程中动能的损失.

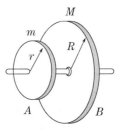

计 15 题图

16. 如图所示,一质量均匀分布的圆盘,质量为 M,半径为 R,放在一粗糙水平面上(圆盘与水平面之间的摩擦系数为 μ).圆盘可绕通过其中心 O 的竖直固定光滑轴转动.开始时,圆盘静止,一质量为 m 的子弹以水平速度 v_0 垂直于圆盘半径打入圆盘边缘并嵌在盘边上,求:

(1) 子弹击中圆盘后,盘所获得的角速度.
(2) 多少时间后,圆盘停止转动.

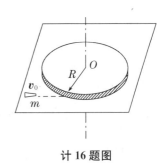

计 16 题图

17. 两个飞轮 A 和 B 可以通过轮轴上的摩擦离合器连接或分离.当两轮分离时,B 轮静止,而 A 轮角速度达 800 rad/min,然后连接离合器,B 轮开始加速而 A 轮减速,直到两轮具有相同的角速度 250 rad/min.当连接完成时,离合器片发出的热量是 2500 J,试分别求出两轮的转动惯量.

18. 半径为 R，质量为 m 的匀质圆盘以角速度 ω_0 绕通过盘心 O 的水平轴做定轴转动，圆盘边缘有轻绳，绳下端系一质量为 $\dfrac{m}{2}$ 的放在地面上的重物，起初绳是松弛的，如图所示，求（1）绳被圆盘拉紧瞬间圆盘的角速度；（2）重物上升的最大高度.

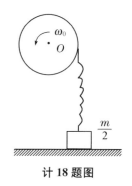

计 18 题图

19. 如图所示，一均匀细杆长为 L，质量为 M，可绕过一端点的轴 O 在竖直面内自由转动，将杆拉到水平位置而静止释放，求（1）当它落到铅直位置时的角速度；（2）若与图示中质量为 m 的物体发生完全非弹性碰撞，碰撞后的瞬间物体 m 的速度.

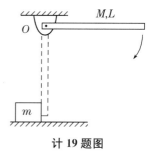

计 19 题图

20. 长为 l、质量为 M 的匀质杆可绕通过杆一端 O 的水平光滑固定轴转动，转动惯量为 $\dfrac{1}{3}Ml^2$，开始时杆竖直下垂，如图所示，有一质量为 m 的子弹以水平速度 v_0 射入杆上 A 点，并嵌入杆中，$OA=\dfrac{2l}{3}$，则

（1）子弹射入后瞬间杆的角速度；

（2）棒的最大摆角.

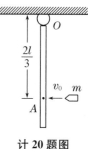

计 20 题图

21. 如图所示,一倔强系数为 k 的轻弹簧与一轻柔绳相连接,该绳跨过一半径为 R、转动惯量为 J 的定滑轮,绳的另一端悬挂一质量为 m 的物体. 开始时,弹簧无伸长,物体由静止释放,滑轮与轴之间摩擦可以忽略不计,试求:当物体下落 h 时的速度 v.

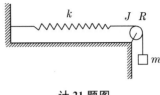

计 21 题图

22. 质量为 0.50 kg,长为 0.40 m 的均匀细棒,可绕垂直于棒的一端的水平轴转动. 如将此棒放在水平位置,然后任其落下,求:
(1) 当棒转过 30°时的角速度和角加速度;
(2) 下落到竖直位置时的角速度.

23. 长为 L 的均质杆最初静止于竖直位置,然后杆的下端获得一初始线速度 v_0,使得杆绕水平固定轴 O 开始旋转. 试求为使杆至少完成一周的旋转,v_0 的最小值是多少?

24. 如图所示,一质量为 M,长为 $3L$ 的细杆上等距离地排有三个质量都是 m 的质点,细杆一端拴在转动轴 O 上,以角速度 ω 绕 O 轴在平面内转动. 求:
(1) 系统绕 O 轴的总转动惯量为多大?
(2) 系统的转动动能有多大?

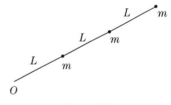

计 24 题图

25. 如图所示,在光滑水平桌面上放置一个静止的质量为 M,长为 $2l$,可绕中心转动的细杆,有一质量为 m 的小球以速度 v_0 与杆的一端发生完全弹性碰撞,求小球的反弹速度 v 及杆的转动角速度 ω.

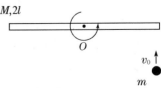

计 25 题图

26. 一质量为 M,长为 l 的均匀细棒,支点在棒的上端点,开始时棒自由悬挂. 以垂直于棒的恒力 F 打击它的下端点,打击时间为 Δt,(1) 若打击前棒是静止的,求打击时其角动量的变化;(2) 求棒的最大偏转角.

27. 在光滑的水平桌面上 A 点处放有质量为 m_0 的木块,木块与弹簧相连,弹簧的另一端固定在 O 点,其弹性系数为 k,开始时弹簧处于自由长度 l_0,如图所示. 设有一质量为 m 的子弹以速度 v_0 沿垂直于 OA 方向射入木块,并嵌在其中,当木块运动到 B 点时,弹簧长度为 l,试求木块在 B 点时的速度 v.

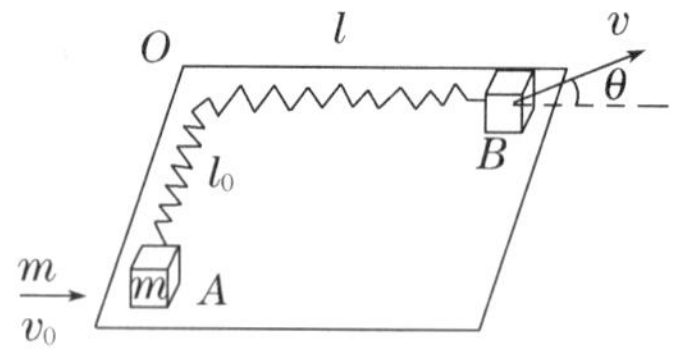

计 27 题图

四、应用题

1. 汽轮机在试车时,燃气作用在涡轮上的力矩为 2.8×10^3 N·m,涡轮的转动惯量为 32.0 kg·m². 当轮的转速由 1.50×10^3 r/min 增大到 1.26×10^4 r/min 时,所经历的时间 t 为多少?

2. 电风扇在开启电源后,经过 t_1 时间达到了额定转速,此时相应的角速度为 ω_0. 关闭电源后,经过 t_2 时间风扇停转. 已知风扇转子的转动惯量为 J,并假定摩擦阻力矩和电机的电磁力矩均为常量,试根据已知量推算电机的电磁力矩.

3. 有两位滑冰运动员,质量均为 50 kg,沿着距离为 3.0 m 的两条平行路径相互滑近,他们具有 10 m/s 的等值反向的速度,第一个运动员手握住一根 3.0 m 长的刚性轻杆的一端,当第二个运动员与他相距 3 m 时,就抓住杆的另一端,(假设冰面无摩擦)

(1)试定量地描述两人被杆连在一起以后的运动;

（2）两人通过拉杆而将距离减小为 1.0 m, 问这以后他们怎样运动？

4. 我国 1970 年 4 月 24 日发射的第一颗人造地球卫星, 其近地点为 4.39×10^5 m, 远地点为 2.38×10^6 m. 试计算卫星在近地点和远地点的速率. (设地球半径为 6.38×10^6 m)

5. 如图所示, 一通风机的转动部分以初角速度 ω_0 绕其轴转动, 空气的阻力矩与角速度成正比, 比例系数 c 为一常量. 若转动部分对其轴的转动惯量为 J, 问:

（1）经过多长时间后其转动角速度减为初角速度的一半?

（2）在此时间内共转了多少圈?

应 5 题图

6. 如图所示, 发电机的轮 A 由蒸汽机的轮 B 通过皮带带动. 两轮半径 $R_A = 30$ cm, $R_B = 75$ cm. 当蒸汽机开动后, 其角加速度 $\beta_B = 0.8\pi$ rad/s^2, 设轮与皮带之间没有滑动. 求（1）经过多少秒后发电机的转速达到 $n_A = 600$ rev/min? （2）蒸汽机停止工作后一分钟内发电机转速降到 300 rev/min, 求其角加速度.

应 6 题图

7. 一个砂轮直径为 0.4 m, 质量为 20 kg, 以每分钟 900 转的转速转动. 撤去动力后, 一个工件以 100 N 的正压力作用在砂轮边缘上, 使砂轮在 11.3 s 内停止, 求砂轮和工件的摩擦系数(忽略砂轮轴的摩擦).

8. 如图所示,一扇长方形的均质门,质量为 m、长为 a、宽为 b,转轴在长方形的一条边上. 若有一质量为 m_0 的小球以速度 v_0 垂直入射于门面的边缘上,设碰撞是完全弹性的. 求:(1)门对轴的转动惯量;(2)碰撞后球的速度和门的角速度;(3)讨论小球碰撞后的运动方向.

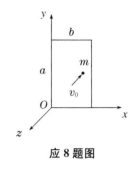

应 8 题图

9. 如图所示的飞轮制动装置,飞轮质量 $m=600$ kg,半径 $R=0.25$ m,绕其水平中心轴 O 转动,转速为 900 rev/min. 闸杆尺寸如图示,闸瓦与飞轮间的摩擦系数 $\mu=0.40$,飞轮的转动惯量可按匀质圆盘计算,现在闸杆的一端加一竖直方向的制动力 $F=100$ N,问飞轮将在多长时间内停止转动? 在这段时间内飞轮转了几转?

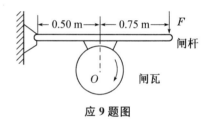

应 9 题图

第五章 静电场

5.1 基本要求

(1)掌握库仑定律.

(2)理解电场强度和电势的概念及物理意义,能运用它们的叠加原理求解电场的场强和电势;理解电场强度与电势的关系.

(3)掌握高斯定理,能运用高斯定理求解具有对称分布电场的场强.

(4)理解静电场环路定理;能运用电势定义计算空间电势.

(5)理解电势能概念及其电场力做功关系.

5.2 基本概念与规律

1. 基本概念

1. 电场强度 E:试验电荷 q_0 所受到的电场力 F 与 q_0 之比,即 $E = \dfrac{F}{q_0}$.

(2)电场强度通量 $\Phi_e = \displaystyle\int_S E \cdot dS$.

(3)电场力做功 $W_{AB} = \displaystyle\int_A^B q_0 E \cdot dl$.

(4)电势能 $E_{pA} = \displaystyle\int_A^\infty q_0 E \cdot dl$(设 $W_\infty = 0$).

(5)电势 $V_A = \displaystyle\int_A^\infty E \cdot dl$(设 $U_\infty = 0$).

$$\text{电势差 } U_{AB} = V_A - V_B = \int_A^\infty E \cdot dl - \int_B^\infty E \cdot dl = \int_A^B E \cdot dl.$$

(6)场强与电势的关系

① 已知场强求电势(积分关系): $V_A = \displaystyle\int_A^\infty E \cdot dl$ (设 $U_\infty = 0$).

② 已知电势求场强(微分关系):

$$E = E_x i + E_y j + E_z k = -\left(\frac{\partial V}{\partial x}i + \frac{\partial V}{\partial y}j + \frac{\partial V}{\partial z}k\right) = -\frac{dV}{dl_n}e_n.$$

2. 基本规律

(1)库仑定律: $F_{12} = \dfrac{1}{4\pi\varepsilon_0}\dfrac{q_1 q_2}{r_{12}^2}e_{r12}$.

(2)叠加原理

① 电场强度叠加原理:在点电荷系产生的电场中,某点的电场强度等于每个点电荷单独存在时在该点产生的电场强度的矢量和.

$$E = \sum_{i=1}^{n} \frac{1}{4\pi\varepsilon_0} \frac{q_i}{r_i^2} e_{ri}$$

若电荷连续分布:

$$E = \frac{1}{4\pi\varepsilon_0} \int \frac{\mathrm{d}q}{r^2} e_r$$

② 电势叠加原理:在点电荷系产生的电场中,某点的电势等于每个点电荷单独存在时在该点产生的电势的代数和.

$$V = V_1 + V_2 + V_3 + \cdots\cdots V_n$$

若电荷连续分布:

$$V = \frac{1}{4\pi\varepsilon_0} \int \frac{\mathrm{d}q}{r}$$

(3) 真空中静电场的高斯定理

$$\int_S E \cdot \mathrm{d}S = \frac{\sum_{i=1}^{n} Q_i}{\varepsilon_0} \quad (q_i \text{ 为封闭曲面 } S \text{ 内的自由电荷})$$

高斯定理表明静电场是有源场,电荷是产生静电场的源.

(4) 静电场的环路定理

$$\int_l E \cdot \mathrm{d}l = 0,$$

静电场的环路定理说明静电场是保守场.

5.3 学习指导

1. 电场强度的计算

电场强度的计算是本章的主要内容之一,必须熟练掌握,求已知电荷分布的电场强度有三种方法,具体过程如下:

(1) 利用点电荷的电场强度公式及电场强度叠加原理求电场强度

点电荷系在真空中场点 P 产生的电场强度由点电荷的电场强度公式和电场强度的叠加原理可得

$$E = \sum_{i=1}^{n} \frac{1}{4\pi\varepsilon_0} \frac{q_i}{r_i^2} e_{ri}$$

r_i 为点电荷 q_i 到场点 P 的距离,e_{ri} 为 q_i 指向场点 P 的单位矢量.

对真空中电荷连续分布的带电体,场点 P 的电场强度为

$$E = \frac{1}{4\pi\varepsilon_0} \int \frac{\mathrm{d}q}{r^2} e_r$$

式中 $\mathrm{d}q$ 为带电体上的电荷元,e_r 为 $\mathrm{d}q$ 指向场点 P 的单位矢量. 对理想的线带电体、面带电体和体带电体,上式中的 $\mathrm{d}q$ 可分别写成 $\mathrm{d}q = \lambda\mathrm{d}l$、$\mathrm{d}q = \sigma\mathrm{d}s$ 和 $\mathrm{d}q = \rho\mathrm{d}V$.

(2) 用高斯定理求电场强度

高斯定理内容为:$\int_S E \cdot \mathrm{d}S = \dfrac{\sum_{i=1}^{n} q_i}{\varepsilon_0}$ (q_i 为封闭曲面 S 内的自由电荷). 用高斯定理求电

场强度首先要选取一个合适的高斯面,以使电场强度 E 可从积分号中提出来,选取高斯面时应注意:① 高斯面是简单的几何面;② 高斯面上各个面的面积矢量,或与 E 垂直,或与 E 平行,或与 E 有恒定夹角;③ 部分高斯面上 E 的大小,应为一常量. 由于高斯面的选取有以上限制条件,因此用高斯定理只能求某种对称分布电场的电场强度.

用高斯定理求电场强度的解题步骤为:① 分析带电体所产生的电场是否具有对称分布的特点;② 选取合适的高斯面;③ 求出通过高斯面的电场强度通量;④ 由高斯定理求电场强度.

(3) 用电场强度和电势关系求电场强度

在电场分布不具有对称性的情况下,就不能用高斯定理求电场强度了,而如果用点电荷的电场强度公式及其叠加原理求,数学计算较为复杂. 由于电势是标量,其计算相对简单,故可考虑先求电势,再用电势和电场强度的关系求电场强度. 两者的关系为

$$E=E_x\boldsymbol{i}+E_y\boldsymbol{j}+E_z\boldsymbol{k}=-\left(\frac{\partial V}{\partial x}\boldsymbol{i}+\frac{\partial V}{\partial y}\boldsymbol{j}+\frac{\partial V}{\partial z}\boldsymbol{k}\right)=-\frac{\mathrm{d}V}{\mathrm{d}l_n}\boldsymbol{e}_n$$

即电场中某点的电场强度 $E(x,y,z)$ 在 x、y 和 z 轴上的分量 E_x、E_y 和 E_z 分别等于电势 $V(x,y,z)$ 在该方向的方向导数的负值.

2. 电势的计算

(1) 用电势的定义求电势(场强积分),其主要方法是利用电场强度 E 的空间分布,利用公式 $V_A=\displaystyle\int_A^\infty \boldsymbol{E}\cdot\mathrm{d}\boldsymbol{l}$ 求解.

(2) 用点电荷电势及电势叠加原理求电势(电量积分)

对电荷连续分布的带电体,其电场中任一点 P 的电势,用点电荷电势及电势叠加原理可得

$$V_p=\frac{1}{4\pi\varepsilon_0}\int\frac{\mathrm{d}q}{r}$$

请考虑:上式中电势零点选在何处? 式中 $\mathrm{d}q$ 为带电体上的电荷元,r 为 $\mathrm{d}q$ 到场点 P 的距离. 选取合适的电荷元十分重要,电荷元选得合适,求解既简捷又合理,如何做到这一点,要通过反复实践,找出规律.

5.4　典型例题

例 5-1　如图 5-1 所示,一电四极子由两个大小相等、方向相反的电偶极子组成,求在电四极子延长线上距中心为 x 的一点 P 的电场强度.

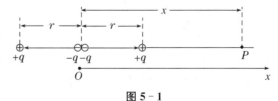

图 5-1

解:建立如图所示坐标,由点电荷的电场强度公式和电场强度的叠加原理得

$$E=-\frac{1}{4\pi\varepsilon_0}\frac{2q}{x^2}\boldsymbol{i}+\frac{1}{4\pi\varepsilon_0}\frac{q}{(x-r)^2}\boldsymbol{i}+\frac{1}{4\pi\varepsilon_0}\frac{q}{(x+r)^2}\boldsymbol{i}$$

例 5-2　如图 5-2 所示,电荷 Q 均匀地分布在长为 L 的细棒上,求:(1) 在棒的延长线上,距离棒中心为 x_0 处的电场强度;(2) 在棒的垂直平分线上,距离棒为 y_0 处的电场强度.

解:建立如图所示坐标系,在带电细棒上选取一微元 $\mathrm{d}x$,其电荷为 $\mathrm{d}q = \dfrac{Q}{L}\mathrm{d}x$,它在点 P 的电场强度为 $\mathrm{d}\boldsymbol{E} = \dfrac{1}{4\pi\varepsilon_0}\dfrac{\mathrm{d}q}{r^2}\boldsymbol{e}_r$,整个带电细棒在 P 点的电场强度为 $\boldsymbol{E} = \displaystyle\int \mathrm{d}\boldsymbol{E}$.

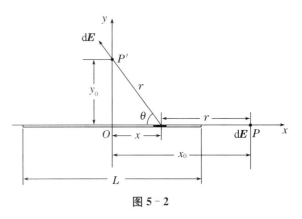

图 5-2

(1) 由于带电细棒上各处在 P 点的电场强度方向都相同,故 P 点的电场强度大小为

$$E = \int \mathrm{d}E = \int_L \frac{\mathrm{d}q}{4\pi\varepsilon_0 r^2} = \int_L \frac{Q\mathrm{d}x}{4\pi\varepsilon_0 r^2 L}$$

又由图中几何关系可得 $r = x_0 - x$,代入上式得

$$E = \int_{-\frac{L}{2}}^{\frac{L}{2}} \frac{Q\mathrm{d}x}{4\pi\varepsilon_0 L(x_0 - x)^2} = \frac{Q}{4\pi\varepsilon_0}\left[\frac{1}{x_0 - L/2} - \frac{1}{x_0 + L/2}\right] = \frac{1}{\pi\varepsilon_0}\frac{Q}{4x_0^2 - L^2}$$

(2) 微元在 P' 点的电场强度可分解为 x 和 y 两个分量,即 $\mathrm{d}\boldsymbol{E} = \mathrm{d}\boldsymbol{E}_x + \mathrm{d}\boldsymbol{E}_y$,带电细棒在 P' 点的电场强度为 $\boldsymbol{E} = \displaystyle\int \mathrm{d}\boldsymbol{E} = \int_L \mathrm{d}E_x \boldsymbol{i} + \int_L \mathrm{d}E_y \boldsymbol{j}$,又由电场对称性分析可知,$\displaystyle\int_L \mathrm{d}E_x = 0$,故 P' 点的电场强度方向沿 y 轴,其大小为:$E = \displaystyle\int_L \mathrm{d}E_y = \int_L \frac{\sin\theta \mathrm{d}q}{4\pi\varepsilon_0 r^2}$,利用几何关系 $\sin\theta = \dfrac{y_0}{r}$,$r = \sqrt{x^2 + y_0^2}$,代入上式得:

$$E = \int_L \mathrm{d}E_y = \int_{-\frac{L}{2}}^{\frac{L}{2}} \frac{Qy\mathrm{d}x}{4\pi\varepsilon_0 L(x^2 + y_0^2)^{3/2}} = \frac{Q}{2\pi\varepsilon_0 y_0}\frac{1}{\sqrt{L^2 + 4y_0^2}}$$

例 5-3 如图 5-3 所示,将一边长为 a 的立方体置于电场强度为 $\boldsymbol{E} = (E_1 + kx)\boldsymbol{i} + E_2\boldsymbol{j}$(其中 E_1,E_2 和 k 均为常数)的非均匀电场中,求电场对立方体各个表面以及整个立方体表面的电场强度通量.

解:如图所示,电场与 Oxy 面平行,故 $\Phi_{OABC} = \Phi_{DEFG} = 0$.

而 $\Phi_{ABGF} = \displaystyle\int \boldsymbol{E} \cdot \mathrm{d}\boldsymbol{S} = \int [(E_1 + kx)\boldsymbol{i} + E_2\boldsymbol{j}] \cdot (\mathrm{d}S\boldsymbol{j}) = E_2 a^2$

又由于面 $CDEO$ 与面 $ABGF$ 的外法线方向相反,且两个面的电场分布相同,所以有

$$\Phi_{CDEO} = -\Phi_{ABGF} = -E_2 a^2$$

同理可得 $\Phi_{AOEF} = \displaystyle\int \boldsymbol{E} \cdot \mathrm{d}\boldsymbol{S} = \int [E_1\boldsymbol{i} + E_2\boldsymbol{j}] \cdot (-\mathrm{d}S\boldsymbol{i}) = -E_1 a^2$

$$\Phi_{BCDG} = \int \boldsymbol{E} \cdot \mathrm{d}\boldsymbol{S} = \int [(E_1 + ka)\boldsymbol{i} + E_2\boldsymbol{j}] \cdot (\mathrm{d}S\boldsymbol{i}) = (E_1 + ka)a^2$$

综上,整个立方体表面的电场强度通量为 $\Phi=\sum\Phi=ka^3$.

例 5-4　如图 5-4 所示,两个同心球面的半径分别为 R_1 和 R_2,各自带有电荷 Q_1 和 Q_2,求各区域的电场分布.

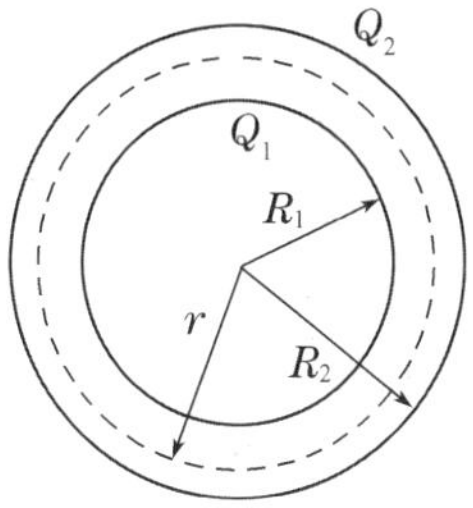

解: 如图所示,选取半径为 r 的高斯面,由高斯定理 $\int_S \boldsymbol{E}\cdot\mathrm{d}\boldsymbol{S}=\dfrac{\sum\limits_{i=1}^n Q_i}{\varepsilon_0}$ 得

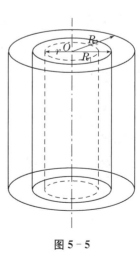

图 5-4

当 $r<R_1$ 时　　　$E_1\cdot 4\pi r^2=0$　　　　　$E_1=0$

当 $R_1<r<R_2$ 时　$E_2\cdot 4\pi r^2=\dfrac{Q_1}{\varepsilon_0}$　　　$E_2=\dfrac{Q_1}{4\pi\varepsilon_0 r^2}$

当 $r>R_2$ 时　　　$E_3\cdot 4\pi r^2=\dfrac{Q_1+Q_2}{\varepsilon_0}$　$E_2=\dfrac{Q_1+Q_2}{4\pi\varepsilon_0 r^2}$

例 5-5　一半径为 R 的带电球体,其电荷体密度分布为 $\rho=Ar(r\leqslant R)$,$\rho=0(r>R)$,A 为一常量.试求球体内外的场强分布.

解: 在球内取半径为 r、厚度为 $\mathrm{d}r$ 的薄球壳,该壳内所包含的电荷为

$$\mathrm{d}q=\rho\mathrm{d}V=Ar\cdot 4\pi r^2\mathrm{d}r$$

在半径为 r 的球面内包含的总电荷为

$$q=\int_V \rho\mathrm{d}V=\int_0^r 4\pi Ar^3\mathrm{d}r=\pi Ar^4 \quad (r\leqslant R)$$

以该球面为高斯面,按高斯定理有 $E_1 4\pi r^2=\dfrac{\pi Ar^4}{\varepsilon_0}$

得到 $E_1=Ar^2/(4\varepsilon_0)(r\leqslant R)$,方向沿径向,$A>0$ 时向外,$A<0$ 时向里.

在球体外作以半径为 r 的同心高斯球面,按高斯定理有 $E_2\cdot 4\pi r^2=\dfrac{\pi AR^4}{\varepsilon_0}(r>R)$

得到 $E_2=\dfrac{AR^4}{4\varepsilon_0 r^2}(r>R)$,方向沿径向,$A>0$ 时向外,$A<0$ 时向里.

例 5-6　两无限长同轴圆柱面,半径分别为 R_1 和 $R_2(R_1>R_2)$,带有等量异号电荷,单位长度的电量为 λ 和 $-\lambda$,求(1) $r<R_1$;(2) $R_1<r<R_2$;(3) $r>R_2$ 处各点的场强.

解: 由于电荷分布具有轴对称性,所以电场分布也具有轴对称性.

(1) 在内圆柱面内做一底面半径为 r 的同轴圆柱形高斯面,由于高斯内没有电荷,所以

$$E=0,(r<R_1);$$

(2) 在两个圆柱之间做一长度为 l,半径为 r 的同轴圆柱形高斯面,高斯面内包含的电荷为 $q=\lambda l$,穿过高斯面的电通量为

$$\Phi_e=\oint_S \boldsymbol{E}\cdot\mathrm{d}\boldsymbol{S}=\int_S E\mathrm{d}S=E2\pi rl,$$

图 5-5

根据高斯定理 $\Phi_e=\dfrac{q}{\varepsilon_0}$,所以

$$E = \frac{\lambda}{2\pi\varepsilon_0 r}, (R_1 < r < R_2);$$

（3）在外圆柱面之外做一同轴圆柱形高斯面，由于高斯内电荷的代数和为零，所以 $E = 0, (r > R_2)$.

例 5-7 一半径为 R 的均匀带电球体内的电荷体密度为 ρ，若在球内挖去一块半径为 $R' < R$ 的小球体，如图 5-6 所示，试求两球心 O 与 O' 处的电场强度，并证明小球空腔内的电场为匀强电场.

解：挖去一块小球体，相当于在电荷体密度为 ρ 的球体内填充一块电荷体密度为 $-\rho$ 的小球体，因此，空间任何一点的场强是两个球体产生的场强的叠加.

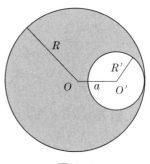

图 5-6

对于一个半径为 R，电荷体密度为 ρ 的球体来说，当场点 P 在球内时，过 P 点作一半径为 r 的同心球形高斯面，根据高斯定理可得方程

$$E4\pi r^2 = \frac{1}{\varepsilon_0}\frac{4}{3}\pi r^3 \rho$$

P 点场强大小为 $E = \frac{\rho r}{3\varepsilon_0}$.

当场点 P 在球外时，过 P 点作一半径为 r 的同心球形高斯面，根据高斯定理可得方程

$$E4\pi r^2 = \frac{1}{\varepsilon_0}\frac{4}{3}\pi R^3 \rho$$

P 点场强大小为 $E = \frac{\rho R^3}{3\varepsilon_0 r^2}$.

O 点在大球体中心、小球体之外. 大球体在 O 点产生的场强为零，小球在 O 点产生的场强大小为 $E_O = \frac{\rho R^3}{3\varepsilon_0 a^2}$，方向由 O 指向 O'.

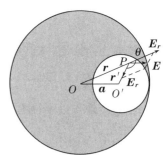

图 5-7

O' 点在小球体中心、大球体之内. 小球体在 O' 点产生的场强为零，大球在 O 点产生的场强大小为 $E_{O'} = \frac{\rho a}{3\varepsilon_0}$，方向也由 O 指向 O'.

证明：在小球内任一点 P，大球和小球产生的场强大小分别为 $E_r = \frac{\rho r}{3\varepsilon_0}$，$E_{r'} = \frac{\rho r'}{3\varepsilon_0}$，方向如图所示.

设两场强之间的夹角为 θ，合场强的平方为

$$E^2 = E_r^2 + E_{r'}^2 + 2E_r E_{r'}\cos\theta = \left(\frac{\rho}{3\varepsilon_0}\right)^2 (r^2 + r'^2 + 2rr'\cos\theta)$$

根据余弦定理得

$$a^2 = r^2 + r'^2 - 2rr'\cos(\pi - \theta),$$

所以

$$\boldsymbol{E} = \frac{\rho \boldsymbol{a}}{3\varepsilon_0}.$$

可见:空腔内任意点的电场是一个常量.还可以证明:场强的方向沿着 O 到 O' 的方向.因此空腔内的电场为匀强电场.

例 5-8　如图 5-8 所示,正电荷 q 均匀地分布在半径为 R 的细圆环上,计算在环的轴线上与环心 O 相距为 x 处点 P 的电场强度.

解: 建立如图所示坐标轴,坐标原点位于环心 O 处,在圆环上任取一线元 $\mathrm{d}l$,则电荷元 $\mathrm{d}q=\lambda\mathrm{d}l=\dfrac{q}{2\pi R}\mathrm{d}l$,把它代入 $V_P=\displaystyle\int_l\dfrac{\mathrm{d}q}{4\pi\varepsilon_0 R}$ 得

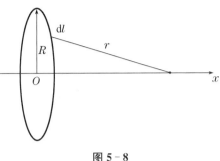

$$V_P=\int_l\frac{\mathrm{d}q}{4\pi\varepsilon_0 R}=\frac{1}{4\pi\varepsilon_0}\int_l\frac{q}{2\pi R}\frac{\mathrm{d}l}{r}$$

$$=\frac{1}{4\pi\varepsilon_0}\frac{q}{r}=\frac{1}{4\pi\varepsilon_0}\frac{q}{\sqrt{x^2+R^2}}$$

图 5-8

例 5-9　一个均匀带电的球层,其电荷体密度为 ρ,球层内表面半径为 R_1,外表面半径为 R_2.设无穷远处为电势零点,求空腔内任一点的电势.

解: 有高斯定理可知空腔内 $E=0$,故带电球层的空腔是等势区,各点电势均为 U.在球层内取半径为 $r\to r+\mathrm{d}r$ 的薄球层,其电荷为

$$\mathrm{d}q=\rho 4\pi r^2\mathrm{d}r$$

该薄层电荷在球心处产生的电势为

$$\mathrm{d}U=\frac{\mathrm{d}q}{4\pi\varepsilon_0 r}=\rho r\mathrm{d}r/\varepsilon_0$$

整个带电球层在球心处产生的电势为

$$V_0=(\rho/\varepsilon_0)\int_{R_1}^{R_2}r\mathrm{d}r=\frac{\rho(R_2^2-R_1^2)}{2\varepsilon_0}$$

因为空腔内为等势区,所以空腔内任一点的电势为

$$V=V_0=\frac{P(R_2^2-R_1^2)}{2\varepsilon_0}$$

例 5-10　正电荷 q 均匀地分布在半径为 R 的细圆环上,试用电场强度和电势的关系,计算在环的轴线上与环心 O 相距为 x 处点 P 的电势.

解: 利用例 5-8 题的结论,求得在 x 轴上点 P 的电势为 $V=\dfrac{1}{4\pi\varepsilon_0}\dfrac{q}{(x^2+R^2)^{\frac{1}{2}}}$

由电场强度和电势的关系可得

$$E=E_x=-\frac{\partial V}{\partial x}=-\frac{\partial}{\partial x}\left[\frac{1}{4\pi\varepsilon_0}\frac{q}{(x^2+R^2)^{\frac{1}{2}}}\right]$$

$$=\frac{1}{4\pi\varepsilon_0}\frac{qx}{(x^2+R^2)^{\frac{3}{2}}}$$

例 5-11　两块"无限大"平行带电板如图 5-9 所示,A 板带正电,B 板带负电并接地(地的电势为零),设 A 和 B 两板相隔 5.0 cm,板上各带电荷 $\sigma=3.3\times10^{-6}$ C/m²,求:

(1) 在两板之间离 A 板 1.0 cm 处 P 点的电势;

(2) A 板的电势.

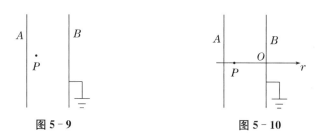

图 5−9　　　　　　　　　　图 5−10

解:两板之间的电场强度为 $E=\dfrac{\sigma}{\varepsilon_0}$,方向从 A 指向 B.

如图 5−10 所示,以 B 板为原点建立坐标系,则 $r_B=0$,$r_P=-0.04$ m,$r_A=-0.05$ m.

(1) P 点和 B 板间的电势差为

$$U_P-U_B=\int_{r_P}^{r_B}\boldsymbol{E}\cdot\mathrm{d}\boldsymbol{l}=\int_{r_P}^{r_B}E\mathrm{d}l=\frac{\sigma}{\varepsilon_0}(r_B-r_P),$$

由于 $U_B=0$,所以 P 点的电势为

$$U_P=\frac{3.3\times10^{-6}}{8.84\times10^{-12}}\times0.04=1.493\times10^4\text{ V}.$$

(2) 同理可得 A 板的电势为

$$U_A=\frac{\sigma}{\varepsilon_0}(r_B-r_A)=1.866\times10^4\text{ V}.$$

5.5　练习题

一、选择题

1. 真空中有两个点电荷 M、N,相互间作用力为 $\boldsymbol{F}$,当另一点电荷 Q 移近这两个点电荷时,M、N 两点电荷之间的作用力　　　　　　　　　　　　　　　　(　)

　　A. 大小不变,方向改变　　　　　　　B. 大小改变,方向不变

　　C. 大小和方向都不变　　　　　　　　D. 大小和方向都改

2. 在边长为 a 的正方体中心处放置一电荷为 Q 的点电荷,则正方体顶角处的电场强度的大小为　　　　　　　　　　　　　　　　　　　　　　　　　　　　　　(　)

　　A. $\dfrac{Q}{12\pi\varepsilon_0a^2}$　　　　B. $\dfrac{Q}{6\pi\varepsilon_0a^2}$　　　　C. $\dfrac{Q}{3\pi\varepsilon_0a^2}$　　　　D. $\dfrac{Q}{\pi\varepsilon_0a^2}$

3. 在坐标原点放一正电荷 Q,它在 P 点($x=+1$,$y=0$)产生的电场强度为 $\boldsymbol{E}$.另外有一个负电荷 $-2Q$,试问应将它放在什么位置才能使 P 点的电场强度等于零　　　(　)

　　A. x 轴上 $x>1$　　　　B. x 轴上 $0<x<1$　　　　C. x 轴上 $x<0$

　　D. y 轴上 $y>0$　　　　E. y 轴上 $y<0$

4. 一电场强度为 $\boldsymbol{E}$ 的均匀电场,$\boldsymbol{E}$ 的方向与沿 x 轴正向,如图所示.则通过图中一半径为 R 的半球面的电场强度通量为

　　　　　　　　　　　　　　　　　　　　(　)

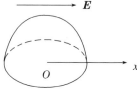

选 4 题图

　　A. R^2E　　　　　　　　　　　　　　B. $\dfrac{R^2E}{2}$

　　C. $2R^2E$　　　　　　　　　　　　　D. 0

5. 如图所示，一半球面的底面圆所在的平面与匀强电场 E 的夹角为 $30°$，球面的半径为 R，球面的法线向外，则通过此半球面的电通量为（　　）

　A. $\dfrac{\pi R^2 E}{2}$　　　　B. $\dfrac{-\pi R^2 E}{2}$　　　　C. $\pi R^2 E$　　　　D. $-\pi R^2 E$

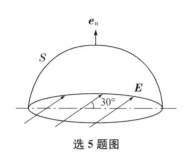

选 5 题图

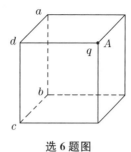

选 6 题图

6. 如图所示，一个带电量为 q 的点电荷位于立方体的 A 角上，则通过侧面 $abcd$ 的电场强度通量等于（　　）

　A. $\dfrac{q}{24\varepsilon_0}$　　　　B. $\dfrac{q}{12\varepsilon_0}$　　　　C. $\dfrac{q}{6\varepsilon_0}$　　　　D. $\dfrac{q}{48\varepsilon_0}$

7. 有两个电荷都是 $+q$ 的点电荷，相距为 $2a$. 今以左边的点电荷所在处为球心，以 a 为半径作一球形高斯面. 在球面上取两块相等的小面积 S_1 和 S_2，其位置如图所示. 设通过 S_1 和 S_2 的电场强度通量分别为 Φ_1 和 Φ_2，通过整个球面的电场强度通量为 Φ_S，则（　　）

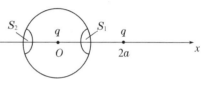

选 7 题图

　A. $\Phi_1 > \Phi_2, \Phi_S = q/\varepsilon_0$

　B. $\Phi_1 < \Phi_2, \Phi_S = 2q/\varepsilon_0$

　C. $\Phi_1 = \Phi_2, \Phi_S = q/\varepsilon_0$

　D. $\Phi_1 < \Phi_2, \Phi_S = q/\varepsilon_0$

8. 已知一高斯面所包围的体积内电荷代数和 $\sum q = 0$，则可肯定（　　）

　A. 高斯面上各点场强均为零

　B. 穿过高斯面上每一面元的电场强度通量均为零

　C. 穿过整个高斯面的电场强度通量为零

　D. 以上说法都不对

9. 关于高斯定理的理解有下面几种说法，其中正确的是（　　）

　A. 如果高斯面上 E 处处为零，则该面内必无电荷

　B. 如果高斯面内无电荷，则高斯面上 E 处处为零

　C. 如果高斯面上 E 处处不为零，则高斯面内必有电荷

　D. 如果高斯面内有净电荷，则通过高斯面的电场强度通量必不为零

10. 如图所示，半径为 R 的"无限长"均匀带电圆柱面的静电场中各点的电场强度的大小 E 与距轴线的距离 r 的关系曲线为（　　）

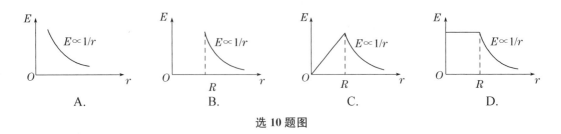

选 10 题图

11. 设有一"无限大"均匀带正电荷的平面. 取 x 轴垂直带电平面, 坐标原点在带电平面上, 则其周围空间各点的电场强度 E 随距离平面的位置坐标 x 变化的关系曲线为(规定场强方向沿 x 轴正向为正、反之为负)　　　　　　　　　　　　　　　　　　　　(　　)

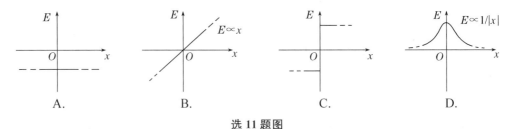

选 11 题图

12. 点电荷 Q 被曲面 S 所包围, 从无穷远处引入另一点电荷 q 至曲面外一点, 如图所示, 则引入前后　　　　　　　　　　　　　　　　　　　　　　　　　　　　　(　　)

　　A. 曲面 S 的电场强度通量不变, 曲面上各点场强不变

　　B. 曲面 S 的电场强度通量变化, 曲面上各点场强不变

　　C. 曲面 S 的电场强度通量变化, 曲面上各点场强变化

　　D. 曲面 S 的电场强度通量不变, 曲面上各点场强变化

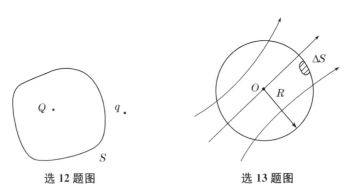

选 12 题图　　　　　　　　　　　选 13 题图

13. 空间有一非匀强电场, 其电场线分布如图所示. 若在电场中取一半径为 R 的球面, 已知通过球面 ΔS 的电通量为 $\Delta \Phi_e$, 则通过球面其余部分的电通量为　　　　(　　)

　　A. $-\Delta \Phi_e$ 　　　　　　　　　　　　B. $\dfrac{4\pi R^2 \Delta \Phi_e}{\Delta S}$

　　C. $\dfrac{(4\pi R^2 - \Delta S)\Delta \Phi_e}{\Delta S}$ 　　　　　D. 0

14. 一均匀带电球面, 电荷面密度为 σ, 球面内电场强度处处为零, 球面上面元 $\mathrm{d}S$ 带有

dq 的电荷,该电荷在球面内各点产生的电场强度　　　　　　　　　　　（　　）

  A. 处处为零　　　　　　　　　　B. 不一定都为零

  C. 处处不为零　　　　　　　　　D. 无法判定

15. 根据高斯定理的数学表达式 $\int_S \boldsymbol{E} \cdot d\boldsymbol{S} = \dfrac{\sum\limits_{i=1}^{n} Q_i}{\varepsilon_0}$ 下述各种说法中正确的　　（　　）

  A. 闭合面内电荷代数和为零时,闭合面上各点场强一定为零

  B. 闭合面内电荷代数和不为零时,闭合面上各点场强一定处处不为零

  C. 闭合面内电荷代数和为零时,闭合面上各点场强不一定处处为零

  D. 闭合面内电荷代数和为零时,闭合面内一定处处无电荷

16. 一点电荷,放在球形高斯面的中心处.下列哪一种情况,通过高斯面的电场强度通量发生变化　　　　　　　　　　　　　　　　　　　　　　　　　（　　）

  A. 将另一点电荷放在高斯面外

  B. 将另一点电荷放进高斯面内

  C. 将球心处的点电荷移开,但仍在高斯面内

  D. 将高斯面半径缩小

17. 如图所示为一具有球对称性分布的静电场的 $E\sim r$ 关系曲线.请指出该静电场是由下列哪种带电体产生的　　　　　　　　　　　　　　　　　　　　　　　（　　）

  A. 半径为 R 的均匀带电球面

  B. 半径为 R 的均匀带电球体

  C. 半径为 R 的、电荷体密度为 $\rho = Ar$（A 为常数）的非均匀带电球体

  D. 半径为 R 的、电荷体密度为 $\rho = A/r$（A 为常数）的非均匀带电球体

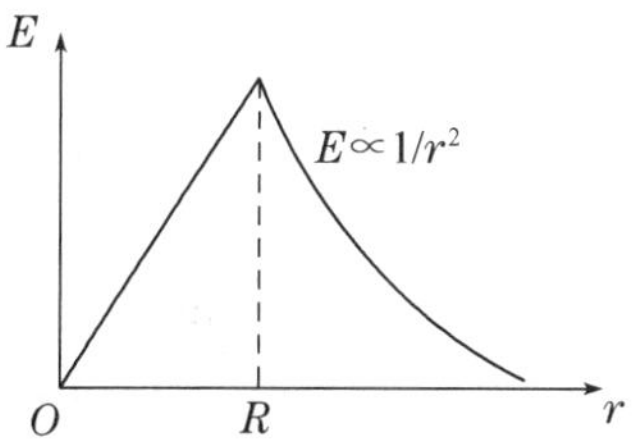

选 17 题图

18. 如图所示,边长为 l 的正方形,在其四个顶点上各放有等量的点电荷.若正方形中心 O 处的场强值和电势值都等于零,则　（　　）

  A. 顶点 a、b、c、d 处都是正电荷

  B. 顶点 a、b 处是正电荷,c、d 处是负电荷

  C. 顶点 a、c 处是正电荷,b、d 处是负电荷

  D. 顶点 a、b、c、d 处都是负电荷

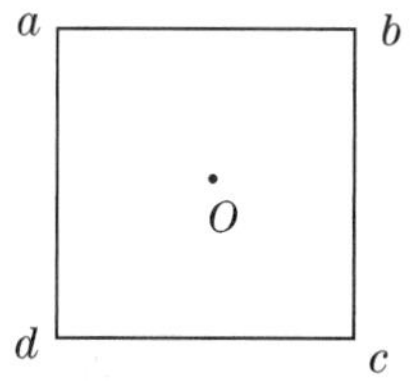

选 18 题图

19. 如图所示,在点电荷 $+q$ 的电场中,若取图中 P 点处为电势零点,则 M 点的电势为　　　　　　　　　　　　　　　（　　）

  A. $\dfrac{q}{4\pi\varepsilon_0 a}$　　　　B. $\dfrac{q}{8\pi\varepsilon_0 a}$

  C. $\dfrac{-q}{4\pi\varepsilon_0 a}$　　　　D. $\dfrac{-q}{8\pi\varepsilon_0 a}$

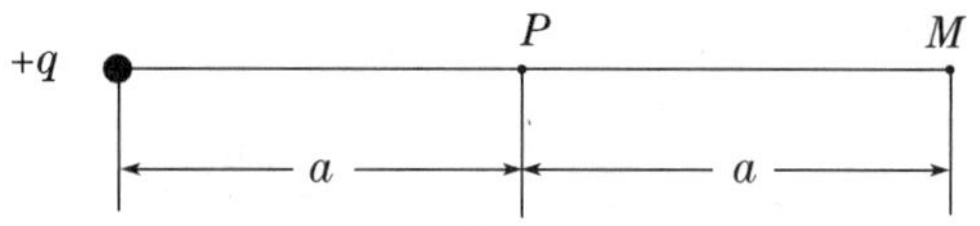

选 19 题图

20. 如图所示,边长为 0.3 m 的正三角形 abc,在顶点 a 处有一电荷为 10^{-8} C 的正点电

荷,顶点 b 处有一电荷为 -10^{-8} C 的负点电荷,则顶点 c 处的电场强度的大小 E 和电势 U 为: $\left(\dfrac{1}{4\pi\varepsilon_0}=9\times10^9 \text{ N}\cdot\text{m}^2/\text{C}^2\right)$　　　（　　）

A. $E=0, U=0$

B. $E=1\,000$ V/m, $U=0$

C. $E=1\,000$ V/m, $U=600$ V

D. $E=2\,000$ V/m, $U=600$ V

选 22 题图

21. 如图所示,半径为 R 的均匀带电球面,总电荷为 Q,设无穷远处的电势为零,则球内距离球心为 r 的 P 点处的电场强度的大小和电势为　　（　　）

A. $E=0, U=\dfrac{Q}{4\pi\varepsilon_0 r}$　　　　　B. $E=0, U=\dfrac{Q}{4\pi\varepsilon_0 R}$

C. $E=\dfrac{Q}{4\pi\varepsilon_0 r^2}, U=\dfrac{Q}{4\pi\varepsilon_0 r}$　　　D. $E=\dfrac{Q}{4\pi\varepsilon_0 r^2}, U=\dfrac{Q}{4\pi\varepsilon_0 R}$

选 21 题图

22. 静电场中某点电势的数值等于　　　　　　　　　　　　　（　　）

A. 试验电荷 q_0 置于该点时具有的电势能

B. 单位试验电荷置于该点时具有的电势能

C. 单位正电荷置于该点时具有的电势能

D. 把单位正电荷从该点移到电势零点静电场力所做的功

23. 关于静电场中某点电势值的正负,下列说法中正确的是　　　　（　　）

A. 电势值的正负取决于置于该点的试验电荷的正负

B. 电势值的正负取决于电场力对试验电荷做功的正负

C. 电势值的正负取决于电势零点的选取

D. 电势值的正负取决于产生电场的电荷的正负

24. 如图所示,在点电荷 q 的电场中,选取以 q 为中心、R 为半径的球面上一点 P 处作电势零点,则与点电荷 q 距离为 r 的 P' 点的电势为　　　　　（　　）

A. $\dfrac{q}{4\pi\varepsilon_0 r}$　　B. $\dfrac{q}{4\pi\varepsilon_0}\left(\dfrac{1}{r}-\dfrac{1}{R}\right)$　C. $\dfrac{q}{4\pi\varepsilon_0(r-R)}$　D. $\dfrac{q}{4\pi\varepsilon_0}\left(\dfrac{1}{R}-\dfrac{1}{r}\right)$

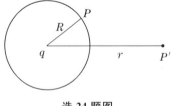

选 24 题图

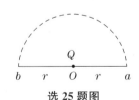

选 25 题图

25. 如图所示,真空中有一点电荷 Q,在与它相距为 r 的 a 点处有一试验电荷 q. 现使试验电荷 q 从 a 点沿半圆弧轨道运动到 b 点. 则电场力对 q 做功为　　（　　）

A. $\dfrac{Qq}{4\pi\varepsilon_0 r^2}\cdot\dfrac{\pi r^2}{2}$　　B. $\dfrac{Qq}{4\pi\varepsilon_0 r^2}2r$　　C. $\dfrac{Qq}{4\pi\varepsilon_0 r^2}\pi r$　　D. 0

26. 如图所示,边长为 a 的等边三角形的三个顶点上,分别放置着三个正的点电荷 q、

$2q$、$3q$. 若将另一正点电荷 Q 从无穷远处移到三角形的中心 O 处,外力所做的功为（　　）

A. $\dfrac{\sqrt{3}qQ}{2\pi\varepsilon_0 a}$　　　B. $\dfrac{\sqrt{3}qQ}{\pi\varepsilon_0 a}$　　　C. $\dfrac{3\sqrt{3}qQ}{2\pi\varepsilon_0 a}$　　　D. $\dfrac{2\sqrt{3}qQ}{\pi\varepsilon_0 a}$

选 26 题图

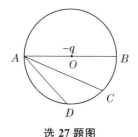

选 27 题图

27. 点电荷 $-q$ 位于圆心 O 处,A、B、C、D 为同一圆周上的四点,如图所示. 现将一试验电荷从 A 点分别移动到 B、C、D 各点,则（　　）

　　A. 从 A 到 B,电场力做功最大　　　B. 从 A 到 C,电场力做功最大

　　C. 从 A 到 D,电场力做功最大　　　D. 从 A 到各点,电场力做功相等

28. 在已知静电场分布的条件下,任意两点 P_1 和 P_2 之间的电势差决定于（　　）

　　A. P_1 和 P_2 两点的位置

　　B. P_1 和 P_2 两点处的电场强度的大小和方向

　　C. 试验电荷所带电荷的正负

　　D. 试验电荷的电荷大小

29. 如图所示实线为某电场中的电场线,虚线表示等势（位）面,由图可看出（　　）

　　A. $E_A > E_B > E_C$,$U_A > U_B > U_C$

　　B. $E_A < E_B < E_C$,$U_A < U_B < U_C$

　　C. $E_A > E_B > E_C$,$U_A < U_B < U_C$

　　D. $E_A < E_B < E_C$,$U_A > U_B > U_C$

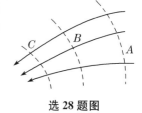

选 28 题图

30. 根据场强与电势梯度的关系可知,下列说法中正确的是（　　）

　　A. 在均匀电场中各点电势必相等　　　B. 电势为零处,场强必为零

　　C. 电场越强处,电势越高　　　D. 场强为零处,电势必为零

　　E. 场强处处为零的空间内,电势变化必为零

二、填空题

1. 电荷为 -5×10^{-9} C 的试验电荷放在电场中某点时,受到 2×10^{-8} N 的向下的力,则该点的电场强度大小为_____,方向_____.

2. 由一根绝缘细线围成的边长为 l 的正方形线框,使它均匀带电,其电荷线密度为 λ,则在正方形中心处的电场强度的大小 $E=$_____.

3. 两根相互平行的"无限长"均匀带正电直线 1、2,相距为 d,其电荷线密度分别为 λ_1 和 λ_2,则场强等于零的点与直线 1 的距离 a 为_____.

4. 一半径为 R 的带有一缺口的细圆环,缺口宽度为 d 环上均匀带正电,总电量为 q. 如图所示,则圆心 O 处的场强大小 $E=$ _____,场强方向为_____.

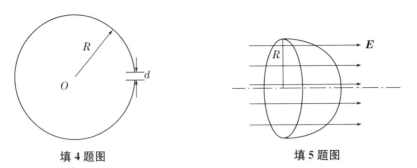

填 4 题图　　　　　　　　填 5 题图

5. 半径为 R 的半球面置于场强为 E 的均匀电场中,其对称轴与场强方向一致. 如图所示,则通过该半球面的电场强度通量为_____.

6. 在静电场中,任意作一闭合曲面,通过该闭合曲面的电场强度通量 $\Phi_e = \int_S E \cdot dS$ 的值仅取决于_____,而与_____无关.

7. 点电荷 q_1、q_2、q_3 和 q_4 在真空中的分布如图所示.图中 S 为闭合曲面,则通过该闭合曲面的电场强度通量 $\Phi_e = \int_S E \cdot dS =$ _____,式中的 E 是点电荷_____在闭合曲面上任一点产生的场强的矢量和.

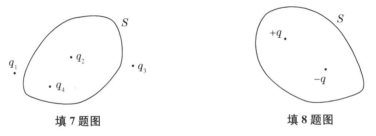

填 7 题图　　　　　　　　填 8 题图

8. 如图所示,点电荷 q 和 $-q$ 被包围在高斯面 S 内,则通过该高斯面的电场强度通量 $\Phi_e = \int_S E \cdot dS =$ _____,式中 E 为_____处的场强.

9. 一半径为 R 的均匀带电球面,其电荷面密度为 σ. 该球面内、外的场强分布为(r 表示从球心引出的矢径):

$E(r)=$ _____ $(r<R)$,

$E(r)=$ _____ $(r>R)$.

10. 一半径为 R 的"无限长"均匀带电圆柱面,其电荷面密度为 σ. 该圆柱面内、外场强分布为(r 表示在垂直于圆柱面的平面上,从轴线处引出的矢径):

$E(r)=$ _____ $(r<R)$,

$E(r)=$ _____ $(r>R)$.

11. 两块无限大的带电平行平板,其电荷面密度分别为 $\sigma(\sigma>0)$,及 -2σ,如图所示.试写出各区域的电场强度 E. Ⅰ区 E 的大小_____;Ⅱ区 E 的大小_____.

填 11 题图

12. 有一个球形的橡皮膜气球,电荷 q 均匀地分布在表面上,在此气球被吹大的过程中,被气球表面掠过的点(该点与球中心距离为 r),其电场强度的大小将由_____变为_____.

13. 电荷分别为 q_1,q_2,q_3 的三个点电荷分别位于同一圆周的三个点上,如图所示.设无穷远处为电势零点,圆半径为 R,则 b 点处的电势 $V=$_____.

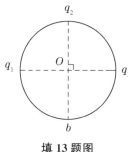

填 13 题图

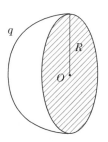

填 14 题图

14. 如图所示.半径为 R 的半个球面均匀带电 q,则球心 O 点的电势 $U=$_____.

15. 一半径为 R,带电总量为 Q 且均匀分布的半圆环,设无穷远处电势为零,则环心处的电势为_____.

16. 真空中,有一均匀带电细圆环,电荷线密度为 λ,其圆心处的电场强度 $E_0=$_____,电势 $U_0=$_____.(选无穷远处电势为零)

17. 想象电子的电荷 $-e$ 均匀分布在半径 $r_e=1.4\times10^{-15}$ m(经典的电子半径)的球表面上,电子表面附近的电势(以无穷远处为电势零点)$U=$_____.
$\left(\dfrac{1}{4\pi\varepsilon_0}=9\times10^9\ \text{N}\cdot\text{m}^2/\text{C}^2,e=1.6\times10^{-19}\ \text{C}\right)$

18. 如图所示,半径为 R 的均匀带电球面,总电量为 Q,设无穷远处的电势为零,则球内距离球心为 r 的 P 点处的电场强度的大小为_____,电势为_____.

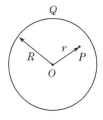

填 18 题图

19. 在真空中,有一块半径为 R,电荷面密度为 σ 的均匀带电球面,若面上挖去一小块带电面积 $ds(ds$ 很小),则球心处的场强 $E=$_____,电势 $U=$_____.

20. 静电力做功的特点是_____只于移动电荷电量和移动电荷的始末位置有关,与路径无关_____,因此静电力属于_____力.

21. 在静电场中,一质子(带电荷 $e=1.6\times10^{-19}$ C)沿四分之一的圆弧轨道从 A 点移到 B 点(如图所示),电场力做功 8.0×10^{-15} J.则当质子沿四分之三的圆弧轨道从 B 点回到 A 点时,电场力做功 $A=$_____.设 A 点电势为零,则 B 点电势 $U=$_____.

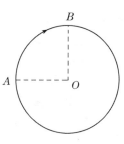

填 21 题图

22. 如图所示.试验电荷 q,在点电荷 $+Q$ 产生的电场中,沿半径为 R 的整个圆弧的 $\dfrac{3}{4}$ 圆弧轨道由 a 点移到 d 点的过程中电场力做功为_____;从 d 点移到无穷远处的过程中,电场力做功为

_____.

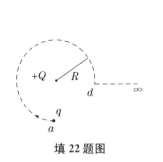

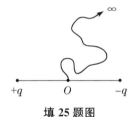

填 22 题图　　　　　填 23 题图

23. 如图所示为某静电场的等势面图,在图中画出该电场的电场线.

24. 一质量为 m、电荷为 q 的小球,在电场力作用下,从电势为 U 的 a 点,移动到电势为零的 b 点.若已知小球在 b 点的速率为 v_b,则小球在 a 点的速率 $v_a=$ _____.

25. 如图所示,将一单位正电荷从一对等量异号点电荷车线的中点 O,沿任意路径移到无限远,则电场力对它做的功为 _____.

26. 一质子和一 α 粒子进入到同一电场中,两者的加速度之比,$a_p : a_\alpha=$ _____.

填 25 题图

27. 一质量为 m,电荷为 q 的粒子,从电势为 U_A 的 A 点,在电场力作用下运动到电势为 U_B 的 B 点.若粒子到达 B 点时的速率为 v_B,则它在 A 点时的速率 $v_A=$ _____.

28. 带有 N 个电子的一个油滴,油滴质量为 m,电子的电荷大小为 e. 在重力场中由静止开始下落(重力加速度为 g),下落中穿越一均匀电场区域,欲使油滴在该区域中匀速下落,则电场的方向为 _____,大小为 _____.

29. 已知静电场的电势函数 $U=6x-6x^2y-7y^2$(SI).由场强与电势梯度的关系式可得点 $(2,3,0)$ 处的电场强度 $\boldsymbol{E}=$ _____ (SI).

30. 已知某电场中电位的表达式为 $U=\dfrac{A}{a+x}$,其中 A,a 为常量,则 $x=b$ 处的场强 $\boldsymbol{E}=$ _____.

三、计算题

1. 氢原子由一个质子和一个电子组成. 根据经典理论,在正常状态下,电子绕核做圆周运动,轨道半径是 5.29×10^{-11} m. 已知质子质量 $M=1.67\times10^{-27}$ kg,电子质量 $m=9.11\times10^{-31}$ kg,它们的带电量分别为 1.6×10^{-19} C 和 -1.6×10^{-19} C.

(1) 求电子所受库仑力;

(2) 库仑力是万有引力多少倍;

(3) 求电子的速度.

2. 一段半径为 a 的细圆弧,对圆心的张角为 θ_0,其上均匀分布有正电荷 q,如图所示,试以 a,q,θ_0 表示圆心 O 处的电场强度.

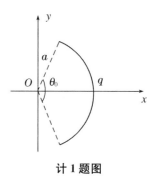

计 1 题图

3. 一半径为 R 的半圆细环上均匀地分布电荷 Q,求环心处的电场强度.

4. 如图所示,两条无限长平行直导线相距为 r_0,均匀带有等量异种电荷,电荷线密度为 λ.

(1) 求两导线构成的平面上任意一点的电场强度(设该点到其中一线的垂直距离为 x);

(2) 求每一根导线上单位长度导线受到另一根导线上电荷作用的电场力.

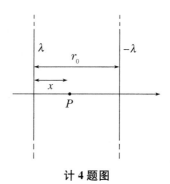

计 4 题图

5. 电量 $Q(Q>0)$ 均匀分布在长 L 的细棒上,在细棒的延长线上距细棒中心 O 距离为 a 的 P 点处放一带电量为 $q(q>0)$ 的点电荷,求带电细棒对该点电荷的静电力.

6. 如图所示,一无限大均匀带电薄平板,电荷面密度为 σ. 在平板中部有一个半径为 r 的小圆孔. 求圆孔中心轴线上与平板相距为 x 的一点 P 的电场强度.

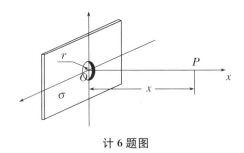

计 6 题图

7. 边长为 b 的立方盒子的六个面,分别平行于 xOy、yOz、和 xOz 平面. 盒子的一角在坐标原点处. 在此区域有一静电场,场强为 $\boldsymbol{E}=200\boldsymbol{i}+300\boldsymbol{j}$. 试求穿过各面的电场强度通量.

8. 一半径为 R 的带电球壳,其带电量为 Q,求整个空间中电场强度和电势的分布.

9. 设在半径为 R 的球体内,其电荷对称分布,电荷体密度为

$$\rho=kr \quad 0\leqslant r\leqslant R$$
$$\rho=0 \quad r>R$$

k 为一常量. 试用高斯定理求电场强度大小与 r 的函数关系.

10. 两根很长的同轴圆柱面($R_1=3.00\times10^{-2}$ m,$R_2=0.10$ m),带有等量异号的电荷,两者的电势差为 450 V. 求:(1) 圆柱面单位长度上带有多少电荷? 两圆柱面之间的电场强度.

11. 一半径为 R、长度为 L 的均匀带电圆柱面,总电荷为 Q. 试求端面处轴线上 P 点的电场强度.

12. 如图所示,两个点电荷 $+q$ 和 $-3q$,相距为 d. 试求:

(1) 在它们的连线上电场强度 $\boldsymbol{E}=0$ 的点与电荷为 $+q$ 的点电荷相距多远?

(2) 若选无穷远处电势为零,两点电荷之间电势 $U=0$ 的点与电荷为 $+q$ 的点电荷相距多远?

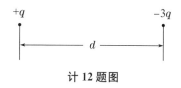

计 12 题图

13. 如图所示为一沿 x 轴放置的长度为 l 的不均匀带电细棒,其电荷线密度为 $\lambda = k_0(x-a)$,k_0 为一常量. 取无穷远处为电势零点,求坐标原点 O 处的电势.

计 13 题图

14. 一半径为 R 的"无限长"圆柱形带电体,其电荷体密度为 $\rho = Ar(r \leqslant R)$,式中 A 为常量. 试求:(1) 圆柱体内、外各点场强大小分布;(2) 选与圆柱轴线的距离 $l(l>R)$ 处为电势零点,计算圆柱体内、外各点的电势分布.

15. 若电荷以相同的面密度 σ 均匀分布在半径分别为 $r_1=10\text{ cm}$ 和 $r_2=20\text{ cm}$ 的两个同心球面上,设无穷远处电势为零,已知球心电势为 300 V,试求(1) 两球面的电荷面密度 σ 的值;(2) 若要使球心处的电势也为零,外球面上应放掉多少电荷?

16. 一个均匀带电的球层,其电荷体密度为ρ,球层内表面为R_1,外表面半径为R_2.设无穷远处为电势零点,求空腔内任一点的电势.

17. 电荷q均匀分布在长为$2l$的细杆上,求在杆外延长线上与杆端距离为a的P点的电势(设无穷远处为电势零点).

18. 如图所示,两个平行共轴放置的均匀带电圆环,它们的半径均为R,电荷线密度分别是$+\lambda$和$-\lambda$,相距为l,试求以两环的对称中心O为坐标原点垂直于环面的x轴上任一点的电势(以无穷远处为电势零点).

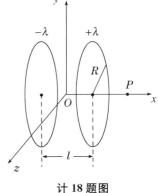

计18题图

19. 若将27个具有相同半径并带相同电荷的球状小水滴聚集成一个球状的大水滴,此大水滴的电势将为小水滴电势的多少倍?(设电荷分布在水滴表面上,水滴聚集时总电荷无损失)

20. 已知均匀带电长直线附近的电场强度近似为 $E=\dfrac{\lambda}{2\pi\varepsilon_0 r}e_r$，其中 λ 为电荷线密度.

(1) 求在 $r=r_1$ 和 $r=r_2$ 两点间的电势差；

(2) 在点电荷的电场中，我们曾取 $r\to\infty$ 处的电势为零，求均匀带电直线附近的电势能否这样取？试说明.

21. 两个同心球面的半径分别为 R_1 和 R_2，各自带有电荷 Q_1 和 Q_2. 求(1) 各区域电势的分布，并画出分布曲线；(2) 两球面上的电势差为多少？

22. 如图所示，有三个点电荷 Q_1,Q_2,Q_3 沿一条直线等间距分布，已知其中任一点电荷所受合力均为零，且 $Q_1=Q_3=Q$. 求在固定 Q_1,Q_3 的情况下，将 Q_2 从 O 点推到无穷远处外力所做的功.

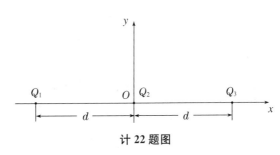

计 22 题图

23. 一带有电荷 $q=3\times10^{-9}$ C 的粒子，位于均匀电场中，电场方向如图所示. 当该粒子沿水平方向向右方运动 5 cm 时，外力做功 6×10^{-5} J，粒子动能的增量为 4.5×10^{-5} J. 求：
(1) 粒子运动过程中电场力做功多少？(2) 该电场的场强多大？

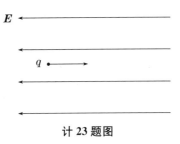

计 23 题图

24. 如图所示,一半径为 R 的均匀带正电圆环,其电荷线密度为 λ. 在其轴线上有 A、B 两点,它们与环心的距离分别为 $\overline{OA}=\sqrt{3}R$,$\overline{OB}=\sqrt{8}R$. 一质量为 m、电荷为 q 的粒子从 A 点运动到 B 点. 求在此过程中电场力所做的功.

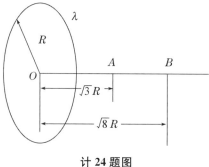

计 24 题图

25. 已知某静电场的电势函数 $U=-\sqrt{x^2+y^2}+\ln x\,(\mathrm{SI})$,求点 $(4,3,0)$ 处的电场强度各分量值.

四、应用题

1. 如图所示,示波管的竖直偏转系统,加压于两极板,在两极板间产生均匀电场 E,设电子质量为 m,电荷为 $-e$,它以速度 v_0 射进电场中,v_0 与 E 垂直,试讨论电子运动的轨迹.

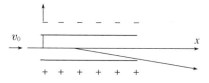

应 1 题图 电子在偏转管中的偏转系统

2. 电子所带电荷量(基本电荷—e)最先是由密立根通过油滴实验测出的,其实验装置如图所示.一个很小的带电油滴在电场 E 内,调节 E 的大小,使作用在油滴上的电场力与油滴的质量平衡.如果油滴的半径为 $1.64×10^{-4}$ cm,平衡时 $E＝1.92×10^5$ N/C,油的密度为 0.851 g/cm³,求油滴上的电荷.

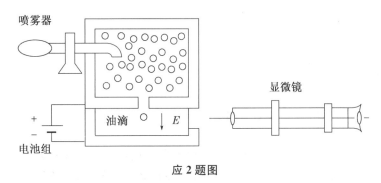

应 2 题图

3. 一次闪电的放电电压大约是 $1.0×10^9$ V,而被中和的电量约是 30 C.求:(1) 一次放电所释放的能量是多大? (2) 一所希望小学每天消耗电能 20 kW·h,上述一次放电所释放的电能够该小学用多长时间?

4. 一示波管阳极 A 和阴极 K 间的电压是 3 000 V(即从阳极 A 到阴极 K 电势降低 3 000 K),求从阴极发射出的电子到达阳极时的速度.设电子从阴极出发时的初速为 0.

5. 地球周围的大气犹如一部大电机,由于雷雨云和大气气流的作用,在晴天区域大气电离层总是带有大量的正电荷,地球表面必然带有负电荷.晴天大气电场平均电场强度约为 120 V/m,方向指向地面.试求地球表面单位面积所带的电荷(以每平方厘米的电子数表示).

第六章　静电场中的导体与电介质

扫一扫
可见本章电子资源

6.1　基本要求

（1）理解导体静电平衡条件；能结合静电平衡条件求解有导体存在时带电系统电场强度、电势、电荷分布等.

（2）了解电介质极化的微观机理和极化强度的物理意义.

（3）理解电位移矢量的概念，掌握有电介质时的高斯定理，并能利用它求解有电介质存在时静电场中的电位移矢量和电场强度.

（4）理解电容的定义及其物理意义，掌握典型电容器电容及电容器储能的计算方法. 了解电介质对电容的影响.

（5）理解电场能量密度的概念，并能掌握有关电场能量的简单计算方法.

6.2　基本概念与规律

1. 基本概念

（1）电位移矢量 $\boldsymbol{D}$：电位移矢量是描述电场性质的辅助量.

（2）电容 C：描述导体或导体组（电容器）容纳电荷能力的物理量.

孤立导体的电容：$C = \dfrac{Q}{U}$；电容器的电容：$C = \dfrac{Q}{U}$

（3）静电场的能量：静电场中所贮存的能量.

电容器所贮存的电能：$W = \dfrac{CU^2}{2} = \dfrac{Q^2}{2C} = \dfrac{QU}{2}$

电场能量密度：单位体积的电场中所贮存的能量，即 $w_e = \dfrac{\varepsilon E^2}{2} = \dfrac{\boldsymbol{D} \cdot \boldsymbol{E}}{2}$

2. 基本规律

（1）导体静电平衡条件

① 导体内部场强处处为零；② 导体表面的场强处处与导体表面垂直.

（2）静电平衡时导体上电荷分布规律：电荷只分布在导体的表面，体内净电荷为零.

（3）静电平衡时导体的电势分布规律：导体为等势体，其表面为等势面.

（4）介质中的高斯定理：$\oint_S \boldsymbol{D} \cdot \mathrm{d}\boldsymbol{S} = \sum q_i$（$q_i$ 为封闭曲面 S 内的自由电荷）

高斯定理表明静电场是有源场，电荷是产生静电场的源头.

（5）介质中的环路定理：$\oint_l \boldsymbol{E} \cdot \mathrm{d}\boldsymbol{l} = 0$，说明静电场是保守场.

6.3 学习指导

（1）本章处理导体问题的方法是以导体静电平衡条件为根本出发点和前提,并结合静电场的普通规律去进一步解决问题.

（2）掌握有介质时的高斯定理,并应用此定理,求自由电荷空间分布具有对称性的各向同性均匀电介质中的电位移,然后再由电位移,求出电场强度.

（3）各向同性的均匀电介质中的电极化强度 P,极化电荷面密度 σ',电极化率 χ 只需了解.

（4）计算电容器的电容一般方法是先假定两极板已带有等量异号电荷 $\pm Q$,然后由其电场的分布求出两极板间的电势差 ΔU,再根据电容的定义式 $C=Q/\Delta U$ 求出. 也可以先求出电容器的电能 W_e,再由 $W_e=\dfrac{Q^2}{2C}=C\Delta U^2$ 求出 C.

（5）会计算电容器能量,能根据电场能量密度计算电场的能量.

6.4 典型例题

例 6-1 有一个外半径为 R_1,内半径为 R_2 的金属球壳,在球壳中放一半径为 R_3 的同心金属球. 若使球壳和球均匀带有 q 的正电荷,求两球体上的电荷? 电场的分布和电势的分布?

解:由静电平衡可知金属球上的电荷 q 全部分布在表面上,金属球壳的内表面上感应出等量的负电荷 $-q$,球壳内部无电荷,外表面上的电荷为 $2q$.

选取半径为 r 的同心球面作为高斯面,由高斯定理 $\oint_s \boldsymbol{E} \cdot \mathrm{d}\boldsymbol{S} = \dfrac{\sum q_i}{\varepsilon_0}$ 可得出电场的分布.

当 $r<R_3$ 时　$E_1 4\pi r^2 = 0$　$E_1 = 0$

当 $R_3<r<R_2$ 时　$E_2 4\pi r^2 = \dfrac{q}{\varepsilon_0}$　$E_2 = \dfrac{q}{4\pi\varepsilon_0 r^2}$

当 $R_2<r<R_1$ 时　$E_3 4\pi r^2 = 0$　$E_3 = 0$

当 $r>R_1$ 时　$E_4 4\pi r^2 = \dfrac{2q}{\varepsilon_0}$　$E_4 = \dfrac{q}{2\pi\varepsilon_0 r^2}$

再由电势的定义式 $V = \int_r^\infty \boldsymbol{E} \cdot \mathrm{d}\boldsymbol{l}$ 得电势的分布

当 $r<R_3$ 时　$V_1 = \int_r^{R_3} \boldsymbol{E}_1 \cdot \mathrm{d}\boldsymbol{l} + \int_{R_3}^{R_2} \boldsymbol{E}_2 \cdot \mathrm{d}\boldsymbol{l} + \int_{R_2}^{R_1} \boldsymbol{E}_3 \cdot \mathrm{d}\boldsymbol{l} + \int_{R_1}^\infty \boldsymbol{E}_4 \cdot \mathrm{d}\boldsymbol{l}$

$\qquad = 0 + \int_{R_3}^{R_2} \dfrac{q}{4\pi\varepsilon_0 r^2} \mathrm{d}r + 0 + \int_{R_1}^\infty \dfrac{q}{2\pi\varepsilon_0 r^2} \mathrm{d}r = \dfrac{q}{4\pi\varepsilon_0 R_3} - \dfrac{q}{4\pi\varepsilon_0 R_2} + \dfrac{q}{2\pi\varepsilon_0 R_1}$

当 $R_3 < r < R_2$ 时 $V_2 = \int_r^{R_2} \boldsymbol{E}_2 \cdot \mathrm{d}\boldsymbol{l} + \int_{R_2}^{R_1} \boldsymbol{E}_3 \cdot \mathrm{d}\boldsymbol{l} + \int_{R_1}^\infty \boldsymbol{E}_4 \cdot \mathrm{d}\boldsymbol{l}$

$\qquad = \int_r^{R_2} \dfrac{q}{4\pi\varepsilon_0 r^2} \mathrm{d}r + 0 + \int_{R_1}^\infty \dfrac{q}{2\pi\varepsilon_0 r^2} \mathrm{d}r = \dfrac{q}{4\pi\varepsilon_0 r} - \dfrac{q}{4\pi\varepsilon_0 R_2} + \dfrac{q}{2\pi\varepsilon_0 R_1}$

当 $R_2 < r < R_1$ 时 $V_3 = \int_r^{R_1} \boldsymbol{E}_3 \cdot \mathrm{d}\boldsymbol{l} + \int_{R_1}^{\infty} \boldsymbol{E}_4 \cdot \mathrm{d}\boldsymbol{l} = 0 + \int_{R_1}^{\infty} \frac{q}{2\pi\varepsilon_0 r^2} \mathrm{d}r = \frac{q}{2\pi\varepsilon_0 R_1}$

当 $r > R_1$ 时 $V_4 = \int_r^{\infty} \boldsymbol{E}_4 \cdot \mathrm{d}\boldsymbol{l} = \int_{R_1}^{\infty} \frac{q}{2\pi\varepsilon_0 r^2} \mathrm{d}r = \frac{q}{2\pi\varepsilon_0 r}$

例 6-2 一平板电容器充满两层厚度各为 d_1 和 d_2 的电介质，它们的相对电容率分别为 ε_{r1} 和 ε_{r2}，极板的面积为 S．求：(1) 电容器的电容；(2) 当极板上的自由电荷面密度为 σ_0 时，两介质分界面上的极化电荷的面密度；(3) 两层介质的电位移.

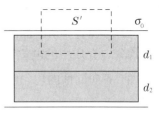

图 6-1

解：(1) 设两电介质中场强分别为 $\boldsymbol{E}_1$ 和 $\boldsymbol{E}_2$，选如图所示的上下底面面积均为 S' 的柱面为高斯面，上底面在导体中，下底面在电介质中，侧面的法线与场强垂直，柱面内的自由电荷为 $\sum Q_0 = \sigma_0 S'$，根据高斯定理，得

$$\oint_S \boldsymbol{D} \cdot \mathrm{d}\boldsymbol{S} = DS_1 = \sigma_0 S'$$

所以 $D = \sigma_0$

电介质中的电场强度为 $E_1 = \dfrac{D}{\varepsilon_0 \varepsilon_{r1}} = \dfrac{\sigma_0}{\varepsilon_0 \varepsilon_{r1}}$，$E_2 = \dfrac{D}{\varepsilon_0 \varepsilon_{r2}} = \dfrac{\sigma_0}{\varepsilon_0 \varepsilon_{r2}}$

两极板的电势差为 $U = \int_l \boldsymbol{E} \cdot \mathrm{d}\boldsymbol{l} = E_1 d_1 + E_2 d_2 = \dfrac{\sigma_0}{\varepsilon_0}\left(\dfrac{d_1}{\varepsilon_{r1}} + \dfrac{d_2}{\varepsilon_{r2}}\right)$

由电容的定义，得 $C = \dfrac{Q_0}{U} = \dfrac{\varepsilon_0 \varepsilon_{r1} \varepsilon_{r2} S}{\varepsilon_{r1} d_2 + \varepsilon_{r2} d_1}$

(2) 分界面处第一层电介质的极化电荷面密度为 $\sigma_1' = P_1 = \dfrac{\varepsilon_{r1} - 1}{\varepsilon_{r1}} \sigma_0$

第二层电介质的极化电荷面密度为 $\sigma_2' = P_2 = \dfrac{\varepsilon_{r2} - 1}{\varepsilon_{r2}} \sigma_0$

(3) 电位移矢量为 $D_1 = D_2 = D = \sigma_0$

例 6-3 设无限长同轴电缆的芯线半径为 R_1，外皮半径为 R_2；芯线和外皮之间充满两层绝缘介质，相对电容率分别为 ε_{r1} 和 ε_{r2}，两层电介质的分界面半径为 R，求单位长度电缆的电容.

解：设芯线与外皮分别带有等量异号电荷，单位长度电量为，以 r 为底面半径作一个长度为 l 的圆柱面作为高斯面，则

$$\int_S \boldsymbol{D} \cdot \mathrm{d}\boldsymbol{S} = D \cdot 2\pi r l = \lambda l \quad (R_1 < r < R_2)$$

$$D = \frac{\lambda}{2\pi r}$$

因而电介质中的电场强度大小为

$$E_1 = \frac{D}{\varepsilon_{r1}\varepsilon_0} = \frac{\lambda}{2\pi\varepsilon_{r1}\varepsilon_0 r} \quad (R_1 < r < R)$$

$$E_2 = \frac{D}{\varepsilon_{r2}\varepsilon_0} = \frac{\lambda}{2\pi\varepsilon_{r2}\varepsilon_0 r} \quad (R < r < R_2)$$

方向垂直与轴线.

因而芯线与外皮之间的电势差为

$$U = \int_{R_1}^{R_2} \boldsymbol{E} \cdot \mathrm{d}\boldsymbol{r} = \int_{R_1}^{R} \boldsymbol{E}_1 \cdot \mathrm{d}\boldsymbol{r} + \int_{R}^{R_2} \boldsymbol{E}_2 \cdot \mathrm{d}\boldsymbol{r} = \frac{\lambda}{2\pi\varepsilon_{r1}\varepsilon_0} \ln\frac{R}{R_1} + \frac{\lambda}{2\pi\varepsilon_{r2}\varepsilon_0} \ln\frac{R_2}{R}$$

最后求得单位长度电缆的电容为

$$C = \frac{\lambda}{U} = \frac{2\pi\varepsilon_{r1}\varepsilon_{r2}\varepsilon_0}{\varepsilon_{r2}\ln\dfrac{R}{R_1} + \varepsilon_{r1}\ln\dfrac{R_2}{R}}$$

例 6-4　在介电常数为 ε 的无限大各向同性均匀介质中,有一半径为 R 的导体球,带电量为 Q,求电场能量.

解:由高斯定理可得:导体球内 $E_1 = 0 (r < R)$

球外介质中 $E_2 = \dfrac{Q}{4\pi\varepsilon r^2} (r > R)$

则电场能量为 $W = \int_V \mathrm{d}W = \iiint_V \frac{1}{2}\varepsilon E^2 \mathrm{d}V = \frac{1}{2}\varepsilon \int_R^\infty \left[\frac{Q}{4\pi\varepsilon r^2}\right]^2 4\pi r^2 \mathrm{d}r = \frac{Q^2}{8\pi\varepsilon}\int_R^\infty \frac{\mathrm{d}r}{r^2} = \frac{Q^2}{8\pi\varepsilon R}$

6.5　练习题

一、选择题

1. 当一个带电导体达到静电平衡时　　　　　　　　　　　　　　　　　　　　（　　）

   A. 表面上电荷密度较大处电势较高

   B. 表面曲率较大处电势较高

   C. 导体内部的电势比导体表面的电势高

   D. 导体内任意一点与其表面上任意一点的电势差等于零

2. 一"无限大"均匀带电平面 A,其附近放一与它平行的有一定厚度的"无限大"平面导体板 B,如图所示.已知 A 上的电荷面密度为 $+\sigma$,则在导体板 B 的两个表面 1 和 2 上的感应电荷面密度为　　　　　　（　　）

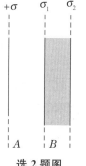

选 2 题图

   A. $\sigma_1 = -\sigma, \sigma_2 = +\sigma$　　　　　　　　B. $\sigma_1 = -\dfrac{1}{2}\sigma, \sigma_2 = +\dfrac{1}{2}\sigma$

   C. $\sigma_1 = -\dfrac{1}{2}\sigma, \sigma_1 = -\dfrac{1}{2}\sigma$　　　　　　D. $\sigma_1 = -\sigma, \sigma_2 = 0$

3. 有一接地导体球,半径为 R,距球心 $2R$ 处有一点电荷 q,则导体球面上的感应电荷的电量为　　　　　　　　　　　　　　　　　　　　　　　　　　　　（　　）

   A. 0　　　　　　B. $-q$　　　　　　C. $\dfrac{q}{2}$　　　　　　D. $-\dfrac{q}{2}$

4. 半径分别为 R 和 r 的两个金属球,相距很远.用一根细长导线将两球连接在一起并使它们带电.在忽略导线的影响下,两球表面的电荷面密度之比 σ_R/σ_r 为　　（　　）

   A. R/r　　　　　B. R^2/r^2　　　　C. r^2/R^2　　　　D. r/R

5. 选无穷远处为电势零点,半径为 R 的导体球带电后,其电势为 U_0,则球外离球心距离为 r 处的电场强度的大小为　　　　　　　　　　　　　　　　　　（　　）

A. $\dfrac{R^2 U_0}{r^3}$ B. $\dfrac{U_0}{R}$ C. $\dfrac{RU_0}{r^2}$ D. $\dfrac{U_0}{r}$

6. 一长直导线横截面半径为 a，导线外同轴地套一半径为 b 的薄圆筒，两者互相绝缘，并且外筒接地，如图所示. 设导线单位长度的电荷为 $+\lambda$，并设地的电势为零，则两导体之间的 P 点（$OP=r$）的场强大小和电势分别为   (   )

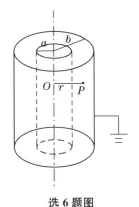

A. $E=\dfrac{\lambda}{4\pi\varepsilon_0 r^2}$，$V=\dfrac{\lambda}{2\pi\varepsilon_0}\ln\dfrac{b}{a}$

B. $E=\dfrac{\lambda}{4\pi\varepsilon_0 r^2}$，$V=\dfrac{\lambda}{2\pi\varepsilon_0}\ln\dfrac{b}{r}$

C. $E=\dfrac{\lambda}{2\pi\varepsilon_0 r}$，$V=\dfrac{\lambda}{2\pi\varepsilon_0}\ln\dfrac{a}{r}$

D. $E=\dfrac{\lambda}{2\pi\varepsilon_0 r}$，$V=\dfrac{\lambda}{2\pi\varepsilon_0}\ln\dfrac{b}{r}$

选 6 题图

7. 如图所示，一厚度为 d 的"无限大"均匀带电导体板，电荷面密度为 σ，则板的两侧离板面距离均为 h 的两点 a、b 之间的电势差为   (   )

A. 0 B. $\dfrac{\sigma}{2\varepsilon_0}$

C. $\dfrac{\sigma h}{\varepsilon_0}$ D. $\dfrac{2\sigma h}{\varepsilon_0}$

8. 关于高斯定理，下列说法中哪一个是正确的   (   )

选 7 题图

A. 高斯面内不包围自由电荷，则面上各点电位移矢量 $\boldsymbol{D}$ 为零

B. 高斯面上处处 $\boldsymbol{D}$ 为零，则面内必不存在自由电荷

C. 高斯面的 $\boldsymbol{D}$ 通量仅与面内自由电荷有关

D. 以上说法都不正确

9. 一导体球外充满相对介电常量为 ε_r 的均匀电介质，若测得导体表面附近场强为 E，则导体球面上的自由电荷面密度 σ 为   (   )

A. $\varepsilon_0 E$ B. $\varepsilon_0\varepsilon_r E$ C. $\varepsilon_r E$ D. $(\varepsilon_0\varepsilon_r-\varepsilon_0)E$

10. 在空气平行板电容器中，平行地插上一块各向同性均匀电介质板，如图所示. 当电容器充电后，若忽略边缘效应，则电介质中的场强 E 与空气中的场强 E_0 相比较，应有   (   )

A. $E>E_0$，两者方向相同

B. $E=E_0$，两者方向相同

C. $E<E_0$，两者方向相同

D. $E<E_0$，两者方向相反

选 10 题图

11. 在一点电荷 q 产生的静电场中，一块电介质如图放置，以点电荷所在处为球心作一球形闭合面 S，则对此球形闭合面（   ）

A. 高斯定理成立，且可用它求出闭合面上各点的场强

B. 高斯定理成立，但不能用它求出闭合面上各点的场强

C. 由于电介质不对称分布，高斯定理不成立

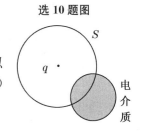

选 11 题图

D. 即使电介质对称分布,高斯定理也不成立

12. 一平行板电容器始终与端电压一定的电源相连. 当电容器两极板间为真空时,电场强度为 E_0,电位移为 D_0,而当两极板间充满相对介电常量为 ε_r 的各向同性均匀电介质时,电场强度为 E,电位移为 D,则 （ ）

    A. $E = E_0/\varepsilon_r$,$D = D_0$
    B. $E = E_0$,$D = \varepsilon_r D_0$

    C. $E = E_0/\varepsilon_r$,$D = D_0/\varepsilon_r$
    D. $E = E_0$,$D = D_0$

13. 两块面积均为 S 的金属平板 A 和 B 彼此平行放置,板间距离为 d （d 远小于板的线度）,设 A 板带有电荷 q_1,B 板带有电荷 q_2,则 AB 两板间的电势差 U_{AB} 为 （ ）

选 13 题图

    A. $\dfrac{q_1 + q_2}{2\varepsilon_0 S} d$
    B. $\dfrac{q_1 + q_2}{4\varepsilon_0 S} d$

    C. $\dfrac{|q_1 - q_2|}{2\varepsilon_0 S} d$
    D. $\dfrac{|q_1 - q_2|}{4\varepsilon_0 S} d$

14. 两个半径相同的金属球,一为空心,一为实心,把两者各自孤立时的电容值加以比较,则 （ ）

    A. 空心球电容值大
    B. 实心球电容值大

    C. 两球电容值相等
    D. 大小关系无法确定

15. 一个平行板电容器,充电后与电源断开,当用绝缘手柄将电容器两极板间距离拉大,则两极板间的电势差 U_{12}、电场强度的大小 E、电场能量 W 将发生如下变化 （ ）

    A. U_{12} 减小,E 减小,W 减小
    B. U_{12} 增大,E 增大,W 增大

    C. U_{12} 增大,E 不变,W 增大
    D. U_{12} 减小,E 不变,W 不变

16. 如果某带电体其电荷分布的体密度 ρ 增大为原来的 2 倍,则其电场的能量变为原来的 （ ）

    A. 2 倍
    B. 1/2 倍
    C. 4 倍
    D. 1/4 倍

17. 一空气平行板电容器充电后与电源断开,然后在两极板间充满某种各向同性、均匀电介质,则电场强度的大小 E、电容 C、电压 U、电场能量 W 四个量各自与充入介质前相比较,增大（↑）或减小（↓）的情形为 （ ）

    A. $E↑$,$C↑$,$U↑$,$W↑$
    B. $E↓$,$C↑$,$U↓$,$W↓$

    C. $E↓$,$C↑$,$U↑$,$W↓$
    D. $E↑$,$C↓$,$U↓$,$W↑$

18. 某电场中各点的电场强度都变为原来的两倍,则电场的能量变为原来的 （ ）

    A. 2 倍
    B. 4 倍
    C. 0.5 倍
    D. 0.25 倍

19. 已知一厚度为 d 的无限大带电导体平板,两表面上的电荷均匀分布,面电荷密度均为 σ,则板外侧的电场强度的大小为 （ ）

    A. $\dfrac{\sigma}{2\varepsilon_0}$
    B. $\dfrac{2\sigma}{\varepsilon_0}$
    C. $\dfrac{\sigma}{\varepsilon_0}$
    D. $\dfrac{d\sigma}{2\varepsilon_0}$

20. 真空中有"孤立"的均匀带电球体和一均匀带电球面,如果它们的半径和所带的电荷都相等,则它们的静电能之间的关系是 （ ）

    A. 球体的静电能等于球面的静电能

    B. 球体的静电能大于球面的静电能

    C. 球体的静电能小于球面的静电能

D. 球体内的静电能大于球面内的静电能,球体外的静电能小于球面外的静电能

二、填空题

1. 如图所示,两同心导体球壳,内球壳带电荷$+q$,外球壳带电荷$-2q$. 静电平衡时,外球壳的电荷分布为:内表面_____;外表面_____.

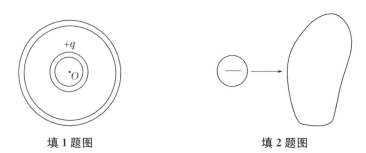

填 1 题图　　　　　　　填 2 题图

2. 如图所示,将一负电荷从无穷远处移到一个不带电的导体附近,则导体内的电场强度_____,导体的电势_____.(填增大、不变、减小)

3. 一任意形状的带电导体,其电荷面密度分布为$\sigma(x,y,z)$,则在导体表面外附近任一点处的电场强度的大小$E(x,y,z)=$_____,其方向_____.

4. A、B两个导体球,相距甚远,因此均可看成是孤立的. 其中A球原来带电,B球不带电,现用一根细长导线将两球连接,则球上分配的电荷与球半径成_____比.

5. 如图所示,在电量为$+q$的点电荷的电场中,放入一不带电的金属球,从球心O到点电荷所在处的矢径为r,金属球上的感应电荷净电量$q'=$_____,这些感应电荷在球心O处产生的电场强度$E=$_____.

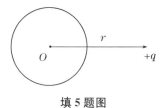

填 5 题图

6. 一半径为R的均匀带电导体球壳,带电荷为Q. 球壳内、外均为真空. 设无限远处为电势零点,则壳内各点电势$U=$_____.

7. 分子的正负电荷中心重合的电介质叫做_____电介质. 在外电场作用下,分子的正负电荷中心发生相对位移,形成_____.

8. 半径为R_1和R_2的两个同轴金属圆筒,其间充满着相对介电常量为ε_r的均匀介质. 设两筒上单位长度带有的电荷分别为$+\lambda$和$-\lambda$,则介质中离轴线的距离为r处的电位移矢量的大小$D=$_____,电场强度的大小$E=$_____.

9. 一均匀带正电的导线,电荷线密度为λ,其单位长度上总共发出的电场线条数(即电场强度通量)是_____.

10. 如图所示,介质(相对电容率为ε_r)球壳的内半径为R_1,外半径为R_2,球壳均匀带电,所带的电量为Q,则P点的电场强度E_P为_____.

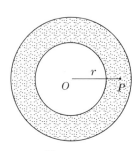

填 10 题图

11. 一空气平行板电容器接电源后,极板上的电荷面密度分别为$\pm\sigma$,在电源保持接通的情况下,将相对介电常量为ε_r的各向同性均匀电介质充满其内. 如忽略边缘效应,介质中的场强应为

_____.

12. 一平行板电容器,两板间充满各向同性均匀电介质,已知相对介电常量为 ε_r. 若极板上的自由电荷面密度为 σ,则介质中电位移的大小 $D=$ _____,电场强度的大小 $E=$ _____.

13. 一个半径为 R 的薄金属球壳,带有电荷 q,壳内真空,壳外是无限大的相对介电常量为 ε_r 的各向同性均匀电介质. 设无穷远处为电势零点,则球壳的电势 $U=$ _____.

14. 两个点电荷在真空中相距 $d_1=7$ cm 时的相互作用力与在煤油中相距 $d_2=5$ cm 时的相互作用力相等,则煤油的相对介电常量 $\varepsilon_r=$ _____.

15. 一空气平行板电容器,两极板间距为 d,充电后板间电压为 U. 然后将电源断开,在两板间平行地插入一厚度为 $\dfrac{d}{3}$ 的金属板,则板间电压变成 $U'=$ _____.

16. 两个点电荷在真空中相距为 r_1 时的相互作用力等于它们在某一"无限大"各向同性均匀电介质中相距 r_2 时的相互作用力,则该电介质的相对介电常量 $\varepsilon_r=$ _____.

17. 半径为 0.1 m 的孤立导体球其电势为 300 V,则离导体球中心 30 cm 处的电势 $U=$ _____(以无穷远为电势零点).

18. 一带电荷 q、半径为 R 的金属球壳,壳内充满介电常量为 ε_r 的各向同性均匀电介质,壳外是真空,则此球壳的电势 $U=$ _____.

19. 一个孤立导体,当它带有电荷 q 而电势为 U 时,则定义该导体的电容为 $C=$ _____,它是表征导体的 _____ 的物理量.

20. 一平行板电容器充电后切断电源,若使二极板间距离增加,则二极板间场强 _____,电容 _____.(填增大或减小或不变)

21. 设雷雨云位于地面以上 500 m 的高度,其面积为 10^7 m^2,为了估算,把它与地面看作一个平行板电容器,此雷雨云与地面间的电场强度为 10^4 V/m,若一次雷电即把雷雨云的电能全部释放完,则此能量相当于质量为 _____ kg 的物体从 500 m 高空落到地面所释放的能量.(真空电容率 $\varepsilon_0=8.85\times10^{-12}$ $C^2\cdot N^{-1}\cdot m^{-2}$)

22. 电容为 C_0 的平板电容器,接在电路中,如图所示. 若将相对介电常量为 ε_r 的各向同性均匀电介质插入电容器中(填满空间),则此时电容器的电容为原来的 _____ 倍,电场能量是原来的 _____ 倍.

填 22 题图　　　　　　　　　　　填 23 题图

23. 两个空气电容器 1 和 2,并联后接在电压恒定的直流电源上,如图所示. 今有一块各向同性均匀电介质板缓慢地插入电容器 1 中,则电容器组的总电荷将 _____,电容器组储存的电能将 _____.(填增大,减小或不变)

24. 在相对介电常量 $\varepsilon_r=4$ 的各向同性均匀电介质中,与能量密度 $w_e=2\times10^6$ J/cm^3 相应的电场强度的大小 $E=$ _____.(真空电容率 $\varepsilon_0=8.85\times10^{-12}C^2/N\cdot m^2$)

25. 一平行板电容器,充电后切断电源,然后使两极板间充满相对介电常量为 ε_r 的各向同性均匀电介质.此时两极板间的电场强度是原来的_____倍;电场能量是原来的_____倍.

三、计算题

1. 三块平行导体板 A、B、C,面积都是 $200\ \text{cm}^2$,A、B 相距 $4.0\ \text{mm}$,A、C 相距 $2.0\ \text{mm}$,B、C 两板接地,如图所示.如果使 A 板带正电 $3.0\times10^{-7}\text{C}$,忽略边缘效应,问 B 板和 C 板上的感应电荷各是多少?

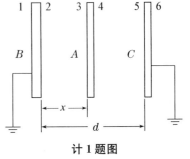

计 1 题图

2. 一导体球半径为 R_1,外罩一半径为 R_2 的同心薄导体球壳,外球壳所带总电量为 Q,而内球的电势为 V_0.求此系统的电势和电场分布.

3. 一导体球 A 半径为 R_1,带电量为 Q_1;外罩一个内半径为 R_2,外半径为 R_3 的同心导体球壳 B,球壳 B 带电总量为 Q_2;

求:(1) 球壳 B 内、外表面上的带电量及球 A 和球壳 B 的电势.

(2) 此系统的电场分布.

4. 两个极薄的同心球壳,内外球壳半径分别为 a,b,内球壳带电 Q_1,试问(1) 外球壳带多大电量,才能使内球壳电势为零?(2) 距球心为 r 处的电势是多少?

5. 半径为 R_1 的导体球带有正电荷 q，球外有内半径为 R_2、外半径为 R_3 的同心导体球壳，球壳上带有正电荷 Q. 先将球壳的内表面用导线接地. 求：

（1）内球、导体球壳内、外表面的带电量.

（2）内球的电势（说明正负）.

6. 如图所示，在真空中将半径为 R 的金属球接地，在与球心 O 相距为 $r(r>R)$ 处放置一点电荷 q，不计接地导线上电荷的影响，求金属表面上的感应电荷总量.

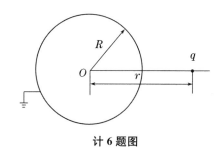

计 6 题图

7. 半径分别为 R_1 和 R_2 的同心金属球壳（$R_1<R_2$），均匀带电量分别为 Q_1 和 Q_2，试求：

（1）在空间各处的电场强度分布.

（2）球心处的电势.

8. 半径为 r_1、r_2（$r_1<r_2$）互相绝缘的两个同心导体球壳，开始时两球壳均不带电，现把 $+q$ 的电量给予内球时，问：

（1）外球的电荷及电势；

（2）把外球接地再重新绝缘，外球的电荷及电势；

（3）然后把内球接地，内球的电荷及外球的电势改变多少？

9. 两导体球 A、B,半径分别为 $R_1=0.5$ m,$R_2=1.0$ m,中间以导线连接,两球外分别包以内半径为 $R=1.2$ m 的同心导体球外壳(与导线绝缘)并接地,导体间的介质均为空气,如图所示.已知空气的击穿场强为 3×10^6 V/m,现使 A、B 两球所带电荷逐渐增加,求:(1) 此系统何处首先被击穿?这里场强为多少?(2) 击穿时两球所带的总电荷 Q 为多少?(设导线本身不带电,且对电场无影响)

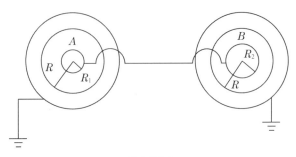

计 9 题图

10. 如图所示,有一金属环,其内外半径分别为 R_1 和 R_2,圆环均匀带电,电荷面密度为 $\sigma(\sigma>0)$.(1) 计算通过环心垂直环面的轴线上一点 P 的电势;(2) 若有一质子沿轴线从无限远处射向带正电的圆环,要使质子能穿过圆环,它的初速度至少是多少?

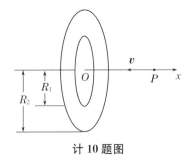

计 10 题图

11. 两块"无限大"平行导体板,相距为 $2d$,都与地连接,如图所示.在板间均匀充满着正离子气体(与导体板绝缘),离子数密度为 n,每个离子的电荷为 q.如果忽略气体中的极化现象,可以认为电场分布相对中心平面 OO' 是对称的.试求两板间的场强分布和电势分布.

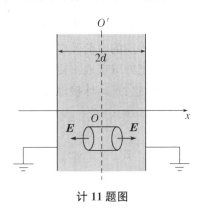

计 11 题图

12. 假想从无限远处陆续移来微量电荷使一半径为 R 的导体球带电.(1)当球上已带有电荷 q 时,再将一个电荷元 dq 从无限远处移到球上的过程中,外力做多少功?(2)使球上电荷从零开始增加到 Q 的过程中,外力共做多少功?

13. 半径分别为 $R_1=1.0$ cm 与 $R_2=2.0$ cm 的两个球形导体,各带电荷 $Q=1.0\times10^{-8}$ C,两球相距很远.若用细导线将两球相连接.求(1)每个球所带电荷;(2)每球的电势.$\left(\dfrac{1}{4\pi\varepsilon_0}=9\times10^9\text{ N}\cdot\text{m}^2/\text{C}^2\right)$

14. 如图所示,一内半径为 a、外半径为 b 的金属球壳,带有电荷 Q,在球壳空腔内距离球心 r 处有一点电荷 q.设无限远处为电势零点,试求:

(1)球壳内外表面上的电荷;

(2)球心 O 点处,由球壳内表面上电荷产生的电势;

(3)球心 O 点处的总电势.

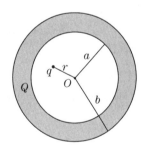

计 14 题图

15. 圆柱形电容器上由半径为 R_1 的长直圆柱导体和与它同轴的薄导体圆筒组成,圆筒的半径为 R_2.若直导体与导体圆筒之间充以相对电容率为 ε_r 的电介质.设直导体和圆筒单位长度上的电荷分别为 $+\lambda$ 和 $-\lambda$.求

(1)电介质中的场强、电位移和极化强度;

(2)电介质内、外表面的极化电荷面密度;

(3)此圆柱形电容器的电容.

16. 设无限长同轴电缆的芯线半径为 R_1,外皮半径为 R_2;芯线和外皮之间充满两层绝缘介质,相对电容率分别为 ε_{r1} 和 ε_{r2},两层电介质的分界面半径为 R. 求单位长度电缆的电容.

17. 在介电常数为 ε 的无限大各向同性均匀电介质中,有一半径为 R 的孤立导体球,若对它不断充电使其带电量达到 Q,试通过充电过程中外力做功,证明带电导体球的静电能量为 $W=\dfrac{Q^2}{8\pi\varepsilon R}$.

四、应用题

1. 一真空二极管,其主要构件是一个半径 $R_1=5.0\times10^{-4}$ m 的圆柱形阴极和一个套在阴极外,半径为 $R_2=4.5\times10^{-3}$ m 的同轴圆筒形阳极. 阳极电势比阴极电势高 300 V,阴极与阳极的长均为 $L=2.5\times10^{-2}$ m. 假设电子从阴极射出时初速度为零,求(1) 该电子到达阳极时所具有的动能和速率;(2) 电子刚从阴极射出时所受的电场力.

2. 一电容器由两个很长的同轴薄圆筒组成,内、外圆筒半径分别为 $R_1=2$ cm,$R_2=5$ cm,其间充满相对介电常量为 ε_r 的各向同性、均匀电介质. 电容器接在电压 $U=32$ V 的电源上,如图所示,试求距离轴线 $R=3.5$ cm 处的 A 点的电场强度和 A 点与外筒间的电势差.

3. 一片二氧化钛晶片，其面积为 $1.0\ cm^2$，厚度为 $0.10\ mm$，把平行平板电容器的两极板紧贴在晶片两侧.求：(1) 电容器的电容；(2) 电容器两极加上 12 V 电压时，极板上的电荷为多少？此时自由电荷和极化电荷的面密度各为多少？(3) 求电容器内的电场强度.

4. 三个电容器串联，电容分别为 $8\ \mu F,8\ \mu F,4\ \mu F$，其两端 A、B 间的电压为 12 V，(1) 求电容为 $4\ \mu F$ 的电容器的电量(2) 将三者拆开再并联(同性极板联在一起)求电容器组两端的电压.

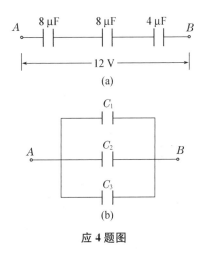

应 4 题图

5. 为了实时检测纺织品，纸张等材料的厚度(待测材料可视为相对电容率为 ε_r 的电介质)通常在生产线上的设置如图所示的传感装置，其中 A、B 为平板电容器的导体极板，d_0 为两极板间距离，试说明检测原理，并推导出直接测量量电容 C 与间接测量量 d 之间的函数关系. 如果要检测钢板等金属材料的厚度，结果又将如何？

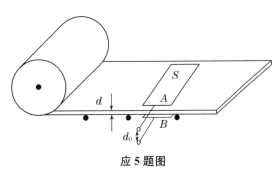

应 5 题图

6. 平行平板电容器的极板是边长为 l 的正方形,两板之间的距离 $d = 1$ mm. 如两极板的电势差为 100 V,要使极板上储存 $\pm 10^{-4}$ C 的电荷,边长 l 应取多大才行?

7. 一空气平行板电容器,空气层厚 1.5 cm,两极板间电压为 40 kV,若空气的击穿场强为 3 MV/m,该电容器会被击穿吗? 现将一厚度为 0.30 cm 的玻璃板插入此电容器,并与两极板平行,若该玻璃板的相对电容率为 7.0,击穿电场强度为 10 MV/m. 则此时电容器会被击穿吗?

8. 电容式计算机键盘的按键下连接着一小块金属片,金属片与底板上的另一块金属片保持一段空气间隙,构成一个小电容(如图所示). 当按下键的时候电容发生变化,通过相连的电子线路向计算机发出键盘相应的代码信息. 假设金属片面积为 50.0 mm²,两金属片之间的距离是 0.600 mm,如果电路能检测出的电容变化量为 0.250 pF,那么按键需要按下多大的距离才能给出必要的信号?

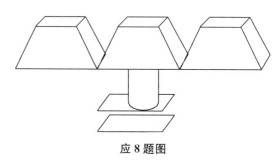

应 8 题图

扫一扫
可见本章电子资源

第七章　恒定磁场

7.1　基本要求

（1）掌握毕奥-萨伐尔定律,能利用它计算一些典型几何形状的载流导体（如载流直导线、圆电流等）的磁场,并能结合磁场叠加原理求解组合型电流的磁场.

（2）掌握磁场的高斯定理和安培环路定理,它们表明磁场是无源场和非保守场. 能应用安培环路定理求解某些具有对称性载流导体的磁场. 能计算简单非均匀磁场中,某回路包围面积上的磁通量.

（3）理解磁通量的概念,能计算简单非匀强磁场中的磁通量.

（4）掌握安培定律,能判断安培力的方向,能用安培定律计算几何形状简单的载流导体在磁场中所受的安培力. 理解载流平面线圈磁矩的定义,掌握载流平面线圈在匀强磁场中所受磁力矩的计算公式,能判断磁力矩的方向.

（5）掌握洛仑兹力的计算,能判断洛仑兹力的方向. 了解霍耳效应的机理.

（6）了解磁介质的分类,了解磁介质磁化的微观机理,了解磁化强度.

（7）掌握磁介质中的安培环路定理,并能运用它求解有磁介质存在时具有一定对称分布的磁场问题.

（8）了解铁磁质的基本特性.

7.2　基本概念和规律

1. 恒定电流

电流是在单位时间内通过内某一截面的电荷,即 $I = \dfrac{\mathrm{d}q}{\mathrm{d}t}$

电流密度是通过单位面积的电流,用 $\boldsymbol{j}$ 表示,$\boldsymbol{j}$ 是矢量,电流与电流密度的关系为

$$I = \int_S \boldsymbol{j} \cdot \mathrm{d}\boldsymbol{S}$$

2. 电动势

电源电动势的大小等于把单位正电荷从电源负极经内电路移至正极时,非静电力所做的功. 其大小为

$$\varepsilon = \oint_l \boldsymbol{E}_K \cdot \mathrm{d}\boldsymbol{l} = \int_A^B \boldsymbol{E}_K \cdot \mathrm{d}\boldsymbol{l}$$

3. 磁感强度

可以用磁场对运动电荷作用的磁力来定义磁感强度.

当正电荷经过磁场中某点的速度 v 的方向与磁感强度 $\boldsymbol{B}$ 的方向垂直时,它所受的磁场力最大为 $F_{\perp}$,则磁场中某点磁感强度的大小为

$$B=\frac{F_{\perp}}{qv}$$

4. 恒定电流磁场的基本定律——毕奥-萨伐尔定律

可以把一载流导线看成是由许多电流元 $I\mathrm{d}l$ 连接而成,这样,载流导线在磁场中某点所激发的磁感强度 $\boldsymbol{B}$,就是由这导线的所有电流元在该点的 $\mathrm{d}\boldsymbol{B}$ 的叠加,如图 7-1 所示.

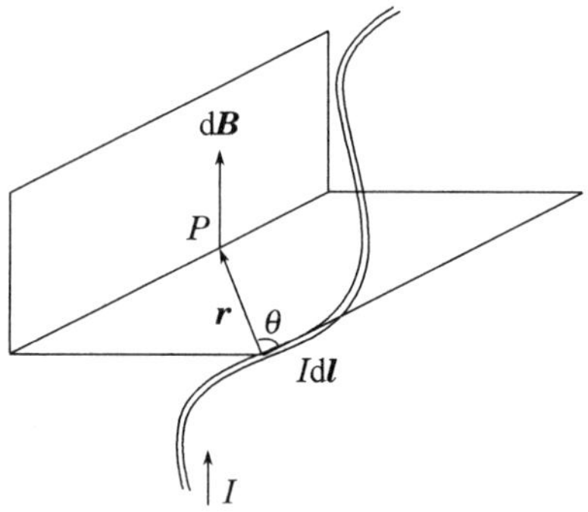

$$\mathrm{d}\boldsymbol{B}=\frac{\mu_0}{4\pi}\frac{I\mathrm{d}l\times\boldsymbol{r}}{r^3}$$

$$\boldsymbol{B}=\int\mathrm{d}\boldsymbol{B}=\frac{\mu_0}{4\pi}\int\frac{I\mathrm{d}l\times\boldsymbol{r}}{r^3}$$

式中 μ_0 为真空中的磁导率.

图 7-1

5. 表征恒定磁场特性的定理

(1)磁高斯定理

磁通量 $\Phi=\displaystyle\int_S\boldsymbol{B}\cdot\mathrm{d}\boldsymbol{S}$

磁高斯定理:通过磁场中任意闭合曲面的磁通量等于零. 即

$$\Phi=\oint_S\boldsymbol{B}\cdot\mathrm{d}\boldsymbol{S}=0$$

(2)安培环路定理

$$\oint_l\boldsymbol{B}\cdot\mathrm{d}l=\mu_0\sum I$$

说明:

(1)$\sum I$ 是闭合路径内包围电流的代数和,而不是算术和,这是因为电流是有流向的.

(2)电流流向与 $\boldsymbol{B}$ 的积分回路成右螺旋关系时,电流就取正值,反之就取负值.

(3)$\sum I$ 是闭合路径内包围的电流,而闭合路径上任一点的磁感强度 $\boldsymbol{B}$,则是由空间所有电流产生的,这些电流既可以在闭合路径内,也可以在闭合路径外.

6. 磁场对运动电荷和电流的作用

(1)磁场对运动电荷的作用力——洛伦兹力

$$\boldsymbol{F}=q\boldsymbol{v}\times\boldsymbol{B}$$

(2)磁场对载流导线的作用力——安培力

$$\mathrm{d}\boldsymbol{F}=I\mathrm{d}l\times\boldsymbol{B}$$

$$\boldsymbol{F}=\int\mathrm{d}\boldsymbol{F}=\int I\mathrm{d}l\times\boldsymbol{B}$$

(3)载流线圈在磁场中所受的磁力矩

$$\boldsymbol{M}=\boldsymbol{m}\times\boldsymbol{B}$$

式中 $\boldsymbol{B}$ 是线圈所在处的磁感强度,$\boldsymbol{m}$ 是线圈的磁矩.

7. 磁介质

（1）磁介质对磁场的影响

若外磁场的磁感强度为 $\boldsymbol{B}_0$，磁介质因磁化而产生的附加磁感强度为 $\boldsymbol{B}'$，则磁介质中的磁感强度为

$$\boldsymbol{B}=\boldsymbol{B}_0+\boldsymbol{B}'=\mu_r\boldsymbol{B}_0$$

$\mu_r=\dfrac{B}{B_0}$ 称为相对磁导率. 因磁介质的性质不同，μ_r 差异很大，它可以分为下列几种：

① 顺磁质 $\mu_r>1$，$B>B_0$

② 抗磁质 $\mu_r<1$，$B<B_0$

③ 铁磁质 $\mu_r\gg1$，$B\gg B_0$

（2）磁场强度，介质中的安培环路定理

磁场强度 $\boldsymbol{H}$ 是为描述介质中磁场而引入的一个辅助量，它与磁感强度的关系是

$$\boldsymbol{B}=\mu\boldsymbol{H}$$

式中 μ 叫做磁介质的磁导率，其值为 $\mu=\mu_0\mu_r$

介质中的安培环路定理为

$$\oint_l \boldsymbol{H}\cdot\mathrm{d}l=\sum I$$

（3）铁磁性物质的特性

① 相对磁导率非常大，即 $\mu_r\gg1$.

② μ_r 不是常量，随着外磁场而改变，由 $\boldsymbol{B}=\mu\boldsymbol{H}$ 可知铁磁物质的 $\boldsymbol{B}$ 与 $\boldsymbol{H}$ 之间不是线性关系.

③ 磁滞回线（见教材）

7.3　学习指导

一、磁感强度的计算

1. 用毕奥-萨伐尔定律求磁感强度

用毕奥-萨伐尔定律可以用来计算任意电流的磁感强度，其基本方法与利用点电荷的电场强度公式和叠加原理计算电场强度一样. 用毕奥-萨伐尔定律和叠加原理计算磁感强度的步骤大致为：（1）选取合适的电流元 $I\mathrm{d}l$；（2）利用毕奥-萨伐尔定律及其推论，如载流直导线、圆环等典型电流的结果，写出电流元 $I\mathrm{d}l$ 在场点 P 的磁感强度 $\mathrm{d}\boldsymbol{B}$，并作图画出 $\mathrm{d}\boldsymbol{B}$ 的方向；（3）选取合适的坐标系，将 $\mathrm{d}\boldsymbol{B}$ 分解到各坐标轴上，从而把矢量积分变成标量积分；（4）利用各变量之间的关系，统一变量，然后确定积分上、下限；（5）积分求出 $\boldsymbol{B}$ 的大小和方向.

2. 用安培环路定理求磁感强度

安培环路定理用于求解某些对称分布磁场的磁感强度，由于方法的特殊性，它比用毕奥-萨伐尔定律求解，在数学上要简便的多. 用安培环路定理求解磁感强度的步骤大致为：

（1）根据电流的分布分析并确定磁场分布是否具有对称性，若磁场具有对称性，则可以用安培环路定理来求解；（2）选取合适的闭合路径，使路径经过待求 **B** 的场点．在此闭合路径的各段上，**B** 或与之垂直，或平行，或成一定的角度，以使积分 $\int_l \boldsymbol{B} \cdot \mathrm{d}\boldsymbol{S}$ 可积；（3）根据回路中电流的流向，确定积分回路的取向．

二、磁场对载流导线的作用力——安培力

对有限长的载流导线，它在磁场中受到的安培力．由力的叠加原理，有 $\boldsymbol{F} = \int \mathrm{d}\boldsymbol{F} = \int I \mathrm{d}\boldsymbol{l} \times \boldsymbol{B}$．用安培定律计算载流导线在磁场中所受到力的步骤为：（1）根据磁场的分布情况选取合适的电流元；（2）由安培定律给出电流元 $I\mathrm{d}\boldsymbol{l}$ 在磁场中的受到的力 $\mathrm{d}\boldsymbol{F}$，并在图中画出 $\mathrm{d}\boldsymbol{F}$ 的方向；（3）利用力的叠加原理给出载流导线受到的力 $\boldsymbol{F}$，将矢量积分变为标量积分．通过计算可以证明，在匀强磁场中任意形状的平面载流导线所受的磁场力，与其始点和终点相同的载流直导线所受的磁场力相等．此外，平面闭合回路所受的磁场力为零．

7.4 典型例题

一、磁感强度的计算

1. 用毕奥-萨伐尔定律

例 7 - 1 通有电流 I 的导线形状如图所示，图中 $ACDO$ 是边长为 b 的正方形．求圆心 O 处的磁感应强度 $B = ?$

解：电流在 O 点的产生的磁场的方向都是垂直纸面向里的．根据毕-萨定律：

$$\mathrm{d}\boldsymbol{B} = \frac{\mu_0}{4\pi} \frac{I\mathrm{d}\boldsymbol{l} \times \boldsymbol{r}}{r^3}$$

圆弧上的电流元与到 O 点的矢径垂直，在 O 点产生的磁场大小为 $\mathrm{d}B_1 = \dfrac{\mu_0}{4\pi} \dfrac{I\mathrm{d}l}{a^2}$，由于 $\mathrm{d}l = a\mathrm{d}\varphi$，

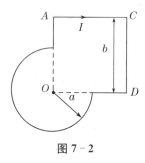

图 7 - 2

积分得

$$B_1 = \int_L \mathrm{d}B_1 = \int_0^{\frac{3\pi}{2}} \frac{\mu_0}{4\pi} \frac{I\mathrm{d}\varphi}{a} = \frac{3\mu_0 I}{8a}.$$

OA 和 OD 方向的直线在 O 点产生的磁场为零．在 AC 段，电流元在 O 点产生的磁场为

$$\mathrm{d}B_2 = \frac{\mu_0}{4\pi} \frac{I\mathrm{d}l\sin\theta}{r^2},$$

由于 $l = b\cot(\pi - \theta) = -b\cot\theta$，所以 $\mathrm{d}l = \dfrac{b\mathrm{d}\theta}{\sin^2\theta}$；

又由于 $r = b/\sin(\pi - \theta) = b/\sin\theta$，

可得

$$\mathrm{d}B_2 = \frac{\mu_0}{4\pi} \frac{I\sin\theta \mathrm{d}\theta}{b},$$

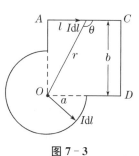

图 7 - 3

积分得 $B_2 = \int_L \mathrm{d}B = \frac{\mu_0 I}{4\pi b} \int_{\frac{\pi}{2}}^{\frac{3\pi}{4}} \sin\theta \mathrm{d}\theta = \frac{\mu_0 I}{4\pi b}(-\cos\theta)\Big|_{\frac{\pi}{2}}^{\frac{3\pi}{4}} = \frac{\sqrt{2}\mu_0 I}{8\pi b}$

同理可得 CD 段在 O 点产生的磁场 $B_3 = B_2$.

O 点总磁感应强度为 $B = B_1 + B_2 + B_3 = \frac{3\mu_0 I}{8a} + \frac{\sqrt{2}\mu_0 I}{4\pi b}$.

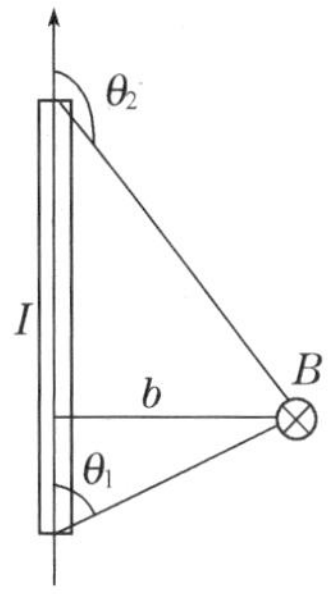

讨论　(1) 假设圆弧张角为 φ,电流在半径为 a 的圆心处产生的磁感应强度为

$$B = \frac{\mu_0 I}{4\pi a}\varphi.$$

(2) 有限长直导线产生的磁感应大小为 $B = \frac{\mu_0 I}{4\pi b}(\cos\theta_1 - \cos\theta_2)$.

对于 AC 段,$\theta_1 = \frac{\pi}{2}$、$\theta_2 = \frac{3\pi}{4}$;对于 CD 段,$\theta_1 = \frac{\pi}{4}$、$\theta_2 = \frac{\pi}{2}$,都可得

$B_2 = B_3 = \frac{\sqrt{2}\mu_0 I}{8\pi b}$. 上述公式可以直接引用.

图 7-4

例 7-2　一宽度为 b 的无限长金属板中均匀流有电流 I_0,如图 7-5 所示,求与板共面且距板边缘为 a 的一点 P 处的磁感应强度 $\boldsymbol{B}$.

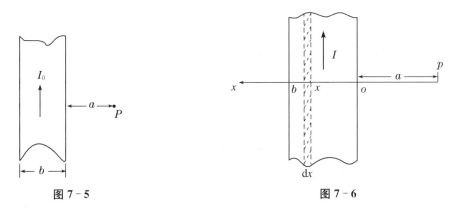

图 7-5　　　　　　　　　　图 7-6

分析:解此题要用到求无限长直导线的电流公式,此方法是在板上沿电流方向取一宽为 $\mathrm{d}x$ 的一窄条(图中阴影部分),电流大小为 $\mathrm{d}I = \frac{I}{b}\mathrm{d}x$;

此题中为了解题的方便,建如图以 o 为原点,ox 向左的坐标;在此坐标中,P 到 $\mathrm{d}I$ 的距离为 $(x+a)$

解:作如图坐标,在板上 x 处取宽为 $\mathrm{d}x$ 的一条电流,大小为

$$\mathrm{d}I = \frac{I}{b}\mathrm{d}x$$

$\mathrm{d}I$ 在 P 点产生的磁场为

$$\mathrm{d}B = \frac{\mu_0 \mathrm{d}I}{2\pi(x+a)} = \frac{\mu_0 I}{2\pi b(x+a)}\mathrm{d}x$$

则整个板在 P 点的磁场为

$$B = \int_0^b dB = \int_0^b \frac{\mu_0 I}{2\pi b(x+a)} dx = \frac{\mu_0 I}{2\pi b} \ln\left(\frac{a+b}{a}\right)$$

2. 用安培环路定理求磁场分布

例 7 - 3 一根长直同轴电缆,内导体半径为 R_1,外导体为一层厚度可忽略的圆柱形导体壳,半径为 R_2. 内外导体之间充满磁介质,磁介质的相对磁导率为 μ_r,导体的磁化可以忽略不计. 沿轴向有恒定电流 I 通过电缆,内、外导体上的电流方向相反. 求:空间各区域的磁感强度和磁化强度.

解: 如图 7-7 所示,取与导体同心的圆为积分路径,根据磁介质中的安培环路定理有

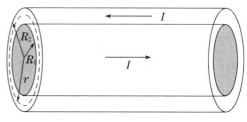

$$H \cdot 2\pi r = \sum I_f$$

当 $r < R_1$ 时,$\sum I_f = \frac{I}{\pi R^2}\pi r^2$ 代入上式

得:$H_1 = \frac{Ir}{2\pi R_1^2}$ $B_1 = \frac{\mu_0 Ir}{2\pi R_1^2}$

图 7 - 7

当 $R_1 < r < R_2$ 时,$\sum I_f = I$ 得:$H_2 = \frac{I}{2\pi r}$ $B_2 = \frac{\mu_r \mu_0 I}{2\pi r}$

当 $r > R_2$ 时,$\sum I_f = 0$ 得:$H_3 = 0$ $B_3 = 0$

例 7 - 4 半径为 R 的无限长直圆柱导体,通以电流 I,电流在截面上分布不均匀,电流密度 $\delta = kr$,求:导体内磁感应强度?

解: 在圆柱体内取一半径为 r、宽度为 dr 的薄圆环,其面积为 $dS = 2\pi r dr$,

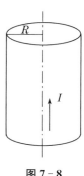

电流元为 $dI = \delta dS = 2\pi k r^2 dr$,

从 0 到 r 积分得薄环包围的电流强度为 $I_r = \frac{2\pi k r^3}{3}$;

从 0 到 R 积分得全部电流强度 $I = \frac{2\pi k R^3}{3}$,

因此 $I_r / I = r^3 / R^3$.

图 7 - 8

根据安培环路定理可得导体内的磁感应强度 $B = \frac{\mu_0 I_r}{2\pi r} = \frac{\mu_0 I}{2\pi R^3} r^3$.

二、磁场对电流的作用力

1. 磁场对运动电荷的作用力

例 7 - 5 一银质条带,$z_1 = 2$ cm,$y_1 = 1$ mm. 银条置于 Y 方向的均匀磁场中 $B = 1.5$ T,如图所示. 设电流强度 $I = 200$ A,自由电子数 $n = 7.4 \times 10^{28}$ 个·m^{-3},试求:

(1) 电子的漂移速度;

(2) 霍尔电压为多少?

解: (1) 电流密度为 $= \rho v$,

其中电荷的体密度为 $\rho = ne$. 电流通过的横截面为 $S = y_1 z_1$,

电流强度为 $\qquad I=\delta S=neSv,$

得电子的漂移速度为

$$v=\frac{I}{neS}=\frac{1}{7.4\times10^{28}\times1.6\times10^{-19}\times0.001\times0.02}$$

$$=8.45\times10^{-4}\,\mathrm{m/s}.$$

（2）霍尔系数为 $R_H=\dfrac{1}{ne}=\dfrac{1}{7.4\times10^{28}\times1.6\times10^{-19}}=8.44$

$\times10^{-11}\,\mathrm{m^3\cdot C^{-1}},$

霍尔电压为

$$U_H=R_H\frac{IB}{y_1}=8.44\times10^{-11}\times\frac{200\times1.5}{0.001}=2.53\times10^{-5}\,\mathrm{V}.$$

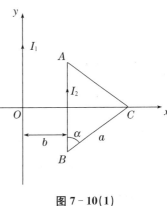

图 7-9

2. 磁场对电流的作用力

例 7-6 载有电流 I_1 的无限长直导线旁有一正三角形线圈,边长为 a,载有电流 I_2,一边与直导线平等且与直导线相距为 b,直导线与线圈共面,如图所示,求 I_1 作用在这三角形线圈上的力.

解: 电流 I_1 在右边产生磁场方向垂直纸面向里,在 AB 边处产生的磁感应强度大小为

$$B=\mu_0 I_1/2\pi b,$$

作用力大小为 $F_{AB}=I_2 aB=\mu_0 I_1 I_2 a/2\pi b$,方向向左.

三角形的三个内角 $\alpha=60°$,

在 AC 边上的电流元 $I_2\mathrm{d}l$ 所受磁场力为 $\mathrm{d}F=I_2\mathrm{d}lB$,

两个分量分别为 $\mathrm{d}F_x=\mathrm{d}F\cos\alpha$ 和 $\mathrm{d}F_y=\mathrm{d}F\sin\alpha$,

在 BC 边上的电流元所受的磁场力也为 $\mathrm{d}F=I_2\mathrm{d}lB$,$AC$ 边和 BC 边 $\mathrm{d}F$ 的两个 x 分量大小相等,方向相同;两个 y 分量大小相等,方向相反.如图 7-10 所示.由于 $\mathrm{d}l=\dfrac{\mathrm{d}r}{\sin\alpha}$,所以 $\mathrm{d}F_x=I_2\mathrm{d}rB\cot\alpha$,

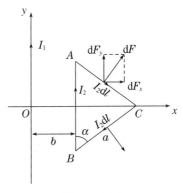

图 7-10(1)

积分得

$$F_x=\frac{\mu_0 I_1 I_2\cot\alpha}{2\pi}\int_b^{b+a\sin\alpha}\frac{1}{r}\mathrm{d}r$$

$$=\frac{\mu_0 I_1 I_2\cot\alpha}{2\pi}\ln\frac{b+a\sin\alpha}{b}$$

$$=\frac{\mu_0 I_1 I_2\sqrt{3}}{6\pi}\ln\frac{b+\frac{\sqrt{3}}{2}a}{b}.$$

作用在三角形线圈上的力的大小为

$$F=F_{AB}-2F_x=\frac{\mu_0 I_1 I_2}{2\pi}\left[\frac{a}{b}-\frac{2\sqrt{3}}{3}\ln\frac{b+\frac{\sqrt{3}}{2}a}{b}\right],$$
方向向左.

图 7-10(2)

三、磁矩和磁力矩

例 7 - 7 一螺线管长 30 cm, 横截面积直径为 1.5 cm, 其上每厘米绕有 100 匝的细导线. 当导线通有 2.0 A 电流时, 把此螺线管放到 $B=4.0(T)$ 的均匀磁场中, 求: (1) 螺线管的磁矩; (2) 螺线管所受磁力矩的最大值.

解: (1) 螺线管的磁矩 $m=NSI=100\times30\times\pi\left(\dfrac{1.5}{2}\right)^2\times10^{-4}\times2=1.06\ \text{Am}^2$

(2) 磁力矩 $\boldsymbol{M}=\boldsymbol{m}\times\boldsymbol{B}$ $\quad M_{\max}=mB\sin90°=1.06\times4=4.24\ \text{Nm}$

四、磁介质

例 7 - 8 一螺绕环中心周长 $l=10$ cm, 线圈匝数 $N=200$ 匝, 线圈中通有电流 $I=100$ mA. 求:

(1) 管内磁感应强度 B_0 和磁场强度 H_0 为多少?

(2) 设管内充满相对磁导率 $\mu_r=4\,200$ 的铁磁质, 管内的 B 和 H 是多少?

(3) 磁介质内部由传导电流产生的 B_0 和由磁化电流产生的 B 各是多少?

解: (1) 管内的磁场强度为

$$H_0=\frac{NI}{l}=\frac{200\times100\times10^{-3}}{10\times10^{-2}}=200\ \text{A/m}.$$

磁感应强度为

$$B=\mu_0H_0=4\pi\times10^{-7}\times200=2.5\times10^{-4}\ \text{T}.$$

(2) 当管内充满铁磁质之后, 磁场强度不变 $H=H_0=200$ A/m.

磁感应强度为

$$B=\mu H=\mu_r\mu_0H=4\,200\times4\pi\times10^{-7}\times200=1.056\ \text{T}.$$

(3) 由传导电流产生的 B_0 为 2.5×10^{-4} T. 由于 $B=B_0+B'$, 所以磁化电流产生的磁感应强度为

$$B'=B-B_0\approx1.056\ \text{T}.$$

例 7 - 9 一根无限长的直圆柱形铜导线, 外包一层相对磁导率为 μ_r 的圆筒形磁介质, 导线半径为 R_1, 磁介质外半径为 R_2, 导线内有电流 I 通过(I 均匀分布), 求: 磁介质内、外的磁场强度 H 和磁感应强度 B 的分布, 画 $H-r$, $B-r$ 曲线说明之(r 是磁场中某点到圆柱轴线的距离);

解: (1) 导线的横截面积为 $S_0=\pi R_1^2$, 导线内的电流密度为 $\delta=\dfrac{I}{S_0}=\dfrac{I}{\pi R_1^2}$.

在导线内以轴线的点为圆心作一半径为 r 的圆, 其面积为 $S=\pi r^2$,
通过的电流为 $\Sigma I=\delta S=Ir^2/R_1^2$.
根据磁场中的安培环路定理,

$$\oint_l \boldsymbol{H}\cdot\mathrm{d}\boldsymbol{l}=\sum I$$

环路的周长为 $l=2\pi r$, 由于 $\boldsymbol{B}$ 与 $\mathrm{d}\boldsymbol{l}$ 的方向相同, 得磁场强度为

$$H=\frac{\sum I}{l}=\frac{Ir}{2\pi R_1^2},\ (0\leqslant r\leqslant R_1).$$

（2）在介质之中和介质之外同样作一半径为 r 的环路,其周长为 $l=2\pi r$,包围的电流为 I,可得磁场强度为 $H=\dfrac{\sum I}{l}=\dfrac{I}{2\pi r}$,$(r\geqslant R_1)$.

（3）导线之内的磁感应强度为

$$B=\mu_0 H=\frac{\mu_0 Ir}{2\pi R_1^2}(0\leqslant r\leqslant R_1);$$

（4）介质之内的磁感应强度为

$$B=\mu H=\mu_r\mu_0 H=\frac{\mu_0\mu_r I}{2\pi r},(R_1\leqslant r\leqslant R_2);$$

（5）介质之外的磁感应强度为

$$B=\mu_0 H=\frac{\mu_0 I}{2\pi r}(r\geqslant R_2).$$

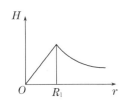 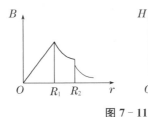 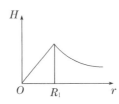 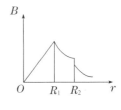

图 7－11

7.5　练习题

一、选择题

1. 边长为 l 的正方形线圈中通有电流 I,此线圈在 A 点(如图所示)产生的磁感强度 B 为　　　　　　　　　　　　　　　　　　　（　　）

A. $\dfrac{\sqrt{2}\mu_0 I}{4\pi l}$　　　　　　　　　B. $\dfrac{\sqrt{2}\mu_0 I}{2\pi l}$

选 1 题图

C. $\dfrac{\sqrt{2}\mu_0 I}{\pi l}$　　　　　　　　　D. 以上均不对

2. 如图所示,电流从 a 点分两路通过对称的圆环形分路,汇合于 b 点.若 ca、bd 都沿环的径向,则在环形分路的环心处的磁感强度　　　　　　　　　（　　）

A. 方向垂直环形分路所在平面且指向纸内

B. 方向垂直环形分路所在平面且指向纸外

C. 方向在环形分路所在平面,且指向 b

D. 方向在环形分路所在平面内,且指向 a

E. 为零

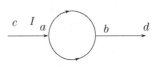

选 2 题图

3. 无限长直圆柱体,半径为 R,沿轴向均匀流有电流.设圆柱体内$(r<R)$的磁感强度为 B_i,圆柱体外$(r>R)$的磁感强度为 B_e,则有　　　　　　　　　（　　）

A. B_i、B_e 均与 r 成正比

B. B_i、B_e 均与 r 成反比

C. B_i 与 r 成反比，B_e 与 r 成正比

D. B_i 与 r 成正比，B_e 与 r 成反比

4. 在半径为 R 的长直金属圆柱体内部挖去一个半径为 r 的长直圆柱体，两柱体轴线平行，其间距为 a，如图所示. 今在此导体上通以电流 I，电流在截面上均匀分布，则空心部分轴线上 O' 点的磁感强度的大小为　　　　　　　（　　）

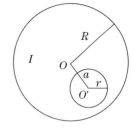

选 4 题图

A. $\dfrac{\mu_0 I}{2\pi a} \cdot \dfrac{a^2}{R^2}$　　　　B. $\dfrac{\mu_0 I}{2\pi a} \cdot \dfrac{a^2 - r^2}{R^2}$

C. $\dfrac{\mu_0 I}{2\pi a} \cdot \dfrac{a^2}{R^2 - r^2}$　　D. $\dfrac{\mu_0 I}{2\pi a}\left(\dfrac{a^2}{R^2} - \dfrac{r^2}{a^2}\right)$

5. 磁场由沿空心长圆筒形导体的均匀分布的电流产生，圆筒半径为 R，x 坐标轴垂直圆筒轴线，原点在中心轴线上. 图 A～(E)哪一条曲线表示 B-x 的关系？　　　　　　（　　）

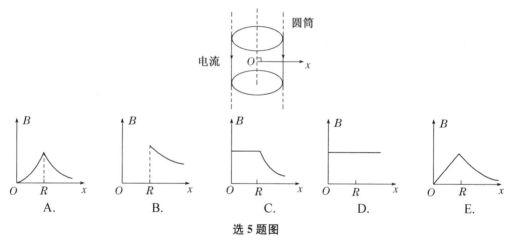

选 5 题图

6. 有一无限长通电流的扁平铜片，宽度为 a，厚度不计，电流 I 在铜片上均匀分布，在铜片外与铜片共面，离铜片右边缘为 b 处的 P 点（如图所示）的磁感强度 $\boldsymbol{B}$ 的大小为　　　（　　）

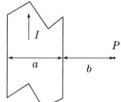

选 6 题图

A. $\dfrac{\mu_0 I}{2\pi(a+b)}$　　　　　　　B. $\dfrac{\mu_0 I}{2\pi a}\ln\dfrac{a+b}{b}$

C. $\dfrac{\mu_0 I}{2\pi b}\ln\dfrac{a+b}{b}$　　　　　D. $\dfrac{\mu_0 I}{\pi(a+2b)}$.

7. 若要使半径为 4×10^{-3} m 的裸铜线表面的磁感强度为 7.0×10^{-5} T，则铜线中需要通过的电流为（$\mu_0 = 4\pi\times10^{-7}$ T·m·A^{-1}）　　　　　　　（　　）

A. 0.14 A　　　　　　　　B. 1.4 A

C. 2.8 A　　　　　　　　D. 14 A

8. 在一平面内，有两条垂直交叉但相互绝缘的导线，流过每条导线的电流 i 的大小相等，其方向如图所示. 问哪些区域中有某些点的磁感强度 $\boldsymbol{B}$ 可能为零？　　　（　　）

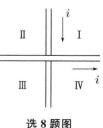

选 8 题图

A. 仅在象限Ⅰ　　　　　　　　　　　B. 仅在象限Ⅱ

C. 仅在象限Ⅰ,Ⅲ　　　　　　　　　 D. 仅在象限Ⅰ,Ⅳ

E. 象限Ⅱ,Ⅳ

9. 在磁感强度为 B 的均匀磁场中作一半径为 r 的半球面 S,S 边线所在平面的法线方向单位矢量 e_n 与 B 的夹角为 a,则通过半球面 S 的磁通量(取弯面向外为正)为　　　(　　)

A. pr^2B　　　　　B. $2pr^2B$　　　　　C. $-pr^2B\sin a$　　　D. $-pr^2B\cos a.$

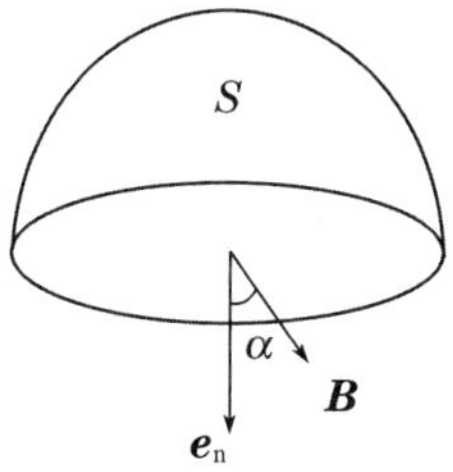

选 9 题图

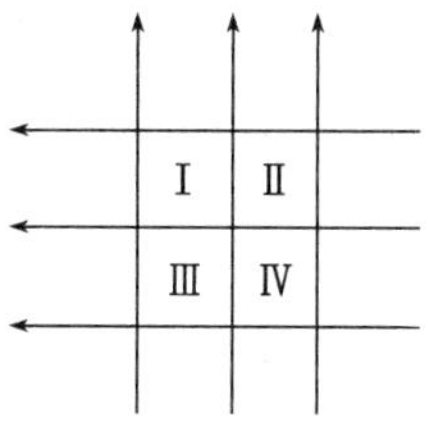

选 10 题图

10. 如图所示,六根无限长导线互相绝缘,通过电流均为 I,区域Ⅰ、Ⅱ、Ⅲ、Ⅳ均为相等的正方形,哪一个区域指向纸内的磁通量最大?　　　　　　　　　　　　　　　(　　)

A. Ⅰ区域　　　　B. Ⅱ区域　　　　C. Ⅲ区域　　　　D. Ⅳ区域

E. 最大不止一个

11. 一根半径为 R 的长直圆柱形导线中,均匀地通以稳恒电流 I,则通过如图所示的 S 平面的磁通量为　　　　　　　　　　　　　　　　　　　　　　　　　(　　)

A. $\dfrac{\mu_0 ILR}{2\pi}$　　　　B. $\dfrac{\mu_0 IL}{2\pi R^2}$　　　　C. $\dfrac{\mu_0 IL}{4\pi}$　　　　D. $\dfrac{\mu_0 ILR^2}{2\pi}$

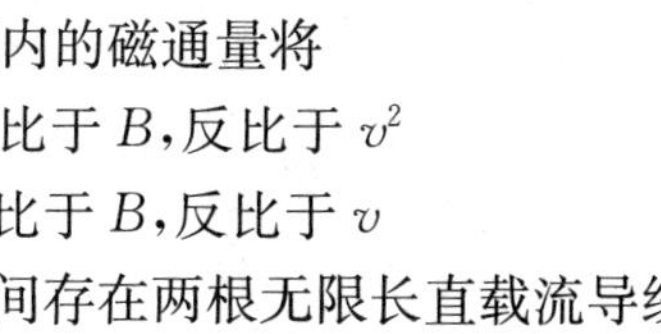

选 11 题图

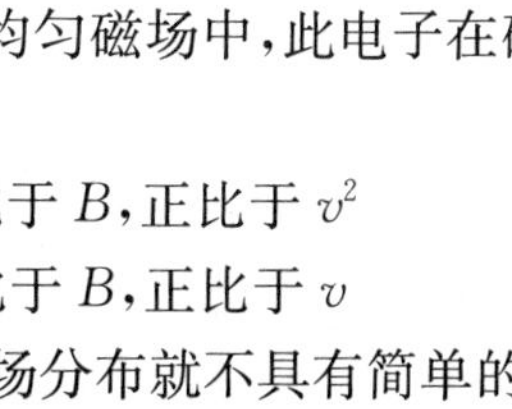

选 12 题图

12. 一电子以速度 v 垂直地进入磁感强度为 B 的均匀磁场中,此电子在磁场中运动轨道所围的面积内的磁通量将　　　　　　　　　　　　　　　　　　　　　　　(　　)

A. 正比于 B,反比于 v^2　　　　　　　B. 反比于 B,正比于 v^2

C. 正比于 B,反比于 v　　　　　　　 D. 反比于 B,正比于 v

13. 若空间存在两根无限长直载流导线,空间的磁场分布就不具有简单的对称性,则该磁场分布　　　　　　　　　　　　　　　　　　　　　　　　　　　　　　(　　)

A. 不能用安培环路定理来计算

B. 可以直接用安培环路定理求出

C. 只能用毕奥-萨伐尔定律求出

D. 可以用安培环路定理和磁感强度的叠加原理求出

14. 如图所示,在一圆形电流 I 所在的平面内,选取一个同心圆形闭合回路 L,则由安

培环路定理可知 （　　）

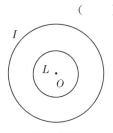

A. $\oint_L \boldsymbol{B} \cdot \mathrm{d}l = 0$，且环路上任意一点 $B=0$

B. $\oint_L \boldsymbol{B} \cdot \mathrm{d}l = 0$，且环路上任意一点 $B\neq0$

C. $\oint_L \boldsymbol{B} \cdot \mathrm{d}l \neq 0$，且环路上任意一点 $B\neq0$

D. $\oint_L \boldsymbol{B} \cdot \mathrm{d}l \neq 0$，且环路上任意一点 $B=$ 常量

选 14 题图

15. 在图(a)和(b)中各有一半径相同的圆形回路 L_1、L_2，圆周内有电流 I_1、I_2，其分布相同，且均在真空中，但在(b)图中 L_2 回路外有电流 I_3，P_1、P_2 为两圆形回路上的对应点，则 （　　）

A. $\oint_{L_1} \boldsymbol{B} \cdot \mathrm{d}l = \oint_{L_2} \boldsymbol{B} \cdot \mathrm{d}l，B_{P_1} = B_{P_2}$

B. $\oint_{L_1} \boldsymbol{B} \cdot \mathrm{d}l \neq \oint_{L_2} \boldsymbol{B} \cdot \mathrm{d}l，B_{P_1} = B_{P_2}$

C. $\oint_{L_1} \boldsymbol{B} \cdot \mathrm{d}l = \oint_{L_2} \boldsymbol{B} \cdot \mathrm{d}l，B_{P_1} \neq B_{P_2}$

D. $\oint_{L_1} \boldsymbol{B} \cdot \mathrm{d}l \neq \oint_{L_2} \boldsymbol{B} \cdot \mathrm{d}l，B_{P_1} \neq B_{P_2}$

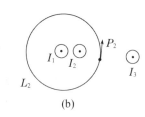

(a)　　　(b)

选 15 题图

16. 一匀强磁场，其磁感强度方向垂直于纸面（指向如图所示），两带电粒子在该磁场中的运动轨迹如图所示，则 （　　）

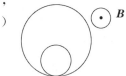

A. 两粒子的电荷必然同号

B. 粒子的电荷可以同号也可以异号

C. 两粒子的动量大小必然不同

D. 两粒子的运动周期必然不同

选 16 题图

17. 长直电流 I_2 与圆形电流 I_1 共面，并与其一直径相重合如图所示（但两者间绝缘），设长直电流不动，则圆形电流将 （　　）

A. 绕 I_2 旋转　　 B. 向左运动　　 C. 向右运动　　 D. 向上运动

E. 不动

选 17 题图　　　　　　选 18 题图

18. 如图所示，在磁感强度为 $\boldsymbol{B}$ 的均匀磁场中，有一圆形载流导线，a、b、c 是其上三个长度相等的电流元，则它们所受安培力大小的关系为 （　　）

A. $F_a > F_b > F_c$ 　　　　　　 B. $F_a < F_b < F_c$

C. $F_b > F_c > F_a$ 　　　　　　 D. $F_a > F_c > F_b$

19. 按玻尔的氢原子理论,电子在以质子为中心、半径为 r 的圆形轨道上运动. 如果把这样一个原子放在均匀的外磁场中,使电子轨道平面与 $\boldsymbol{B}$ 垂直,如图所示,则在 r 不变的情况下,电子轨道运动的角速度将　　　　　　　　　　　　　　　　　　　(　　)

  A. 增加　　　　　　B. 减小　　　　　　C. 不变　　　　　　D. 改变方向

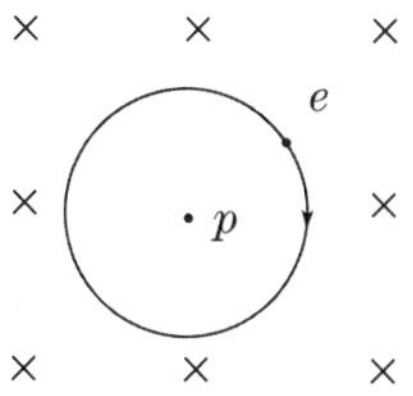

选 19 题图 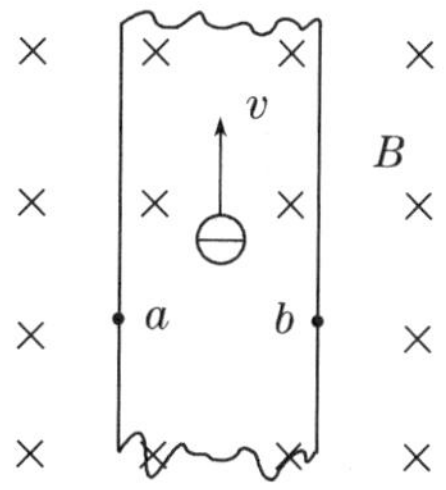　　　　　选 20 题图

20. 一铜板放在均匀磁场中通以电流,v 为电子运动的速度,如图所示,对 a、b 两点,则有　　　　　　　　　　　　　　　　　　　　　　　　　　　　　　　(　　)

  A. $U_a > U_b$　　　　B. $U_a < U_b$　　　　C. $U_a = U_b$　　　　D. 无法判定

21. A、B 两个电子都垂直于磁场方向射入一均匀磁场而作圆周运动. A 电子的速率是 B 电子速率的两倍. 设 R_A,R_B 分别为 A 电子与 B 电子的轨道半径;T_A,T_B 分别为它们各自的周期. 则　　　　　　　　　　　　　　　　　　　　　　　(　　)

  A. $R_A : R_B = 2$,$T_A : T_B = 2$　　　　　B. $R_A : R_B = \dfrac{1}{2}$,$T_A : T_B = 1$

  C. $R_A : R_B = 1$,$T_A : T_B = \dfrac{1}{2}$　　　　D. $R_A : R_B = 2$,$T_A : T_B = 1$

22. 如图所示为四个带电粒子在 O 点沿相同方向垂直于磁感线射入均匀磁场后的偏转轨迹的照片. 磁场方向垂直纸面向外,轨迹所对应的四个粒子的质量相等,电荷大小也相等,则其中动能最大的带负电的粒子的轨迹是　　　　　　(　　)

  A. Oa　　　　　　　　　　B. Ob

  C. Oc　　　　　　　　　　D. Od

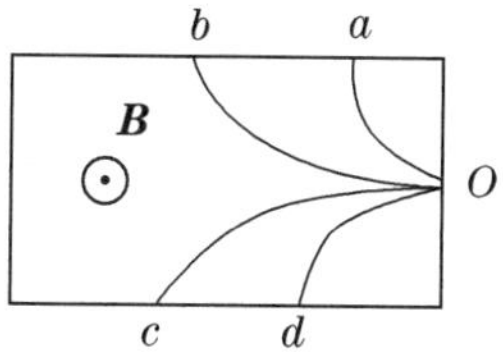

选 22 题图

23. 质谱仪中的速度选择器是由互相垂直的电场和磁场构成,如图所示,下列结论正确的是　　　　(　　)

  A. 质量 m 大的粒子,速率大于 E/B 的偏向右边

  B. 速率为 E/B 的粒子,通过狭缝 S_1 和 S_2

  C. 速率小于 E/B 的粒子,偏向左边

  D. 质量 m 小的粒子,速率小于 E/B 的才偏向左边

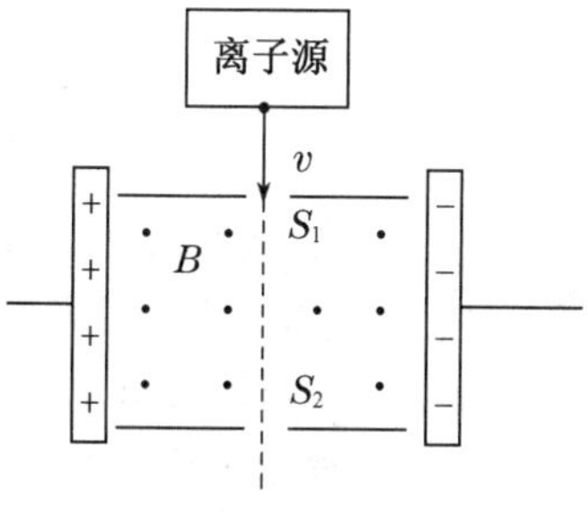

选 23 题图

24. 一运动电荷 q,质量为 m,进入均匀磁场中,速度方向与磁场方向垂直　　　　　　　　　　　　　(　　)

  A. 其动能改变,动量不变　　　　　B. 其动能和动量都改变

  C. 其动能不变,动量改变　　　　　D. 其动能、动量都不变

25. 如图所示,无限长直载流导线与正三角形载流线圈在同一平面内,若长直导线固定不动,则载流三角形线圈将　　　　　　　　　　　　　　　　　　　　　　　　(　　)

A. 向着长直导线平移　　　　　　B. 离开长直导线平移
C. 转动　　　　　　　　　　　　D. 不动

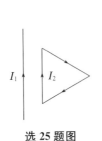

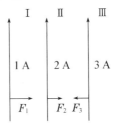

选 25 题图　　　　　　　　　　选 26 题图

26. 三条无限长直导线等距地并排安放,导线Ⅰ、Ⅱ、Ⅲ分别载有 1A,2A,3A 同方向的电流. 由于磁相互作用的结果,导线Ⅰ,Ⅱ,Ⅲ单位长度上分别受力 F_1、F_2 和 F_3,如图所示. 则 F_1 与 F_2 的比值是　　　　　　　　　　　　　　　　　　（　　）

A. $\frac{7}{16}$　　　　B. $\frac{5}{8}$　　　　C. $\frac{7}{8}$　　　　D. $\frac{11}{16}$

27. 有一半径为 R 的单匝圆线圈,通以电流 I,若将该导线弯成匝数 $N=2$ 的平面圆线圈,导线长度不变,并通以同样的电流,则线圈中心的磁感强度和线圈的磁矩分别是原来的　　　　　　　　　　　　　　　　　　　　　　　　　　　　　　　（　　）

A. 4 倍和 1/8　　B. 4 倍和 1/2　　C. 2 倍和 1/4　　D. 2 倍和 1/2

28. 两个同心圆线圈,大圆半径为 R,通有电流 I_1;小圆半径为 r,通有电流 I_2,方向如图所示. 若 $r \ll R$(大线圈在小线圈处产生的磁场近似为均匀磁场),当它们处在同一平面内时小线圈所受磁力矩的大小为　　　　　　　　　　　　　　　　　　（　　）

A. $\frac{\mu_0 \pi I_1 I_2 r^2}{2R}$　　　B. $\frac{\mu_0 I_1 I_2 r^2}{2R}$　　　C. $\frac{\mu_0 \pi I_1 I_2 R^2}{2r}$　　　D. 0

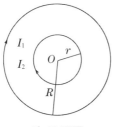

选 28 题图

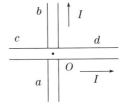

选 29 题图

29. 如图所示,长载流导线 ab 和 cd 相互垂直,它们相距 l,ab 固定不动,cd 能绕中点 O 转动,并能靠近或离开 ab. 当电流方向如图所示时,导线 cd 将　　　　　（　　）

A. 顺时针转动同时离开 ab　　　　B. 顺时针转动同时靠近 ab
C. 逆时针转动同时离开 ab　　　　D. 逆时针转动同时靠近 ab

30. 磁介质有三种,用相对磁导率 μ_r 表征它们各自的特性时　　　　　　　（　　）

A. 顺磁质 $\mu_r > 0$,抗磁质 $\mu_r < 0$,铁磁质 $\mu_r \gg 1$
B. 顺磁质 $\mu_r > 1$,抗磁质 $\mu_r = 1$,铁磁质 $\mu_r \gg 1$
C. 顺磁质 $\mu_r > 1$,抗磁质 $\mu_r < 1$,铁磁质 $\mu_r \gg 1$
D. 顺磁质 $\mu_r < 0$,抗磁质 $\mu_r < 1$,铁磁质 $\mu_r > 0$

二、填空题

1. 如图所示的纸平面内,一无限长载流直导线弯成图示形状,当导线内通有电流 I 时,圆心 P 点磁感强度的大小为_____,方向为_____.

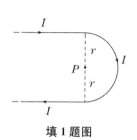

填 1 题图

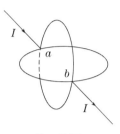

填 2 题图

2. 如图两个半径为 R 的相同的金属环在 a、b 两点接触(ab 连线为环直径)并相互垂直放置,电流 I 由 a 端流入,b 端流出,则环中心 O 点的磁感强度的大小为_____.

3. 如图所示的纸平面内,一无限长载流直导线弯成两个半径分别为 R_1 和 R_2 的同心半圆,当导线内通有电流 I 时,圆心 O 点 B 的大小为_____.

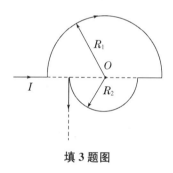

填 3 题图

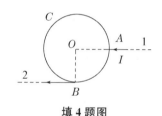

填 4 题图

4. 如图所示,用均匀细金属丝构成一半径为 R 的圆环 C,电流 I 由导线 1 流入圆环 A 点,并由圆环 B 点流入导线 2.设导线 1 和导线 2 与圆环共面,则环心 O 处的磁感强度大小为_____,方向_____.

5. 有一同轴电缆,其尺寸如图所示,它的内外两导体中的电流均为 I,且在横截面上均匀分布,但二者电流的流向正相反,则

(1) 在 $r<R_1$ 处磁感强度大小为_____;

(2) 在 $R_1<r<R_2$ 处磁感强度大小为_____;

(3) 在 $r>R_3$ 处磁感强度大小为_____.

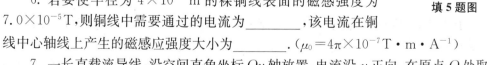

填 5 题图

6. 若要使半径为 4×10^{-3} m 的裸铜线表面的磁感强度为 7.0×10^{-5} T,则铜线中需要通过的电流为_____,该电流在铜线中心轴线上产生的磁感应强度大小为_____.($\mu_0=4\pi\times10^{-7}$ T $\cdot$ m $\cdot$ A^{-1})

7. 一长直载流导线,沿空间直角坐标 Oy 轴放置,电流沿 y 正向.在原点 O 处取一电流元 Idl,则该电流元在 $(a,0,0)$ 点处的磁感强度的大小为_____,方向为_____.

8. 一条无限长载流导线折成如图所示形状,导线上通有电流 I. P 点在 cd 的延长线上,

它到折点的距离为 a,则 P 点的磁感强度 $B=$ _____ ,方向 _____ .

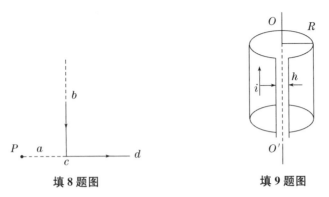

| 填 8 题图 | 填 9 题图 |

9. 将半径为 R 的无限长导体薄壁管(厚度忽略)沿轴向割去一宽度为 $h(h \ll R)$ 的无限长狭缝后,再沿轴向流有在管壁上均匀分布的电流,其面电流密度(垂直于电流的单位长度截线上的电流)为 i(如上图),则管轴线磁感强度的大小是_____ .

10. 如图所示,在无限长直载流导线的右侧有面积为 S_1 和 S_2 两个矩形回路,两个回路高均为 L,与长直载流导线在同一平面,且矩形回路的一边与长直载流导线平行,则通过面积为 S_1 的矩形回路有磁通量与通过面积为 S_2 的矩形回路的磁通量分别为_____ 和_____ .

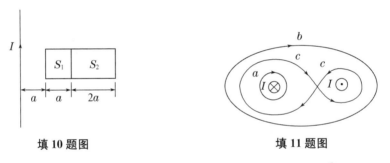

| 填 10 题图 | 填 11 题图 |

11. 两根长直导线通有电流 I,图示有三种环路;在每种情况下,$\oint \boldsymbol{B} \cdot \mathrm{d}\boldsymbol{l}$ 等于:

_____(对环路 a);

_____(对环路 b);

_____(对环路 c).

12. 三根长直导线 1,2,3 平行,依次从左到右排列,分别载有同方向电流 I,$2I$,$3I$. 导线 1 与 3 之间的距离为 d,若使导线 2 受力为零,导线 2 与 1 之间的距离应为_____ .

13. 磁场中某点处的磁感强度为 $\boldsymbol{B}=0.40\boldsymbol{i}-0.20\boldsymbol{j}$(SI),一电子以速度 $\boldsymbol{v}=0.50 \times 10^6 \boldsymbol{i}+1.0 \times 10^6 \boldsymbol{j}$(SI)通过该点,则作用于该电子上的磁场力 $\boldsymbol{F}$ 为_____ .(基本电荷 $e=1.6 \times 10^{-19}$ C)

14. 电子质量 m,电荷 e,以速度 v 飞入磁感强度为 $\boldsymbol{B}$ 的匀强磁场中,$\boldsymbol{v}$ 与 $\boldsymbol{B}$ 的夹角为 θ,电子做螺旋运动,螺旋线的螺距 $h=$ _____ ,半径 $R=$ _____ .

15. 电子在磁感强度为 $\boldsymbol{B}$ 的均匀磁场中沿半径为 R 的圆周运动,电子运动所形成的等效圆电流强度 $I=$ _____ ;等效圆电流的磁矩 $p_m=$ _____ . 已知电子电荷为 e,电子的质量为 m_e.

16. 半径分别为 R_1 和 R_2 的两个半圆弧与直径的两小段构成的通电线圈 abcda(如图所示),放在磁感强度为 **B** 的均匀磁场中,**B** 平行线圈所在平面.则线圈的磁矩为_____,线圈受到的磁力矩为_____.

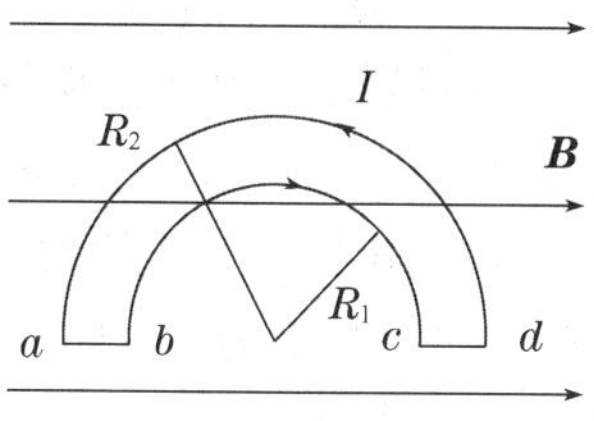

填 16 题图

17. 有一长 20 cm、直径 1 cm 的螺线管,它上面均匀绕有 1 000 匝线圈,通以 $I = 10$ A 的电流.今把它放入 $B = 0.2$ T 的均匀磁场中,则螺线管受到的最大的作用力 $F =$ _____;螺线管受到的最大力矩值 $M =$ _____.

18. 如图所示为四个带电粒子在 O 点沿相同方向垂直于磁感线射入均匀磁场后的偏转轨迹的照片.磁场方向垂直纸面向外,轨迹所对应的四个粒子的质量相等,电荷大小也相等,其中带正电的粒子有_____,动能最大的粒子是_____.

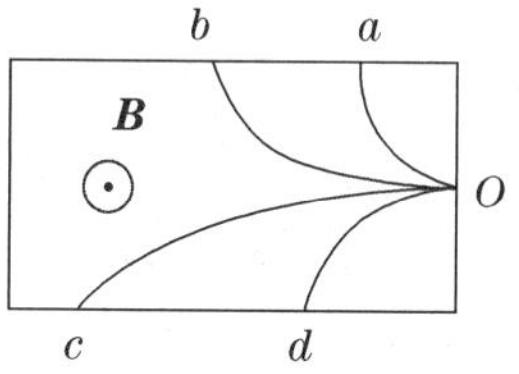

填 18 题图

19. 一电流元 Idl 在磁场中某处沿正东方向放置时不受力,把此电流元转到沿正北方向放置时受到的安培力竖直向上.该电流元所在处 **B** 的方向为_____.

20. 如图所示,一根载流导线被弯成半径为 R 的 $\frac{1}{4}$ 圆弧,放在磁感强度为 **B** 的均匀磁场中,则载流导线 ab 所受磁场的作用力的大小为_____,方向_____.(电流由 b 向 a)

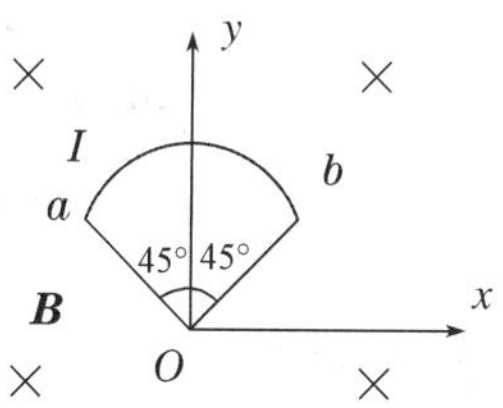

填 20 题图

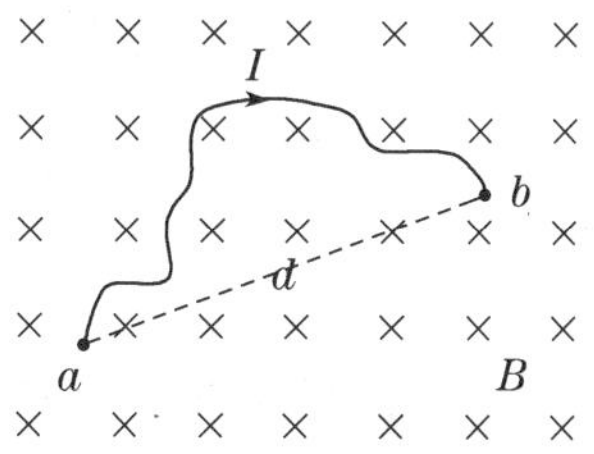

填 21 题图

21. 如图所示,一根弯成任意形状的导线,通有电流 I,置于垂直磁场的平面内,a、b 间的距离为 d,则此导线所受磁场力的大小为_____.

22. 在同一平面上有两个同心的圆线圈,大圆半径为 R,通有电流 I_1,小圆半径为 r,通有电流 I_2(如图所示),则小线圈所受的磁力矩为_____.同时小线圈还受到使它_____的力.

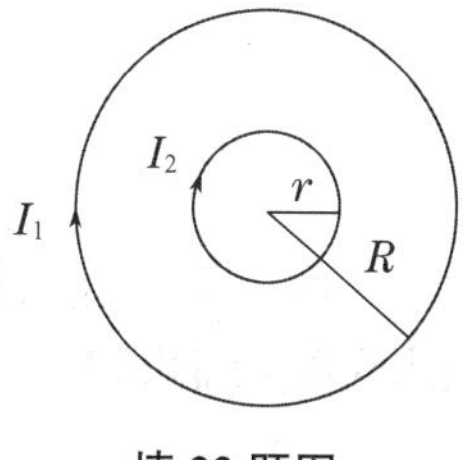

23. 载流平面线圈在均匀磁场中所受的力矩大小在面积一定时,与线圈的形状_____;与线圈相对于磁场的方向_____.(填:有关、无关)

填 22 题图

24. 一面积为 S,载有电流 I 的平面闭合线圈置于磁感强度为 **B** 的均匀磁场中,此线圈受到的最大磁力矩的大小为_____,此时通过线圈的磁通量为_____.当此线圈受到最小的磁力矩作用时通过线圈的磁通量为_____.

25. 在边长分别为 a、b 的 N 匝矩形平面线圈中流过电流 I,将线圈置于均匀外磁场 **B** 中,当线圈平面的正法向与外磁场方向间的夹角为 $120°$ 时,此线圈的磁矩为_____,所受的磁力矩的大小为_____.

26. 一质点带有电荷 $q=8.0\times10^{-10}$C,以速度 $v=3.0\times10^5$ m/s 在半径为 $R=6.00\times10^{-3}$m 的圆周上,作匀速圆周运动. 该带电质点在轨道中心所产生的磁感强度 $B=$ _____, 该带电质点轨道运动的磁矩 $m=$ _____ .($\mu_0=4\pi\times10^{-7}$H·m^{-1})

27. 如图所示,边长为 a,N 匝的正方形线圈通以电流 I, 放在磁感应强度为 B 的均匀磁场中,线圈平面与磁力线平行, 则线圈的磁矩 $P_m=$ _____,线圈所受磁力矩 $M_m=$ _____ .

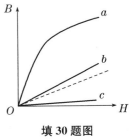

填 27 题图

28. 一个绕有 500 匝导线的平均周长 50 cm 的细环,载有 0.3 A 电流时,铁芯的相对磁导率为 600.($\mu_0=4\pi\times10^{-7}$T·m·A^{-1})

(1) 铁芯中的磁感强度 B 为 _____;

(2) 铁芯中的磁场强度 H 为 _____ .

29. 一个单位长度上密绕有 n 匝线圈的长直螺线管,每匝线圈中通有强度为 I 的电流, 管内充满相对磁导率为 μ_r 的磁介质,则管内中部附近磁感强度 $B=$ _____,磁场强度 $H=$ _____ .

30. 如图所示为三种不同的磁介质的 $B\sim H$ 关系曲线,其中虚线表示的是 $B=\mu_0H$ 的关系. 说明 a、b、c 各代表哪一类磁介质的 $B\sim H$ 关系曲线:

a 代表 _____ 的 $B\sim H$ 关系曲线;

b 代表 _____ 的 $B\sim H$ 关系曲线;

c 代表 _____ 的 $B\sim H$ 关系曲线.

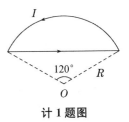

填 30 题图

三、计算题

1. 如图所示,弓形线框中通有电流 I,求圆心 O 点处的磁感强度.

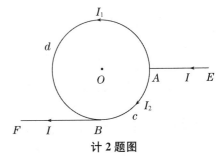

计 1 题图

2. 两根直导线与铜环上 A、B 两点连接,如图 7 - 52 所示,并在很远处与电源相连接. 若圆环的粗细均匀,半径为 R,直导线中电流为 I.求圆环中心处的磁感强度.

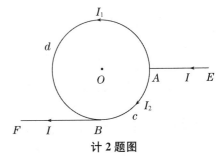

计 2 题图

3. 如图所示的载流导线,图中半圆的半径为 R,直线部分伸向无限远处.求圆心 O 处的磁感强度?

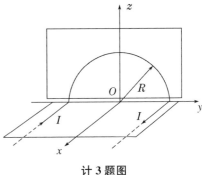

计 3 题图

4. 如图所示的正方形线圈 $ABCD$,每边长为 a,通有电流 I.求正方形中心 O 处的磁感强度?

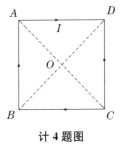

计 4 题图

5. 将通有电流 I 的导线在同一平面内弯成如图所示的形状,求 D 点磁感强度的大小.

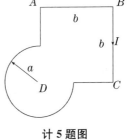

计 5 题图

6. 如图所示,有一密绕平面螺旋线圈,其上通有电流 I,总匝数为 N,它被限制在半径为 R_1 和 R_2 的两个圆周之间.求此螺旋线中心 O 处的磁感强度.

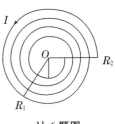

计 6 题图

7. 如图所示,一个半径为 R 的无限长半圆柱面导体,沿着长度方向的电流 I 在柱面上均匀分布,求半圆柱面轴线上的磁感应强度的大小.

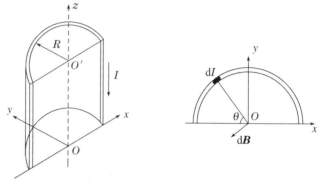

计 7 题图

8. 有一圆环形导体,内外半径分别为 R_1 和 R_2,如图所示,与圆心 O 距离相同的地方电流密度相同,总电流强度为 I.求圆心 O 点处的磁感强度.

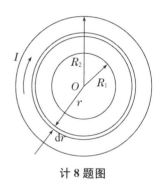

计 8 题图

9. 一无限长圆柱形铜导体(磁导率为 μ_0),半径为 R,通有均匀分布的电流 I.今取一矩形平面 S(长为 1 m,宽为 $2R$),位置如图中阴影部分所示,求通过该矩形平面的磁通量.

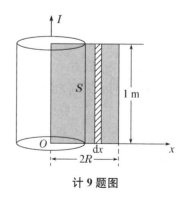

计 9 题图

10. 两条长直载流导线与一长方形线圈共面,如图所示. 已知 $a=b=c=10$ cm, $l=10$ m, $I_1=I_2=100$ A, 求通过线圈的磁通量.

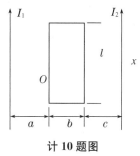

计 10 题图

11. 如图所示,一半径为 R 的均匀带电无限长直圆筒,面电荷密度为 σ. 该筒以角速度 ω 绕其轴线匀速旋转. 试求圆筒内部的磁感强度大小及方向.

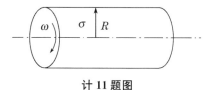

计 11 题图

12. 两个共面的平面带电圆环,其内外半径分别为 R_1、R_2 和 R_3、R_4($R_1 < R_2 < R_3 < R_4$),外面圆环以每秒钟 n_2 转的转速顺时针转动,里面圆环以每称 n_1 转逆时针转动,若两圆环电荷面密度均为 σ,求 n_1 和 n_2 的比值多大时,圆心处的磁感应强度为零.

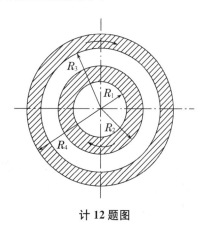

计 12 题图

13. 有一电介质圆盘,其表面均匀带有电量 Q,半径为 R,可绕盘心且与盘面垂直的轴转动,设角速度为 ω. 求圆盘中心 O 的磁感强度?

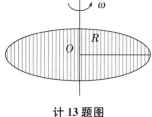

计 13 题图

14. 带电粒子在过饱和液体中运动,会留下一串气泡显示出粒子运动的轨迹.设在气泡室有一质子垂直与磁场飞过,留下一个半径为 R 的圆弧形轨迹,测得磁感强度为 B,求此质子的动量和动能.

15. 如图所示,一个带有正电荷 q 的粒子,以速度 v 平行于一均匀带电的长直导线运动,该导线的线电荷密度为 λ,并载有传导电流 I.试问粒子要以多大的速度运动,才能使其保持在一条与导线距离为 r 的平行直线上?

计 15 题图

16. 如图所示,一根长直导线载有电流 I_1,矩形回路载有电流 I_2,其他参数如图,试计算作用在回路上的力.

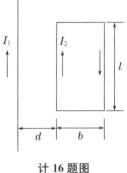

计 16 题图

17. 载有电流 I_1 的无限长直导线,在它上面放置一个半径为 R 电流为 I_2 的圆形电流线圈,长直导线沿其直径方向,且相互绝缘,如图 7-66 所示,求 I_2 在电流 I_1 的磁场中所受到的力.

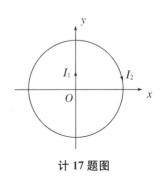

计 17 题图

18. 如图所示闭合回路 $ABCDA$，通有电流 I，两弧的半径均为 R，且 $AB=CD$，求：

（1）O 点处的磁感强度 B；

（2）在 O 点放置一个正方形小试验线圈，线圈各边长为 a，通有电流 I'，求线圈如何取向时所受的磁力矩最大？最大值是多少？

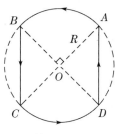

计 18 题图

19. 如图所示，一半径为 R 的圆盘，带有正电荷，其电荷面密度 $\sigma=kr$，k 是常量，r 为圆盘上一点到圆心的距离. 圆盘放在匀强磁场 $\boldsymbol{B}$ 中，其法线方向与 $\boldsymbol{B}$ 垂直. 当圆盘以匀速 ω 绕过圆心且垂直于圆盘平面的轴逆时针旋转时，求圆盘所受磁力矩的大小和方向.

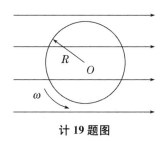

计 19 题图

20. 一个半径为 R 的薄圆盘，放在磁感应强度为 B 的磁场中，磁场方向与盘平面平行. 在圆盘表面电荷面密度为 σ，若圆盘以角速度 ω 绕通过盘心并垂直于盘面的轴转动，求证作用在圆盘上的磁力矩为 $M=\dfrac{\sigma\omega\pi BR^4}{4}$.

21. 一铁环中心线的周长为 30 cm，横截面积为 $1.0\ \text{cm}^2$，在环上紧密地绕有 300 匝表面绝缘的导线. 当导线中通有电流 32 mA 时，通过环的磁通量为 2.0×10^{-6} Wb. 求

（1）铁环内部磁感应强度 B 的大小；

（2）铁环内部磁场强度 H 的大小；

（3）铁的相对磁导率 μ_r.

22. 在平均半径为 $0.1\ \mathrm{m}$, 横截面积为 $6.0\times10^{-4}\ \mathrm{m}^{-2}$ 的铸钢圆环上, 均匀密绕 200 匝线圈, 当线圈内通人 $0.63\ \mathrm{A}$ 的电流时, 钢环中的磁通量为 $3.24\times10^{-4}\ \mathrm{Wb}$, 当电流增至 $4.7\ \mathrm{A}$ 时, 磁通量为 $6.18\times10^{-4}\ \mathrm{Wb}$, 试求两种情况下钢环的磁导率 μ.

23. 横截面为矩形的环形螺线管, 圆环内外半径分别为 R_1 和 R_2, 芯子材料的磁导率为 μ, 导线总匝数为 N, 绕得很密, 若线圈通电流 I, 求:

(1) 芯子中的 B 值和芯子截面的磁通量;

(2) 在 $r<R_1$ 和 $r>R_2$ 处的 B 值.

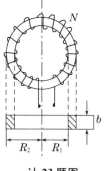

计 23 题图

四、应用题

1. 利用霍耳元件可以测量磁场的磁感强度, 设一霍耳元件用金属材料制成, 其厚度为 $0.15\ \mathrm{mm}$, 载流子数密度为 $1.0\times10^{24}\ \mathrm{m}^{-3}$. 将霍耳元件放入待测磁场中, 测得霍耳电压为 $42\ \mathrm{V}$, 电流为 $10\ \mathrm{mA}$. 求此时待测磁场的磁感强度.

2. 北京正负电子对撞机的储存环是周长为 $240\ \mathrm{m}$ 的近似圆形轨道, 当环中电子流强度为 $8\ \mathrm{mA}$ 时, 在整个环中有多少电子在运行? 已知电子的速率接近光速.

3. 在一个显像管的电子束中,电子有 1.2×10^4 eV 的动能,这个显像管安放的位置使电子水平地由南向北运动.地球磁场的垂直分量 5.5×10^{-5} T,并且方向向下.求:(1) 电子束偏转方向;(2) 电子束在显像管内通过 20 cm 到达屏面时光点的偏转间距.

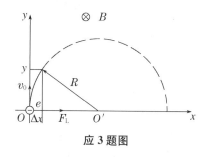

应 3 题图

4. 霍尔效应可用来测量血流的速度,其原理如图所示.在动脉血管两侧分别安装电极并加以磁场.设血管直径为 $d = 2.0$ mm,磁场为 $B = 0.080$ T,毫伏表测出血管上下两端的电压为 $U_H = 0.10$ mV,血流的流速为多大?

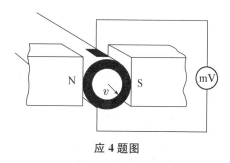

应 4 题图

5. 磁力可以用来输送导电液体,如液态金属、血液等而不需要机械活动组件.如图所示是输送液态钠的管道,在长为 l 的部分加一横向磁场 B,同时沿垂直于磁场和管道方向加一电流,其电流密度为 J.

(1) 证明在管内液体 l 段两端由磁力产生的压力差为 $p = JlB$,此压力差将驱动液体沿管道流动.

(2) 要在 l 段两端产生 1.00 atm(1 atm = 101 325 Pa)的压力差,电流密度应多大?($l = 2.00$ cm,$B = 1.50$ T)

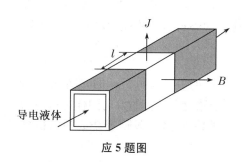

应 5 题图

第八章 电磁感应 电磁场

8.1 基本要求

(1) 掌握法拉第电磁感应定律及楞次定律. 能应用法拉第电磁感应定律计算感应电动势, 能应用楞次定律准确判断感应电动势的方向.

(2) 理解动生电动势的产生原因, 并能用动生电动势的公式计算简单几何形状的导体在匀强磁场或对称分布的非匀强磁场中运动时的动生电动势. 了解动生电动势中的非静电力是洛伦兹力.

(3) 了解感生电动势和感生电场概念, 了解感生电场与静电场的区别. 能够计算简单的感生电场强度及感生电动势, 并会判断感生电场的方向.

(4) 理解自感现象, 掌握简单回路的自感系数和自感电动势的计算方法.

(5) 理解互感现象, 了解互感系数是回路之间电磁耦合强弱的量度, 能计算简单回路的互感系数及互感电动势.

(6) 理解磁场能量密度的概念, 掌握一些简单模型的磁场能量的计算方法.

8.2 基本概念和规律

1. 电磁感应定律

(1) 电磁感应现象: 当穿过一个闭合回路所包围的面积内的磁通量发生变化时, 不管这种变化是由什么原因引起的, 在导体回路中都会产生感应电流的现象.

(2) 楞次定律: 闭合回路中产生的感应电流总是使它产生的磁通量反抗引起感应电流的磁通量的变化. 楞次定律可用来判断感应电流 I_i 或感应电动势 ε_i 的方向.

(3) 电磁感应定律: 一个闭合回路所包围面积内的磁通量发生变化时, 回路中产生的感应电动势 ε_i 等于磁通量对时间变化率的负值, 可表示为

$$\varepsilon_i = -\frac{\mathrm{d}\Phi}{\mathrm{d}t}.$$

该式中的负号表明了 ε_i 的方向, 即感应电动势产生的感应电流总是阻止磁通量对于时间的变化. 感应电动势的方向同样也可由楞次定律确定.

如果回路由 N 匝密绕线圈串联而成, 则线圈中总感应电动势为

$$\varepsilon_i = -\frac{\mathrm{d}\Psi}{\mathrm{d}t} = -N\frac{\mathrm{d}\Phi}{\mathrm{d}t}.$$

其中 $\Psi = N\Phi$ 称为线圈磁通匝数或磁链.

若闭合回路电阻为 R, 则回路中感应电流为

$$I_i = -\frac{1}{R}\frac{\mathrm{d}\Phi}{\mathrm{d}t}.$$

在 $\Delta t = t_2 - t_1$ 时间内,通过回路的感应电荷为

$$q = \int_{t_1}^{t_2} I\mathrm{d}t = -\frac{1}{R}\int_{\Phi_1}^{\Phi_2}\mathrm{d}\Phi = \frac{1}{R}(\Phi_1 - \Phi_2) = -\frac{1}{R}(\Phi_2 - \Phi_1).$$

2. 动生电动势

一段导体或闭合回路在磁场中作切割磁感线运动时产生的感应电动势称为动生电动势.

在磁场中运动的一段导体的动生电动势可表示为

$$\varepsilon_i = \int_l (\boldsymbol{v} \times \boldsymbol{B}) \cdot \mathrm{d}\boldsymbol{l}$$

该式适用于任意形状的导线在非均匀磁场中运动时产生的动生电动势的计算. 动生电动势的方向为 $\boldsymbol{v} \times \boldsymbol{B}$ 的方向,或由右手定则来判断.

两种特殊情况:

(1)若 $\boldsymbol{v}$ 与 $\boldsymbol{B}$ 垂直,且矢量 $\boldsymbol{v} \times \boldsymbol{B}$ 的方向与 $\mathrm{d}\boldsymbol{l}$ 的方向相同时,上式即可写为

$$\varepsilon_i = \int_l (\boldsymbol{v} \times \boldsymbol{B}) \cdot \mathrm{d}\boldsymbol{l} = \int_l vB \cdot \mathrm{d}l.$$

(2)若 $\boldsymbol{v}$ 与 $\boldsymbol{B}$ 垂直,且矢量 $\boldsymbol{v} \times \boldsymbol{B}$ 的方向与 $\mathrm{d}\boldsymbol{l}$ 的方向相同,且 $\boldsymbol{v}$ 与 $\boldsymbol{B}$ 都不变时,上式又可写为

$$\varepsilon_i = \int_l (\boldsymbol{v} \times \boldsymbol{B}) \cdot \mathrm{d}\boldsymbol{l} = \int_0^l vB \cdot \mathrm{d}l = vBl.$$

3. 感生电动势

固定不动的一段导体或闭合回路在变化的磁场中所产生的感应电动势称为感生电动势. 产生感生电动势的非静电力是感生电场力.

(1)感生电动势可表示为

$$\varepsilon = \oint_L \boldsymbol{E}_k \cdot \mathrm{d}\boldsymbol{l} = -\frac{\mathrm{d}\Phi}{\mathrm{d}t} = -\frac{\mathrm{d}}{\mathrm{d}t}\int_S \boldsymbol{B} \cdot \mathrm{d}\boldsymbol{S}.$$

若闭合回路是静止的,它所围的面积 S 也不随时间变化,上式也可以写成

$$\varepsilon = \oint_L \boldsymbol{E}_k \cdot \mathrm{d}\boldsymbol{l} = -\int_S \frac{\mathrm{d}\boldsymbol{B}}{\mathrm{d}t} \cdot \mathrm{d}\boldsymbol{S}.$$

$\frac{\mathrm{d}\boldsymbol{B}}{\mathrm{d}t}$ 与感生电场 $\boldsymbol{E}_k$ 的方向遵从左手螺旋关系,感生电动势的方向也可由楞次定律来判断.

(2)静止电荷激发的电场是保守场,其性质是:$\oint \boldsymbol{E} \cdot \mathrm{d}\boldsymbol{l} = 0$. 由此可知,感生电动势所属的感生电场不是保守场,该场的电场线不是静电场中有头有尾的,而是闭合的有旋形状,由此感生电场也称为有旋电场.

(3)大块金属在磁场中运动或处在变化的磁场中时,金属体的内部产生感应电流,这种电流在金属内部自成闭合回路,称为涡电流,简称涡流.

4. 自感与互感

(1)自感:由于回路中电流变化产生的磁通量变化,而在自己回路中激起感应电动势的

现象,称为自感现象.设回路中电流为 I,此电流在空间任意一点的磁感强度都与 I 成正比,因此穿过回路本身所围面积的磁通量也与 I 成正比

$$\Phi = LI.$$

式中比例系数 L 称为回路的自感系数,简称自感.实验表明,自感 L 只与回路的形状、大小以及周围介质的磁导率有关.

如果回路几何形状不变,由 N 匝线圈构成时,则 L 也可表示为

$$L = \frac{N\Phi}{I} = \frac{\Psi}{I}.$$

由电磁感应定律,自感电动势为

$$\varepsilon_L = -\frac{d\Phi}{dt} = -\left(L\frac{dI}{dt} + I\frac{dL}{dt} \right).$$

如果回路形状、大小和介质磁导率都不随时间变化,则

$$\varepsilon_L = -L\frac{dI}{dt}.$$

(2) 互感:由于一个回路中的电流变化引起另一个回路中产生感应电动势的现象,称为互感现象.

C_1 线圈中电流 I_1 变化时,在 C_2 线圈中产生互感电动势 ε_{21}.则有

$$\varepsilon_{21} = -M_{21}\frac{dI_1}{dt}.$$

系数 M_{21} 为线圈 2 对线圈 1 的互感.

C_2 线圈中电流 I_2 变化时,在 C_1 线圈中产生互感电动势 ε_{12},则有

$$\varepsilon_{12} = -M_{12}\frac{dI_2}{dt}.$$

系数 M_{12} 为线圈 1 对线圈 2 的互感.

理论和实验都证明,在两线圈的形状、大小、匝数、相对位置以及周围磁介质的磁导率都保持不变时

$$M_{21} = M_{12} = M.$$

M 称为互感系数,简称互感. M 在数值上等于 $\frac{\Phi_{21}}{I_1}$ 或 $\frac{\Phi_{12}}{I_2}$

5. 磁场的能量

(1) 磁场能量密度(磁能密度):

单位体积内的磁场能量称为磁场能量密度(磁能密度).

$$w_m = \frac{W_m}{V} = \frac{1}{2}\frac{B^2}{\mu} = \frac{1}{2}\mu H^2 = \frac{1}{2}BH.$$

(2) 磁场能量:

$$W_m = \int w_m \, dV.$$

对自感为 L 的线圈,通电电流为 I 时,线圈内所储磁场能量为

$$W_m = \frac{1}{2}LI^2.$$

8.3 学习指导

关于电磁感应现象、楞次定律、法拉第电磁感应定律,中学物理有这部分内容,要注意表达的相同处和不同处,这样更易于掌握.

动生电动势是本章的重点,要理解动生电动势的产生原因,了解产生动生电动势中的非静电力是洛仑兹力 $\boldsymbol{F}_m = (-e)\boldsymbol{v} \times \boldsymbol{B}$. 由于导体中每一个自由电子都受到洛仑兹力的作用,而使得正负电荷在导体的两端积累,因而产生了静电场,当电子所受静电力与洛仑兹力相平衡时,导体的两端便形成稳定的电势差.

动生电动势的方向为 $\boldsymbol{v} \times \boldsymbol{B}$ 的方向,或由右手定则来判断. 动生电动势的方向指向电势升高的方向,由此可用来判断比较导体上不同位置电势的高低.

$$\varepsilon_i = \int_l (\boldsymbol{v} \times \boldsymbol{B}) \cdot \mathrm{d}\boldsymbol{l}.$$

该式适用于任意形状的导线在非均匀磁场中运动时产生的动生电动势的计算. 但是,对较复杂的情况,其实较难求出结果,我们也不作要求.

用动生电动势的公式 $\varepsilon_i = \int_l (\boldsymbol{v} \times \boldsymbol{B}) \cdot \mathrm{d}\boldsymbol{l}$ 来计算简单几何形状的导体在匀强磁场或对称分布的非匀强磁场中运动时的动生电动势,可归纳为以下几种情况:

(1)一段长为 L 的直导线在匀强磁场 B 中,以匀速率 v 垂直切割磁感线时,产生的动生电动势大小为 $\varepsilon = vBL$;如果速度的方向与磁感线的夹角为 α 时,产生的动生电动势大小为 $\varepsilon = vBL\sin\alpha$. 动生电动势的方向由右手定则来判断. 这就是中学学习的内容,这种情况是一种特例.

(2)一段长为 L 的直导线在匀强磁场 B 中,绕直导线一端以匀角速率 ω 垂直切割磁感线(直导线上各点的速率不同),产生的动生电动势大小为 $\varepsilon_i = \frac{1}{2}B\omega L^2$,动生电动势的方向为 $\boldsymbol{v} \times \boldsymbol{B}$ 的方向,或由右手定则来判断. 具体求解过程见教材 P302 例 1.

(3)一段长为 L 的直导线在非匀强磁场 B 中,以匀速率 v 垂直切割磁感线时,若矢量 $\boldsymbol{v} \times \boldsymbol{B}$ 的方向与 $\mathrm{d}\boldsymbol{l}$ 的方向相同或相反时,产生的动生电动势大小为 $\varepsilon_i = \int_l vB \cdot \mathrm{d}l$,把非匀强磁场 B 与 l 的关系代入,且注意积分的上、下限. 方向为 $\boldsymbol{v} \times \boldsymbol{B}$ 的方向,或由右手定则来判断. 见例题 8-4.

(4)一段长为 L 的直导线在非匀强磁场 B 中,以匀速率 v 垂直切割磁感线时,若矢量 $\boldsymbol{v} \times \boldsymbol{B}$ 的方向与 $\mathrm{d}\boldsymbol{l}$ 的方向之间的夹角为 θ 时,产生的动生电动势大小为 $\varepsilon_i = \int_l vB \cdot \cos\theta \cdot \mathrm{d}l$,把非匀强磁场 B 与 l 的关系代入,且注意积分的上、下限. 方向为 $\boldsymbol{v} \times \boldsymbol{B}$ 投影到直导线的方向,或由右手定则来判断. 见例题 8-5.

要理解自感现象,自感 L 只与回路的形状、大小以及周围介质的磁导率有关. 理解互感现象,了解互感系数是回路之间电磁耦合强弱的量度.掌握简单回路的自感系数和自感电动势的计算方法,能计算简单回路的互感系数及互感电动势.求自感系数 L、互感系数 M,都涉及求磁通量,要复习巩固第七章关于磁通量的求解方法.

关于磁场能量密度、磁场能量,在解题过程中,需要求具有一定对称分布的磁场能量问题,根据磁场具体情况的不同,dV 的取法各有不同,可认为在体积元 dV 内磁场相同,根据已知条件,求出 B 或求出 H,用 $w_m = \dfrac{1}{2}\dfrac{B^2}{\mu} = \dfrac{1}{2}\mu H^2 = \dfrac{1}{2}BH$ 先求出磁场能量密度 w_m,再利用 $W_m = \displaystyle\int_V w_m \mathrm{d}V$ 积分求解,同时注意积分区域.

8.4 典型例题

例 8-1 如图 8-1 所示,用一根导线弯成半径为 R 的一个半圆,使半圆形导线在磁感应强度为 B 的均匀磁场中,以频率为 ν 旋转,当电表 M 的内阻为 R_M,而电路其余部分的电阻可以忽略不计时,求这个回路中的感应电动势和感应电流的振幅和频率.

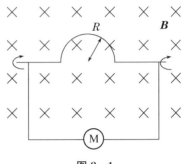

图 8-1

解: 通过这个半圆的磁通量为

$$\Phi = BS\cos\theta = B\,\frac{1}{2}\pi R^2 \cos 2\pi\nu t.$$

所以回路中感生电动势为

$$\varepsilon = -\frac{\mathrm{d}\Phi}{\mathrm{d}t} = -\frac{\mathrm{d}}{\mathrm{d}t}\left(B \cdot \frac{1}{2}\pi R^2 \cos 2\pi\nu t\right) = B\pi^2 R^2 \nu \cos 2\pi\nu t.$$

感应电动势与感应电流的频率都是 ν,振幅分别是

$$\varepsilon_m = B\pi^2 R^2 \nu$$

$$I_m = \frac{B\pi^2 R^2 \nu}{R_m}.$$

例 8-2 在一个横截面积为 $0.001\ \mathrm{m}^2$ 的铁质圆柱上,绕了 100 匝绝缘铜线,铜线两端连有一个电阻器,电路总电阻为 $100\ \Omega$,如果铁柱中纵向磁场由某一方向量为 1 T 改变到相反方向量值为 1 T,则有多少电荷流过这个电路.

解: 流过电路的电荷为

$$q = \int_{t_1}^{t_2} I\mathrm{d}t = \int_{t_1}^{t_2} \frac{\varepsilon}{R}\mathrm{d}t = \int_{t_1}^{t_2} \frac{1}{R}\left(-\frac{\mathrm{d}\Phi}{\mathrm{d}t}\right)\mathrm{d}t$$

$$= \int_{t_1}^{t_2} \frac{-1}{R}\frac{\mathrm{d}\Phi}{\mathrm{d}t}\mathrm{d}t = \int_{t_1}^{t_2}\left(-\frac{1}{R}\right)\mathrm{d}\Phi = \frac{1}{R}(\Phi_1 - \Phi_2).$$

当 B 由 1 T 变为 -1 T 时,流过电路电荷为

$$q = \frac{1}{R}(\Phi_1 - \Phi_2) = \frac{N}{R}(B_1 - B_2)S = 2.0 \times 10^{-3}\ \mathrm{C}.$$

例 8-3 一条铜棒长为 $L = 0.5$ m,水平放置,可绕距离 A 端为 $\dfrac{L}{5}$ 处和棒垂直的轴 OO' 在水平面内旋转,每秒转动一周. 铜棒置于竖直向上的匀强磁场中,如图 8-2 所示,磁感应强度 $B = 1.0 \times 10^{-4}$ T. 求铜棒两端 A、B 的电势差,何端电势高?

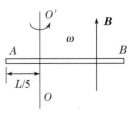

图 8-2

解: 设想一个半径为 R 的金属棒绕一端做匀速圆周运动,角

速度为 ω，经过时间 dt 后转过的角度为 $d\theta=\omega dt$，扫过的面积为
$dS=\dfrac{R^2 d\theta}{2}$，如图 8-3 所示

切割的磁通量为 $d\varPhi=BdS=\dfrac{BR^2 d\theta}{2}$，

动生电动势的大小为

$$\varepsilon=\frac{d\varPhi}{dt}=\frac{\omega BR^2}{2}.$$

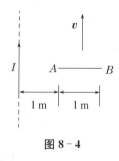

图 8-3

根据右手定则可判定圆周上端点的电势高.

由此可得 AO 和 BO 段的动生电动势大小分别为

$$\varepsilon_{AO}=\frac{\omega B}{2}\left(\frac{L}{5}\right)^2=\frac{\omega BL^2}{50}$$

$$\varepsilon_{BO}=\frac{\omega B}{2}\left(\frac{4L}{5}\right)^2=\frac{16\omega BL^2}{50}.$$

由于 $BO>AO$，所以 B 端的电势比 A 端更高，A 和 B 端的电势差为

$$\varepsilon=\varepsilon_{BO}-\varepsilon_{AO}=\frac{3\omega BL^2}{10}$$

$$=\frac{3\omega BL^2}{10}=\frac{3\times 2\pi\times 1.0\times 10^{-4}(0.5)^2}{10}=4.71\times 10^{-4}\text{V}.$$

讨论：如果棒上两点到 O 的距离分别为 L 和 l，则两点间的电势差为

$$\varepsilon=\frac{\omega B(L+l)^2}{2}-\frac{\omega Bl^2}{2}=\frac{\omega B(L^2+2Ll)}{2}.$$

例 8-4　金属杆 AB 以匀速 $v=2\text{ m/s}$ 平行于长直载流导线运动，导线与 AB 共面且相互垂直，如图 8-4 所示.已知导线载有电流 $I=40\text{ A}$，则金属杆中：

（1）哪一端电势高？

（2）感应电动势为多少？（$\ln 2=0.69$）

解：（1）通电直导线在右方产生的磁场方向垂直纸面向内，动生电动势的方向为 $\boldsymbol{v}\times\boldsymbol{B}$ 的方向即向左，或由右手定则来判断.A 点电势较高.

（2）以直导线处为坐标原点，向右方向为 x 轴正方向.

$$B=\frac{\mu_0 I}{2\pi x}$$

$$\varepsilon=\int(\boldsymbol{v}\times\boldsymbol{B})\cdot d\boldsymbol{l}=\int-vBdx=\int_1^2-v\frac{\mu_0 I}{2\pi x}dx=-\frac{\mu_0 I}{2\pi}v\ln 2$$

$$=-\frac{4\pi\times 10^{-7}\times 40}{2\pi}\times 2\times 0.69=-1.1\times 10^{-5}\text{ V}.$$

动生电动势的大小为 $1.1\times 10^{-5}\text{V}$，"$-$"号说明动生电动势的方向与 x 轴正方向相反.

例 8-5　如图 8-5 所示一长直载流导线电流强度为 I，铜棒 AB 长为 L，A 端与直导线的距离为 x_A，AB 与直导线的夹角为 θ，以水平速度 $\boldsymbol{v}$ 向右运动.求 AB 棒的动生电动势为多少，何端电势高？

解：在棒上长为 l 处取一线元 dl，在垂直于速度方向上的长度为

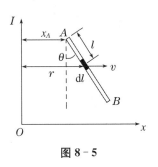

图 8－5

$$\mathrm{d}l_\perp = \mathrm{d}l\cos\theta;$$

线元到直线之间的距离为 $r = x_A + l\sin\theta$,

直线电流在线元处产生的磁感应强度为

$$B = \frac{\mu_0 I}{2\pi r} = \frac{\mu_0 I}{2\pi(x_A + l\sin\theta)}.$$

由于 B, v 和 $\mathrm{d}l_\perp$ 相互垂直,线元上动生电动势的大小为

$$\mathrm{d}\varepsilon = Bv\mathrm{d}l_\perp = \frac{\mu_0 Iv\cos\theta\mathrm{d}l}{2\pi(x_A + l\sin\theta)}.$$

棒的动生电动势为

$$\varepsilon = \frac{\mu_0 Iv\cos\theta}{2\pi}\int_0^L \frac{\mathrm{d}l}{x_A + l\sin\theta} = \frac{\mu_0 Iv\cos\theta}{2\pi\sin\theta}\int_0^L \frac{\mathrm{d}(x_A + l\sin\theta)}{x_A + l\sin\theta} = \frac{\mu_0 Iv}{2\pi}\cot\theta\ln\frac{x_A + L\sin\theta}{x_A}.$$

A 端电势高.

讨论:(1) 当 $\theta\to\dfrac{\pi}{2}$ 时,$\cot\theta = \cos\theta/\sin\theta\to 0$,所以 $\varepsilon\to 0$,就是说:当棒不切割磁感应线时,棒中不产生电动势.

（2）当 $\theta\to 0$ 时,由于 $\ln\dfrac{x_A + L\sin\theta}{x_A} = \ln\left(1 + \dfrac{L\sin\theta}{x_A}\right)\to\dfrac{L\sin\theta}{x_A}$,所以 $\varepsilon\to\dfrac{\mu_0 IvL}{2\pi x_A}$,这就是棒垂直割磁感应线时所产生的电动势.

例 8－6 同轴电缆中心是半径为 r_a 的细长导线,固定在内半径为 r_b 的薄壁管轴心上,设内外同轴导体通过等量而相反的电流,试证明:长为 l 的一段电缆自感为

$$L = \left(\frac{\mu_0 l}{2\pi}\right)\ln\left(\frac{r_b}{r_a}\right).$$

解:先考虑半径为 r 的圆环路径,这里 $r_a < r < r_b$,根据对称性可以知道 B 在整个路径上大小不变,其方向为圆的切线方向,由安培环路定理,有

$$\int_L \boldsymbol{B}\cdot\mathrm{d}\boldsymbol{l} = \mu_0\sum I$$

$$B\cdot 2\pi R = \mu_0 I$$

$$B = \frac{\mu_0 I}{2\pi r}.$$

其中 I 为中心导体内的电流.

然后考虑通过长为 l,和电缆中心距离为 r 的宽为 $\mathrm{d}r$ 的窄条内的磁通量为

$$\mathrm{d}\varphi = \boldsymbol{B}\cdot\mathrm{d}\boldsymbol{S} = B\mathrm{d}S = Bl\mathrm{d}r = \left(\frac{\mu_0 Il}{2\pi r}\right)\mathrm{d}r.$$

因此内外导体之间的空间总磁通量为

$$\varphi = \frac{\mu_0 Il}{2\pi}\int_{r_a}^{r_b}\frac{\mathrm{d}r}{r} = \left(\frac{\mu_0 Il}{2\pi r}\right)\ln\left(\frac{r_b}{r_a}\right).$$

自感为 $L = \dfrac{\varphi}{I} = \left(\dfrac{\mu_0 I}{2\pi}\right)\ln\left(\dfrac{r_b}{r_a}\right)$,则题目得证.

例 8－7 真空中一个 $r_1 = 1\ \mathrm{m}, l_1 = 1\ \mathrm{m}$,匝数为 100 匝的螺线管,在它的中心内置一个与其同轴的 $r_2 = 10\ \mathrm{cm}, l_2 = 10\ \mathrm{cm}$ 匝数为 10 匝的小螺线管,计算两螺线管的互感.

解:设外螺线管通电流 I_1,它在线圈中产生的磁感应强度 $B_1 = \mu_0\dfrac{I_1 N_1}{l_1}$

由于 $r_2 \ll r_1, l_1 \ll l_2$ 所以可以认为 B_1 磁场均匀通过小螺线管,从而得到通过小螺线管的磁通量为

$$\Phi_{12} = N_2 B_1 S_2 = \mu_0 \frac{N_1 N_2 I_1}{l_1} \pi r_2^2$$

由此可知,两螺线管的互感为

$$M = \frac{\Phi_{12}}{I_1} = \mu_0 \frac{N_1 N_2}{l_1} \pi r_2^2$$

$$= 4 \times 3.14 \times 10^{-7} \times \frac{100 \times 10}{1} \times 3.14 \times (0.10)^2 = 39.4 \ \mu H.$$

例 8 - 8　有一段 10 号铜线,直径为 2.54 mm,单位长度的电阻为 $3.28 \times 10^{-3} \ \Omega/m$,铜导线上载有 10 A 的电流,试计算:

(1) 铜线表面处的磁能密度有多大?

(2) 该处的电能密度是多少?

解:(1) 导线表面处 $B = \dfrac{\mu_0 I}{2\pi r}$,所以该处磁能密度为

$$w_m = \frac{1}{2} \frac{B^2}{\mu_0} = \frac{1}{2\mu_0} \left(\frac{\mu_0 I}{2\pi r}\right)^2 = \frac{\mu_0 I^2}{8\pi^2 r^2} = \frac{4\pi \times 10^{-7} \times 10^2}{8\pi^2 \times (2.54 \times 10^{-3})^2} = 0.25 \ J/m^3.$$

(2) 导线上电场强度

$$E = \frac{U}{L} = \frac{IR}{L} = \frac{I\rho}{S} = \frac{I\rho}{\pi\left(\dfrac{d}{2}\right)^2} = \frac{10 \times 3.28 \times 10^{-3} \times 4}{3.14 \times (2.54 \times 10^{-3})^2}$$

$$= 6.48 \times 10^{-3} \ V/m.$$

所以该处电能密度为

$$w_E = \frac{1}{2}\varepsilon_0 E^2 = \frac{1}{2} \times 8.85 \times 10^{-12} \times (6.48 \times 10^{-3})^2$$

$$= 1.86 \times 10^{-16} \ J/m^3$$

8.5　练习题

一、选择题

1. 如图 8－6 所示,矩形区域为均匀稳恒磁场,半圆形闭合导线回路在纸面内绕轴 O 作逆时针方向匀角速转动,O 点是圆心且恰好落在磁场的边缘上,当半圆形闭合导线完全在磁场外时开始计时. 以下哪一幅 $\varepsilon - t$ 函数图象属于半圆形导线回路中产生的感应电动势?

（　　）

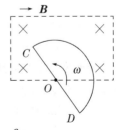

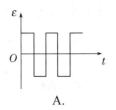

A.

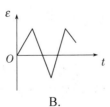

B.

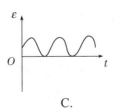

C.

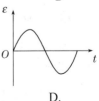

D.

选 1 题图

2. 一导体圆线圈在均匀磁场中运动,能使其中产生感应电流的一种情况是　　　　(　　)

　　A. 线圈绕自身直径轴转动,轴与磁场方向平行

　　B. 线圈绕自身直径轴转动,轴与磁场方向垂直

　　C. 线圈平面垂直于磁场并沿垂直磁场方向平移

　　D. 线圈平面平行于磁场并沿垂直磁场方向平移

3. 在无限长的载流直导线附近放置一矩形闭合线圈,开始时线圈与导线在同一平面内,且线圈中两条边与导线平行,当线圈以相同的速率作如图所示的三种不同方向的平动时,线圈中的感应电流　　　　　　　(　　)

　　A. 以情况Ⅰ中为最大

　　B. 以情况Ⅱ中为最大

　　C. 以情况Ⅲ中为最大

　　D. 在情况Ⅰ和Ⅱ中相同

选 3 题图

4. 一个圆形线环,它的一半放在一分布在方形区域的匀强磁场 B 中,另一半位于磁场之外,如图所示.磁场 B 的方向垂直指向纸内.欲使圆线环中产生逆时针方向的感应电流,应使　　　　(　　)

　　A. 线环向右平移　　　　　　B. 线环向上平移;

　　C. 线环向左平移　　　　　　D. 磁场强度减弱.

选 4 题图

5. 如图所示,导体棒 AB 在均匀磁场 B 中绕通过 C 点的垂直于棒长且沿磁场方向的轴 OO' 转动(角速度 ω 与 B 同方向), BC 的长度为棒长的 $\frac{1}{3}$,则　　　　　　　(　　)

　　A. A 点比 B 点电势高

　　B. A 点与 B 点电势相等

　　C. A 点比 B 点电势低

　　D. 有稳恒电流从 A 点流向 B 点

选 5 题图

6. 如图所示,长度为 l 的直导线 ab 在均匀磁场 B 中以速度 v 移动,直导线 ab 中的电动势为　　　　(　　)

　　A. Blv　　　　　　　　　　B. $Blv\sin\alpha$

　　C. $Blv\cos\alpha$　　　　　　D. 0

选 6 题图

7. 一矩形线框长为 a 宽为 b,置于均匀磁场中,线框绕 OO' 轴,以匀角速度 ω 旋转(如图所示).设 $t=0$ 时,线框平面处于纸面内,则任一时刻感应电动势的大小为　　　　(　　)

　　A. $2abB|\cos\omega t|$　　　　　　B. ωabB

　　C. $\frac{1}{2}\omega abB|\cos\omega t|$　　　　D. $\omega abB|\cos\omega t|$

　　E. $\omega abB|\sin\omega t|$

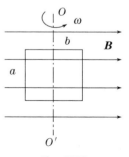

选 7 题图

8. 如图所示,M,N 为水平面内两根平行金属导轨,ab 与 cd 为垂直于导轨并可在其上自由滑动的两根直裸导线. 外磁场垂直

水平面向上. 当外力使 ab 向右平移时, cd　　　　　　　　　　（　　）

    A. 不动　　　　　　　　　　　B. 转动

    C. 向左移动　　　　　　　　　D. 向右移动

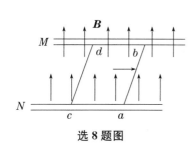

选 8 题图

选 9 题图

9. 一根长度为 L 的铜棒, 在均匀磁场 **B** 中以匀角速度 ω 绕通过其一端 O 的定轴旋转着, **B** 的方向垂直铜棒转动的平面, 如图所示. 设 $t=0$ 时, 铜棒与 Ob 成 θ 角(b 为铜棒转动的平面上的一个固定点), 则在任一时刻 t 这根铜棒两端之间的感应电动势是　　　（　　）

    A. $\omega L^2 B\cos(\omega t+\theta)$　　　　　　B. $\dfrac{1}{2}\omega L^2 B\cos\omega t$

    C. $2\omega L^2 B\cos(\omega t+\theta)$　　　　　D. $\omega L^2 B$

    E. $\dfrac{1}{2}\omega L^2 B$

10. 如图所示, 一载流螺线管的旁边有一圆形线圈, 欲使线圈产生图示方向的感应电流 i, 下列哪一种情况可以做到?　　　　　　　　　　　（　　）

    A. 载流螺线管向线圈靠近　　　B. 载流螺线管离开线圈

    C. 载流螺线管中电流增大　　　D. 载流螺线管中插入铁芯

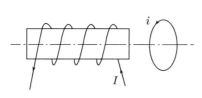

选 10 题图

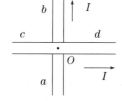

选 11 题图

11. 如图所示, 长载流导线 ab 和 cd 相互垂直, ab 固定不动, cd 能绕中点 O 转动, 并能靠近或离开 ab. 当电流方向如图所示时, 导线 cd 将　　　　　　　　（　　）

    A. 顺时针转动同时离开 ab　　　B. 顺时针转动同时靠近 ab

    C. 逆时针转动同时离开 ab　　　D. 逆时针转动同时靠近 ab

12. 两根无限长平行直导线载有大小相等方向相反的电流 I, 并各以 $\dfrac{\mathrm{d}I}{\mathrm{d}t}$ 的变化率增长, 一矩形线圈位于导线平面内(如图所示), 则　　　　　　　　　　　　　　（　　）

    A. 线圈中无感应电流

    B. 线圈中感应电流为顺时针方向

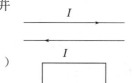

选 12 题图

    C. 线圈中感应电流为逆时针方向

    D. 线圈中感应电流方向不确定

13. 如图所示,一导体棒 ab 在均匀磁场中沿金属导轨向右作匀加速运动,磁场方向垂直导轨所在平面.若导轨电阻忽略不计,并设铁芯磁导率为常数,则达到稳定后在电容器的 M 极板上   (   )

    A. 带有一定量的正电荷   B. 带有一定量的负电荷

    C. 带有越来越多的正电荷   D. 带有越来越多的负电荷

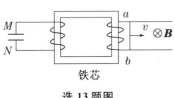

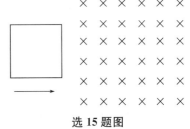

选 13 题图   选 14 题图

14. 如图所示,线圈在直流导线磁场中运动,线圈中的感应电动势方向是   (   )

    A. 顺时针   B. 逆时针

    C. 向内   D. 向外

15. 如图所示,矩形框进入均匀磁场,再穿过磁场,问下列各图中哪个正确表示了线圈中电流对时间的函数   (   )

选 15 题图

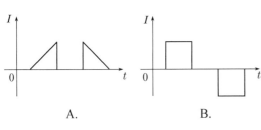

    A.   B.   C.   D.

16. 如图所示,无限长导体平板,宽 l,厚为 d,板面与 Z 轴垂直,板长度方向沿 Y 轴,板两侧有滑动触点与一个电压计相连,整个系统在均匀磁场 $\boldsymbol{B}$ 中,$\boldsymbol{B}$ 的方向与 Z 轴平行.如果电压计以速度 v 沿静止平板向 Y 正方向滑动,则电压计示数为   (   )

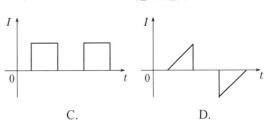

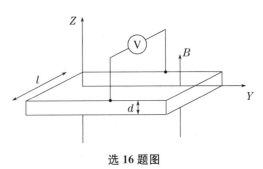

    A. 0   B. $\dfrac{1}{2}vBl$

    C. vBl D. vB

选 16 题图

17. 一条形磁铁,沿一根很长的竖直放置的铜管自由落下,若不计空气阻力,磁铁的速率如何变化?   (   )

    A. 速率越来越大

    B. 速率越来越小

C. 速率越来越大,经过一间时间后,速率越来越小

D. 速率越来越大,经过一间时间后,速率恒定

18. 将形状完全相同的铜环和木环静止放置,并使通过两环面的磁通量随时间的变化率相等,则不计自感时　　　　　　　　　　　　　　　　　　　　　(　)

　　A. 铜环中有感应电动势,木环中无感应电动势

　　B. 铜环中感应电动势大,木环中感应电动势小

　　C. 铜环中感应电动势小,木环中感应电动势大

　　D. 两环中感应电动势相等

19. 已知一螺绕环的自感系数为 L,若将该螺绕环锯成两个半环式的螺线管,则两个半环螺线管的自感系数　　　　　　　　　　　　　　　　　　　　　(　)

　　A. 都等于 $\frac{1}{2}L$　　　　　　　　　　B. 有一个大于 $\frac{1}{2}L$,另一个小于 $\frac{1}{2}L$

　　C. 都大于 $\frac{1}{2}L$　　　　　　　　　　D. 都小于 $\frac{1}{2}L$

20. 对于单匝线圈取自感系数的定义式为 $L=\frac{\Phi}{I}$,当线圈的几何形状、大小及周围磁介质分布不变,且无铁磁性物质时,若线圈中的电流强度变小,则线圈的自感系数 L　(　)

　　A. 变大,与电流成反比关系　　　　B. 变小

　　C. 不变　　　　　　　　　　　　D. 变大,但与电流不成反比关系

21. 一边长为 a 的正方形线圈放在一根长直导线旁,如图所示.线圈与直导线共面,其中心距长直导线为 $\frac{3a}{2}$,线圈的一组对边与直导线平行.此时,正方形线圈与直导线的互感系数为　　　　(　)

　　A. $\frac{\mu_0 a}{\pi}\ln 2$　　　　　　　　B. $\frac{\mu_0 a}{2\pi}\ln 2$

　　C. $\frac{\mu_0}{2\pi}\ln 2$　　　　　　　　D. $\frac{\mu_0}{\pi}\ln 2$

选 21 题图

22. 自感为 0.25 H 的线圈中,当电流在 $\frac{1}{16}$ s 内由 2 A 均匀减小到零时,线圈中自感电动势的大小为　　　　　　　　　　　　　　　　　　　　　　　(　)

　　A. 7.8×10^{-3} V　　B. 3.1×10^{-2} V　　C. 8.0 V　　　　D. 12.0 V

23. 在自感为 0.25 H 的线圈中,当电流由 2 A 均匀减小到 0 时,感应电动势为 8 V,问电流改变时间为　　　　　　　　　　　　　　　　　　　　　　　　(　)

　　A. $\frac{1}{2}$ s　　　　　B. $\frac{1}{4}$ s　　　　　C. $\frac{1}{8}$ s　　　　　D. $\frac{1}{16}$ s

24. 若将两个自感均为 L 的线圈并联,相互绝缘良好,问并联后总电感为　(　)

　　A. $2L$　　　　　B. L　　　　　C. $1.5L$　　　　　D. $0.5L$

25. 半径为 b 的长直导线,均匀地通过 I 安培电流,问该导线单位长度所储存的总磁能是　　　　　　　　　　　　　　　　　　　　　　　　　　　　(　)

　　A. 与 b 有关　　B. 与 b 无关　　C. 0　　　　　D. $\pi b^2 I$

二、填空题

1. 一通电长直螺线管,单位长度的匝数为 n,截面半径为 R,内部为真空,导线中电流随时间的变化率 $\dfrac{dI}{dt}>0$,设场点 P 到轴线的垂直距离为 r.

（1）当 P 点在管内时,该点的感应电场强度的大小 $E_{感}=$ _____ ;

（2）当 P 点在管外时,该点的感应电场强度的大小 $E_{感}=$ _____ .

2. 在磁感强度为 $\boldsymbol{B}$ 的磁场中,以速率 v 垂直切割磁力线运动的一长度为 L 的金属杆,它的电动势 $\varepsilon=$ _____ ,产生此电动势的非静电力的是_____（填性质）.

3. 已知在一个面积为 S 的平面闭合线圈的范围内,有一垂直于平面且随时间变化的均匀磁场 $\boldsymbol{B}(t)$,则此闭合线圈内的感应电动势 $\varepsilon=$ _____ .

4. 金属杆 AB 以匀速 $v=2\ \text{m/s}$ 平行于长直载流导线运动,导线与 AB 共面且相互垂直,如图所示.已知导线载有电流 $I=40\ \text{A}$,则此金属杆中的感应电动势 $\varepsilon=$ _____ ,电势较高端为_____ .

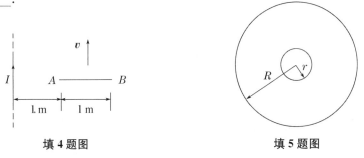

填 4 题图　　　　　　　　　　填 5 题图

5. 如图所示,半径为 r 的小导线环,置于半径为 R 的大导线环中心,二者在同一平面内,且 $r\ll R$,在大导线环中通有正弦电流 $I=I_0\sin\omega t$,其中 ω、I_0 为常数,t 为时间,则任一时刻小导线环中感应电动势的大小为_____ .

6. 半径为 a 的无限长密绕螺线管,单位长度上的匝数为 n,通以交变电流 $i=I_m\sin\omega t$,则围在管外的同轴圆形回路(半径为 r)上的感生电动势为_____ .

7. 磁换能器常用来检测微小的振动.如图所示,在振动杆的一端固接一个 N 匝的矩形线圈,线圈的一部分在匀强磁场 $\boldsymbol{B}$ 中,设杆的微小振动规律为 $x=A\cos\omega t$,线圈随杆振动时,线圈中的感应电动势为_____ .

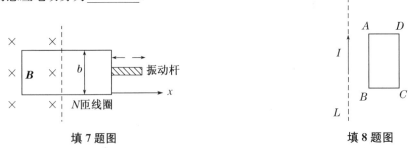

填 7 题图　　　　　　　　　　填 8 题图

8. 如图所示,在一长直导线 L 中通有电流 I,$ABCD$ 为一矩形线圈,它与 L 皆在纸面内,且 AB 边与 L 平行.

（1）矩形线圈在纸面内向右移动时,线圈中感应电动势方向为_____ .

(2) 矩形线圈绕 AD 边旋转,当 BC 边已离开纸面正向外运动时,线圈中感应电动势的方向为_____.

9. 电阻 $R = 2\ \Omega$ 的闭合导体回路置于变化磁场中,通过回路包围面的磁通量与时间的关系为 $\Phi_m = (5t^2 + 8t - 2) \times 10^{-3}\ \text{Wb}$,则在 $t = 2\ \text{s}$ 至 $3\ \text{s}$ 的时间内,流过回路导体横截面的感应电荷 $q_1 = $ _____.

10. 将磁铁插入闭合电路线圈,一次是迅速地插入,另一次是缓慢的插入,问:

(1) 两次过程中,线圈中感应电荷量是否相同?　_____

(2) 两次过程中,手推磁铁所做的功是否相同?　_____

11. 一长直螺线管是由直径 $d = 0.2\ \text{mm}$ 的漆包线密绕而成.当它通以 $I = 0.5\ \text{A}$ 的电流时,其内部磁感应强度的大小为_____.

12. 在磁场变化的空间内,如果没有导体,那么这个空间里_____电流,_____感应电动势.(填是否存在)

13. 在均匀磁场 $B = 0.1\ \text{Wb} \cdot \text{m}^{-2}$ 中,移动长为 $L = 20\ \text{cm}$ 的导体,导体的长度方向与磁场方向的夹角 $\alpha = 30°$,要使导体两端的电势差在 $1\ \text{s}$ 内均匀的增加 $1\ \text{V}$,需要怎样移动导体?_____.

14. 如图所示,长直载流导线上 $I = 5\ \text{A}$,与导线距离 $d = 0.05\ \text{m}$ 处放一个矩形导线框($a = 0.02\ \text{m}$,$b = 0.04\ \text{m}$)共 $1\ 000$ 匝,线框与导线在同一平面内.当线框以速率 $v = 0.03\ \text{m/s}$ 沿着平行导线向上移动.此线框中感应电动势为_____;若线框不动,而长直导线通有电流 $I = 10\sin 100\pi t$,线框中感应电动势为_____.

填 14 题图　　　　　　填 15 题图

15. 具有 10 匝的正方形线圈,边长为 $12\ \text{cm}$,此线圈在大小为 $0.025\ \text{T}$ 的磁场中旋转,如图所示.

(1) 如果产生最大电动势为 $20\ \text{mV}$,线圈的角速度大小为_____.

(2) 此速度下的平均电动势为_____.

16. 一无铁芯的长直螺线管,在保持其半径和总匝数不变的情况下,把螺线管拉长一些,则它的自感系数将_____(变大、变小或不变).

17. 在自感系数 $L = 0.05\ \text{mH}$ 的线圈中,流过 $I = 0.8\ \text{A}$ 的电流.在切断电路后经过 $t = 100\ \text{s}$ 的时间,电流强度近似变为零,回路中产生的平均自感电动势 $\varepsilon_L = $ _____.

18. 自感系数 $L = 0.3\ \text{H}$ 的螺线管中通以 $I = 8\ \text{A}$ 的电流时,螺线管存储的磁场能量

$W =$ _____.

19. 一自感线圈中，电流强度在 0.002 s 内均匀地由 10 A 增加到 12 A，此过程中线圈内自感电动势为 400 V，则线圈的自感系数为 $L =$ _____.

20. 长为 10 cm，半径为 2 cm 的螺线管，均匀绕有 1 000 匝；另一个 50 匝的线圈绕在螺线管的中部. 这两个线圈的互感为 _____.

21. 两个共轴圆线圈，半径分别为 R 与 r，相距为 l，设 r 很小，由大线圈产生在小线圈处的磁场可看作均匀磁场，这两线圈的互感为 _____.

22. 有一段 10 号铜线，直径为 2.54 mm，每单位长度电阻为 $3.28 \times 10^{-3}\ \Omega \cdot m^{-1}$，在这导线上有 10 A 电流，则导线表面的磁感强度为 _____，该处电能密度为 _____.

23. 把自感系数为 2 H，电阻为 20 Ω 的线圈接到电动势 $\varepsilon = 100$ V，内阻忽略不计的电池组上，如图所示. 合上开关 K 后，当电流达到最大值时，线圈中所储存的磁能为 _____.

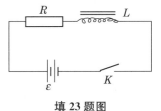

24. 真空中一根无限长直细导线上通电流 I，则距导线垂直距离为 a 的空间某点处的磁能密度为 _____.

填 23 题图

三、计算题

1. 一条铜棒长为 $L = 0.5$ m，水平放置，可绕距离 A 端为 $\dfrac{L}{5}$ 处和棒垂直的轴 OO' 在水平面内旋转，每秒转动一周. 铜棒置于竖直向上的匀强磁场中，如图 8-29 所示，磁感应强度 $B = 1.0 \times 10^{-4}$ T. 求：

（1）铜棒两端 A、B 的电势差；

（2）何端电势高？

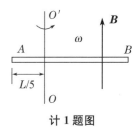

计 1 题图

2. 一长直载流导线电流强度为 I，铜棒 AB 长为 L，A 端与直导线的距离为 x_A，AB 与直导线的夹角为 θ，以水平速度 v 向右运动. 求：

（1）AB 棒的动生电动势为多少；

（2）何端电势高？

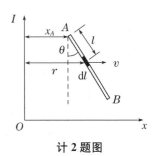

计 2 题图

3. 如图所示,载有电流 I 的长直导线附近,放一导体半圆环 MeN 与长直导线共面,且端点 MN 的连线与长直导线垂直. 半圆环的半径为 b,环心 O 与导线相距 a. 设半圆环以速度 v 平行导线平移,求半圆环内感应电动势的大小和方向以及 MN 两端的电压 $V_M - V_N$.

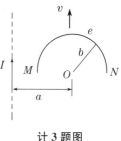

计 3 题图

4. 求长度为 L 的金属杆在均匀磁场 $\boldsymbol{B}$ 中绕平行于磁场方向的定轴 OO' 转动时的动生电动势. 已知杆相对于均匀磁场 $\boldsymbol{B}$ 的方位角为 θ,杆的角速度为 ω,转向如题图所示.

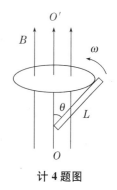

计 4 题图

5. 如图所示,长直导线 AB 中的电流 I 沿导线向上,并以 $\dfrac{\mathrm{d}I}{\mathrm{d}t} = 2$ A/s 的变化率均匀增长. 导线附近放一个与之同面的直角三角形线框,其一边与导线平行,位置及线框尺寸如图所示. 求此线框中产生的感应电动势的大小和方向.

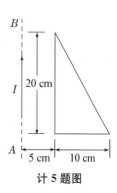

计 5 题图

6. 如图所示,匀强磁场 **B** 与矩形导线回路的法线 **n** 成 $\theta=60°$ 角,$B=kt$(k 为大于零的常数).长为 L 的导体杆 AB 以匀速 v 向右平动,求回路中 t 时刻的感应电动势的大小和方向(设 $t=0$ 时,$x=0$).

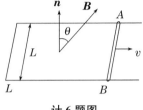

计 6 题图

7. 磁感应强度 **B** 垂直于某圆形回路平面向里,磁通量按下述规律变化 $\Phi=3t^2+2t+1$,式中 Φ 的单位为 mWb,t 的单位为秒.求:

(1) 在 $t=2$ s 时回路中的感生电动势为多少?

(2) 回路中的电流方向如何?

8. 如图所示的两个同轴圆形导体线圈,小线圈在大线圈上面.两线圈的距离为 x,设 x 远大于圆半径 R.大线圈中通有电流 I 时,若半径为 r 的小线圈中的磁场可看作是均匀的,且以速率 $v=\dfrac{\mathrm{d}x}{\mathrm{d}t}$ 运动.求 $x=NR$ 时,

(1) 小线圈中的感应电动势为多少?

(2) 感应电流的方向如何?

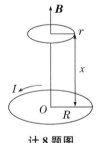

计 8 题图

9. 长为 b,宽为 a 的矩形线圈 $ABCD$ 与无限长直截流导线共面,且线圈的长边平行于长直导线,线圈以速度 v 向右平动,t 时刻基 AD 边距离长直导线为 x;且长直导线中的电流按 $I=I_0\cos\omega t$ 规律随时间变化,如图所示.求回路中的电动势 ε.

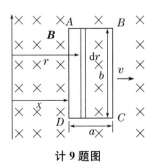

计 9 题图

10. 如图所示,一个矩形的金属线框,边长分别为 a 和 $b(b$ 足够长). 金属线框的质量为 m,自感系数为 L,忽略电阻. 线框的长边与 x 轴平行,它以速度 v_0 沿 x 轴的方向从磁场外进入磁感应强度为 $\boldsymbol{B}_0$ 的均匀磁场中,$\boldsymbol{B}_0$ 的方向垂直矩形线框平面. 求矩形线框在磁场中速度与时间的关系式 $v=v(t)$ 和沿 x 轴方向移动的距离与时间的关系式 $x=x(t)$.

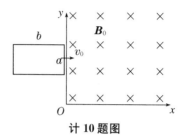

计 10 题图

11. 长直导线与矩形单匝线圈共面放置,导线与线圈的长边平行,矩形线圈的边长分别为 a、b,它到直导线的距离为 c(如图所示),当矩形线圈中通有电流 $I=I_0\sin\omega t$ 时,求直导线中的感应电动势.

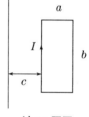

计 11 题图

12. 一个长直螺线管,每单位长度有 n 匝线圈,载有电流 i,设 i 随时间增加,$\dfrac{\mathrm{d}i}{\mathrm{d}t}>0$,设螺线管横截面为圆形,求:在螺线管内距轴线为 r 处某点的电场?

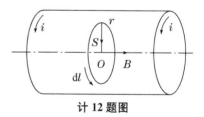

计 12 题图

13. 如图所示,一半径为 r 的很小的金属圆环,在初始时刻与一半径为 $a(a\gg r)$ 的大金属圆环共面且同心. 在大圆环中通以恒定的电流 I,方向如图. 如果小圆环以匀角速度 w 绕其任一方向的直径转动,并设小圆环的电阻为 R,则试求任一时刻 t

（1）通过小圆环的磁通量 F；

（2）圆环中的感应电流.

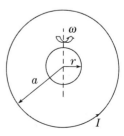

计 13 题图

14. 两个共轴的长直螺线管长为 L,半径分别为 R_1 和 R_2,设 $R_1 > R_2$;匝数分别为 N_1 和 N_2. 求两螺线管的互感系数.

15. 无限长直导线,截面各处的电流密度相等,总电流为 I,试证:每单位长度导线内所贮藏的磁能为 $\dfrac{\mu_0 I^2}{16\pi}$(导线的磁导率为 μ_0).

四、应用题

1. 半径为 R 的圆柱形螺线管中存在着均匀磁场,$\boldsymbol{B}$ 的方向与柱的轴线平行. 设 $\boldsymbol{B}$ 随时间的变化率 $\dfrac{\mathrm{d}B}{\mathrm{d}t}$ 为常量. 如图所示,将一长为 l 的金属棒放在磁场中,组成简易电源. 试证:棒上的感应电动势的大小为:$\varepsilon = \dfrac{\mathrm{d}B}{\mathrm{d}t}\dfrac{l}{2}\sqrt{R^2 - \dfrac{l^2}{4}}$.

应 1 题图

2. 在长圆柱形的纸筒上绕有两个线圈 1 和 2,每个线圈的自感都是 0.01 H,如图所示. 求:

(1) 线圈 1 的 a 端和线圈 2 的 a' 端相接时,b 和 b' 之间的自感 L 为多少?

(2) 线圈 1 的 b 端和线圈 2 的 a' 端相接时,a 和 b' 之间的自感 L 为多少?

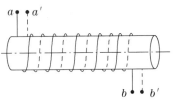

应 2 题图

3. 如图所示,两个共轴的导体圆筒称为电缆,其内、外半径分别为 r_1 和 r_2,设电流由内筒流入,外筒流出,求长为 l 的一段电缆的自感系数.

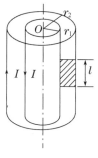

应 3 题图

4. 一圆形线圈 C_1 由 50 匝表面绝缘的细导线密绕而成,圆面积 $S=2$ cm²,将 C_1 放在一个半径 $R=20$ cm 的大圆线圈 C_2 的中心,两线圈共轴,C_2 线圈为 100 匝.求:

(1) 两线圈的互感 M;

(2) C_2 线圈中的电流以 50 A/s 的速率减少时,C_1 中的感应电动势为多少?

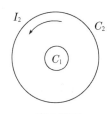

应 4 题图

5. 一螺绕环中心轴线的周长 $L=500$ mm,横截面为正方形,其边长为 $b=15$ mm,由 $N=2\,500$ 匝的绝缘导线均匀密绕面成,铁芯的相对磁导率 $\mu_r=1\,000$,当导线中通有电流 $I=2.0$ A 时,求:

(1) 环内中心轴线上处的磁能密度;

(2) 螺绕环的总磁能.

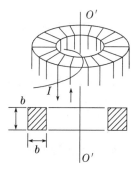

应 5 题图

第九章 振 动

9.1 基本要求

（1）理解简谐振动模型,掌握简谐振动的基本特征和运动规律.

（2）掌握描述简谐振动的特征量:振幅、周期、频率、角频率、相位、初相以及它们之间的关系,并能熟练地掌握确定方法.

（3）掌握旋转矢量法,并能熟练用以分析和讨论简谐振动的有关问题(如确定初相、位移、速度、加速度、运动时间、写出振动方程、简谐振动的合成等).

（4）理解简谐振动的动能、势能及相互转换关系.

（5）掌握两个同方向、同频率简谐振动的合成规律,以及合振动振幅极大和极小的条件.

（6）了解两个相互垂直、同频率和简谐振动的合成,了解李萨如图形.了解两个同方向、不同频率简谐振动的合成、拍现象.

9.2 基本概念和规律

1. 简谐运动的特征和规律(简谐运动的判断方法)

（1）受力特征:$F = -kx$

（2）动力学方程:$\dfrac{\mathrm{d}^2 x}{\mathrm{d}t^2} + \omega^2 x = 0$

（3）运动方程:$x = A\cos(\omega t + \varphi)$

2. 描述简谐运动的特征量

明确振幅 A、周期 T、频率 ν（角频率 ω）、相位 $\omega t + \varphi$、初相 φ、初速度 v_0、初位移 x_0 的物理意义.

确定这些特征量的方法:

$$\omega = 2\pi\nu = \frac{2\pi}{T};$$

$$A = \sqrt{x_0^2 + \frac{v_0^2}{\omega^2}};$$

$$\tan\varphi = \frac{-v_0}{\omega x_0}.$$

能熟练的写出简谐运动的表达式.

3. 旋转矢量

质点沿着 x 轴的简谐运动可等效为一个质点沿着一个圆逆时针方向作匀速运动对 x 轴的投影.

旋转矢量:这里的"矢量"指对应质点在圆周上的位矢. 相位 $\omega t+\varphi$ 以逆时针转为正. 做简谐运动的质点的运动方程 $x=A\cos(\omega t+\varphi)$ 与旋转矢量间的对应关系如图 9-1 所示.

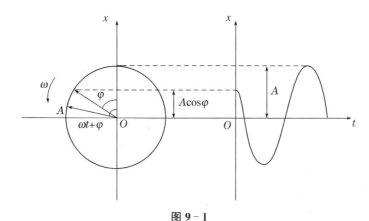

图 9-1

4. 简谐运动的速度和加速度

（1）速度:

$$v=\frac{\mathrm{d}x}{\mathrm{d}t}=-\omega A\sin(\omega t+\varphi)=\omega A\cos\left(\omega t+\varphi+\frac{\pi}{2}\right).$$

速度相位比位移相位超前 $\dfrac{\pi}{2}$,速度的振幅 $v_\mathrm{M}=\omega A$.

（2）加速度: $a=\dfrac{\mathrm{d}v}{\mathrm{d}t}=-\omega^2 A\cos(\omega t+\varphi)=\omega^2 A\cos(\omega t+\varphi+\pi)=-\omega^2 x.$

加速度与位移始终反相,加速度的振幅 $a_\mathrm{M}=\omega^2 A$.

5. 几种简谐运动的周期或角频率

（1）弹簧振子: $\qquad\qquad \omega=\sqrt{\dfrac{k}{m}}.$

（2）单摆: $\qquad\qquad T=2\pi\sqrt{\dfrac{l}{g}}.$

（3）复摆: $\qquad\qquad T=2\pi\sqrt{\dfrac{J_0}{mgl}}.$

6. 简谐振动的能量

（1）势能: $\qquad\qquad E_p=\dfrac{1}{2}kx^2=\dfrac{1}{2}kA^2\cos^2(\omega t+\varphi);$

（2）动能: $\quad E_k=\dfrac{1}{2}mv^2=\dfrac{1}{2}m\omega^2 A^2\sin^2(\omega t+\varphi)=\dfrac{1}{2}kA^2\sin^2(\omega t+\varphi).$

其中 $\qquad\qquad \omega=\sqrt{\dfrac{k}{m}}.$

一个周期内的平均动能 $\bar{E}_k$ 等于一个周期内的平均势能 $\bar{E}_p$, 即 $\bar{E}_k = \bar{E}_p$, 则有

$$\bar{E}_k = \frac{1}{T}\int_0^T E_k\,\mathrm{d}t = \bar{E}_p = \frac{1}{T}\int_0^T E_p\,\mathrm{d}t = \frac{1}{4}kA^2.$$

总机械能 $\qquad\qquad E = E_p + E_k = \frac{1}{2}kA^2 = $ 常数.

7. 简谐振动的合成

（1）同方向同频率的两简谐振动的合振动仍然是简谐振动：

$x_1 = A_1\cos(\omega t + \varphi_1)$, $x_2 = A_2\cos(\omega t + \varphi_2)$;

$x = x_1 + x_2 = A_1\cos(\omega t + \varphi_1) + A_2\cos(\omega t + \varphi_2) = A\cos(\omega t + \varphi)$;

$A = \sqrt{A_1{}^2 + A_2{}^2 + 2A_1A_2\cos(\varphi_2 - \varphi_1)}$;

$\varphi = \operatorname{arccot}\dfrac{A_1\sin\varphi_1 + A_2\sin\varphi_2}{A_1\cos\varphi_1 + A_2\cos\varphi_2}.$

求合振动, 直观的方法是旋转矢量法, 如图 9-2 所示.

两振动同相时, 合振动的振幅 $A = A_1 + A_2$;

两振动反相时, 合振动的振幅 $A = |A_1 - A_2|$.

（2）同方向不同频率的两简谐振动的合振动不是简谐振动.

（3）互相垂直的同频率的两简谐振动的合运动是椭圆运动.

（4）互相垂直的不同频率的两简谐振动的合运动是李萨如运动.

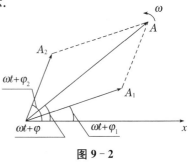

图 9-2

9.3 学习指导

掌握描述简谐振动的特征量：振幅、周期、频率、角频率、相位、初相以及它们之间的关系, 并能熟练地掌握确定方法. 掌握简谐振动方程、旋转矢量方法的运用, 特别要说明的是用画旋转矢量图来确定初相既直观又方便快捷, 学生一定要学会.

1. 简谐振动的运动学问题通常有下面四种情况：

（1）已知简谐振动方程, 求描述简谐振动的特征量（如 A、ω、T、ν、φ 等）；求速度 v、加速度 a；画出振动图线等.

处理这一类问题通常做法是：把已知的简谐振动方程化为简谐振动方程的标准形式, 根据对应的位置可写出描述简谐振动的特征量（如振幅 A、角频率 ω、初相 φ）, 再根据角频率与周期、频率之间关系 $\omega = 2\pi\nu = \dfrac{2\pi}{T}$, 求出周期 T、频率 ν；对简谐振动方程求一阶、二阶导数, 可得速度 v、加速度 a 表达式, 把具体时刻代入可求出某时刻的速度、加速度. 计算时, 请注意各量的极值；画振动图线, 可用列表的方法, 根据简谐振动方程求出一些特殊的时间点（如 $\dfrac{T}{4}$、$\dfrac{2T}{4}$、$\dfrac{3T}{4}$、T 等）所对应的位移, 描点画出振动图线.

（2）已知简谐振动图线, 求简谐振动方程.

处理这一类问题通常做法是:根据简谐振动图线,可知道振幅 A、周期 T,再根据角频率与周期之间关系,求出角频率 ω,根据简谐振动图线,还可知振源 $t=0$ 时刻的位置,再确定振源下一时刻向哪个方向运动,通过画旋转矢量图来确定初相 φ,按简谐振动方程的标准形式可写出简谐振动方程.

(3)已知振子作简谐振动,且已知特征量(如振幅 A、角频率 ω 或周期 T),或可根据已知条件方便求出特征量,求不同初始条件下的振动方程.

处理这一类问题的关键是:求出初相 φ. 有两种方法,第一种方法是根据初始条件提供的 $t=0$ 时振子的位置和速度情况(注意正、负号),代入简谐振动方程、速度的标准形式,即可判断,求出初相 φ. 第二种方法是根据初始条件提供的 $t=0$ 时振子的位置和速度情况,画出旋转矢量图来确定初相 φ. 由简谐振动特征量及求出的初相 φ,再按简谐振动方程的标准形式就可写出简谐振动方程. 注意,坐标轴的原点必须取在平衡位置.

(4)简谐振动的合成问题. 主要是掌握两个同方向同频率简谐振动的合成. 已知两个同方向同频率简谐振动方程,求合振动方程,并判断合振动是否加强或减弱.

处理这一类问题通常做法是:根据两个简谐振动合成的矢量图,求出合振动的振幅 A、初相 φ,即可写出合振动方程,所以最好要记住合振动的振幅 A、初相 φ 的计算公式;根据两个简谐振动它们的相位差 $(\varphi_2-\varphi_1)$ 的值是 π 的奇数倍还是偶数倍,可判断合振动是否加强或减弱.

2. 简谐振动的动力学问题通常有下面两种情况:

(1)判断物体是否作简谐振动,若是,写出振动方程.

处理这类问题的一般步骤是:① 根据平衡位置是物体受合力为零的位置,找出平衡位置,并以此为原点,平行振动方向根据解题方便,建立坐标轴正方向;② 分析物体受力情况,当物体所受合外力满足作简谐振动的条件 $F=-kx$,或运动方程满足 $\dfrac{d^2x}{dt^2}+\omega^2x=0$ 时,可判断物体作简谐振动;③ 根据激发条件或初始条件,写出振动方程,既可用解析法,也可用旋转矢量法.

(2)求简谐振动的能量、功.

处理这类问题可根据简谐振动的动能、势能及相互转换、总量守恒的关系来求解,计算时,请注意各量的极值;根据动能定理或功能原理可求线性回复力在半个周期或 $\dfrac{T}{4}$、$\dfrac{T}{8}$ 内所做的功.

9.4 典型例题

例 9-1 证明:水面上沉浮的木块是在作简谐振动(已知木块的质量为 m,设在水面附近货轮的水平截面为 S,水的密度为 $\rho_水$,且不计水的粘滞阻力.)

解:设木块静止于水面时,浸入水中的深度为 h,并取此时为平衡位置,有

$$F=mg,\rho ghS=mg$$

若从平衡位置上升 y,则

$$\sum F_y=\rho gSh'-mg=\rho gS(h-y)-mg=-\rho gSy=-kx.$$

因此木块作简谐运动,其运动周期为 $T = 2\pi\sqrt{\dfrac{m}{\rho g S}}$.

例 9 - 2 如图 9-3 所示,圆盘质量为 M,半径为 R,在盘上跨一细绳,绳的一端系一质量为 m 的物体,绳的另一端系一轻弹簧,倔强系数为 k,弹簧的另一端固定在水平面上.忽略轮轴处的摩擦,证明:圆盘、物体分别相对各自的平衡位置振动.

解:设盘和物体组成的系统处于静止状态时,两者分别处于各自的平衡位置.弹簧的此时的静伸长量为 l_0,此时

$$kl_0 = mg. \tag{1}$$

设想把物体稍微向下拉一小距离,使两者均偏离各自的平衡位置,而后由静止释放物体,释放物体后,物体受合力不再为零,而盘受合力矩也不再为零.在外力或外力矩的作用下,它们均朝各自的平衡位置.结果,两者分别相对各自的平衡位置振动.

画出两者的受力图,设定盘的转动正方向及角加速度 β 的方向均沿着顺时针方向.由转动定律,有

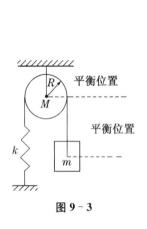

图 9 - 3

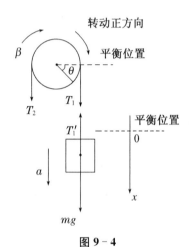

图 9 - 4

$$-T_2 R + T_1 R = \frac{1}{2}MR^2\beta \tag{2}$$

取 x 轴正方向向下,并设物体的加速度 $\boldsymbol{a}$ 也向下,由牛顿定律,有

$$mg - T_1' = ma \tag{3}$$

由运动学,有 $\qquad\qquad a = R\beta \tag{4}$

此时物体恰好处在平衡位置下方 x 处,同样弹簧又伸长了 x,显然有

$$T_2 = k(l_0 + x) = k(l_0 + R\theta) \tag{5}$$

$$T_1 = T_1' \tag{6}$$

由(1)~(6)联立,经过运算,得

$$\frac{\mathrm{d}^2\theta}{\mathrm{d}t^2} + \frac{2k\theta}{M+2m} = 0.$$

对比简谐运动动力学方程 $\dfrac{\mathrm{d}^2\theta}{\mathrm{d}t^2} + \omega^2\theta = 0$,可知盘与物体两者分别相对各自的平衡位置振动.

例 9 - 3　质点沿 x 轴作简谐振动,其角频率 $\omega=10$ rad/s,试写出以初始状态下的振动方程:其初始位移 $x_0=5.0$ cm,初始速度 $v_0=50.0$ cm/s.

解:设质点的振动方程为

$$x=A\cos(\omega t+\varphi)=A\cos(10t+\varphi).$$

初始位移 $x_0=5.0$ cm,初始速度 $v_0=50.0$ cm/s,代入振幅与相位公式得

$$A=\sqrt{x_0^2+\frac{v_0^2}{\omega^2}}=\sqrt{(5.0\times10^{-2})^2+\frac{(0.50)^2}{10^2}}=0.05\sqrt{2}\,\text{m},$$

$$\tan\varphi=\frac{-v_0}{\omega x_0}=-1,$$

根据 x_0、v_0 都为正值,可判断 φ 在第四象限,$\varphi=-\dfrac{\pi}{4}$.

质点的振动方程为 $x=0.05\sqrt{2}\cos\left(10t-\dfrac{\pi}{4}\right)$.

例 9 - 4　一质量为 10 g 的物体作谐振动,其振幅为 24 cm,周期为 4 s.当 $t=0$ 时,位移为 $+12$ cm,且向 x 正方向运动.求:物体的振动方程

解:如图 9 - 5 所示,由题意简谐运动方程为

$$x=0.24\cos\left(0.5\pi t-\frac{\pi}{3}\right)$$

例 9 - 5　一质量为 0.20 kg 的质点作简谐振动,其振动方程为

$$x=0.6\cos\left(5t-\frac{1}{2}\pi\right).$$

求:(1) 质点的初速度;

(2) 质点在正向最大位移一半处所受的力.

解:由题意可知,$m=0.20$ kg,$A=0.6$ m

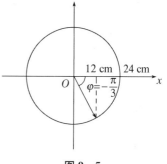

图 9 - 5

(1) $v=\dfrac{\mathrm{d}x}{\mathrm{d}t}=-0.6\times5\sin\left(5t-\dfrac{1}{2}\pi\right)=-3\sin\left(5t-\dfrac{1}{2}\pi\right)$

$t=0$,质点的初速度为 $v_0=-3\sin\left(5\times0-\dfrac{1}{2}\pi\right)=3$ m/s

(2) $a=\dfrac{\mathrm{d}v}{\mathrm{d}t}=-3\times5\cos\left(5t-\dfrac{1}{2}\pi\right)=-15\cos\left(5t-\dfrac{1}{2}\pi\right)$

质点在正向最大位移一半处,即 $x=\dfrac{1}{2}A$,$x=0.6\cos\left(5t-\dfrac{1}{2}\pi\right)=\dfrac{1}{2}\times0.6$

$$\cos\left(5t-\frac{1}{2}\pi\right)=\frac{1}{2}$$

质点在正向最大位移一半处所受的力 $F=ma=0.20\times\left(-15\times\dfrac{1}{2}\right)=-\dfrac{3}{2}$N.

例 9 - 6　弹簧振子的质量为 3 kg,按方程 $x=0.2\sin[5t-(\pi/6)]$ 沿着 x 轴作简谐振动.求:该弹簧的倔强系数.

解:因为质点做简谐振动,所以作用于质点的力的大小 $F=-kx$.

由 $x=0.2\sin[5t-(\pi/6)]$ 得

$$\omega = \sqrt{\frac{k}{m}} = \sqrt{\frac{k}{3}} = 5, k = 75 \text{ N/m}.$$

例 9-7 一长为 l 的小球悬于一固定点,如图 9-6 所示,做成一单摆. 求此单摆运动的角频率.

解: $$T = 2\pi\sqrt{\frac{l}{g}}, \omega = \frac{2\pi}{T} = \sqrt{\frac{g}{l}}.$$

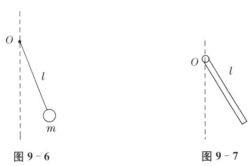

图 9-6   图 9-7

例 9-8 一长为 l 的均匀细棒悬于通过其一端的光滑水平固定轴上,如图 9-7 所示,作成一复摆. 已知细棒绕通过其一端的轴的转动惯量 $J = \frac{1}{3}ml^2$,求此摆作微小振动的周期 T.

解: $$T = 2\pi\sqrt{\frac{J}{mgl}} = 2\pi\sqrt{\frac{\frac{1}{3}ml^2}{mgl}} = 2\pi\sqrt{\frac{l}{3g}}$$

例 9-9 质量 $m = 10$ g 的小球与轻弹簧组成一振动系统,按 $x = 0.5\cos\left(8\pi t + \frac{\pi}{3}\right)$(式中 x 的单位 cm,t 的单位为 s)的规律作自由振动,求(1)振动的角频率、周期、振幅和初相;(2)振动的能量 E_k;(3)一个周期内的平均动能和平均势能.

解:(1) 由 $x = 0.5\cos\left(8\pi t + \frac{\pi}{3}\right)$ 可知,角频率 $\omega = 8\pi$ rad/s,则周期 $T = \frac{2\pi}{\omega} = \frac{1}{4}$ s,振幅 $A = 0.5$ cm $= 0.005$ m,初相位 $\varphi = \frac{\pi}{3}$.

(2) 由 $x = A\cos(\omega t + \varphi), v = \omega A\cos\left(\omega t + \varphi + \frac{\pi}{2}\right)$ 得

$$v = 0.04\pi\cos\left(8\pi t + \frac{5\pi}{6}\right) \text{ m/s}.$$

振动动能 $E_k = \frac{1}{2}mv^2 = 8\pi^2 \times 10^{-6}\cos^2\left(8\pi t + \frac{5\pi}{6}\right)$ J.

(3) 一个周期内的平均动能:

$$\bar{E}_k = \frac{1}{T}\int_0^T \frac{1}{2}mv^2 \, \mathrm{d}t = \frac{1}{T}\int_0^T \frac{1}{2}m\omega^2 A^2\cos^2\left(\omega t + \varphi + \frac{\pi}{2}\right)\mathrm{d}t$$

$$= \frac{mA^2\omega^2}{4} = \frac{1}{2} \times \frac{1}{2}kA^2,$$

$$\bar{E}_k = 4\pi^2 \times 10^{-6} \text{ J}.$$

一个周期内的平均势能：

$$\bar{E}_p = \frac{1}{T}\int_0^T \frac{1}{2}kx^2\mathrm{d}t = \frac{1}{T}\int_0^T \frac{1}{2}kA^2\cos^2(\omega t + \varphi)\mathrm{d}t = \frac{1}{2}\times\frac{1}{2}kA^2 = \frac{mA^2\omega^2}{4},$$

$$\bar{E}_p = 4\pi\times10^{-6}\mathrm{J}.$$

例 9-10 一个质点同时参加两个同方向、同频率的简谐振动，它们的振动方向分别为 $x_1 = 6\cos\left(5t - \dfrac{\pi}{6}\right)\mathrm{cm}$，$x_2 = 8\cos\left(5t + \dfrac{\pi}{3}\right)\mathrm{cm}$，求合振动运动方程.

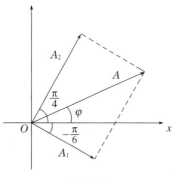

图 9-8

解：$A = \sqrt{A_1^2 + A_2^2 + 2A_1A_2\cos(\varphi_2 - \varphi_1)}$

$$= \sqrt{6^2 + 8^2 + 2\times6\times8\times\cos\left(\frac{\pi}{3} + \frac{\pi}{6}\right)} = 10$$

$$\tan\varphi = \frac{A_1\sin\varphi_1 + A_2\sin\varphi_2}{A_1\cos\varphi_1 + A_2\cos\varphi_2} = \frac{6\times\left(-\dfrac{1}{2}\right) + 8\times\dfrac{\sqrt{3}}{2}}{6\times\dfrac{\sqrt{3}}{2} + 8\times\dfrac{1}{2}}$$

$$= 0.427, \varphi = \frac{23\pi}{180}.$$

所以合振动的方程为：$x = A\cos(\omega t + \varphi) = 10\cos\left(5t + \dfrac{23\pi}{180}\right)\mathrm{cm}.$

9.5 练习题

一、选择题

1. 下列对简谐运动特征描述正确的是 　　　　　　　　（　　）

　　A. 弹簧振子的加速度 $\boldsymbol{a}$ 的大小与位移 x 的大小成正比，$\boldsymbol{a}$ 与 x 方向相同

　　B. 弹簧振子的加速度 $\boldsymbol{a}$ 的大小与位移 x 的大小成正比，$\boldsymbol{a}$ 与 x 方向相反

　　C. 弹簧振子的加速度 $\boldsymbol{a}$ 的大小与位移 x 的大小成反比，$\boldsymbol{a}$ 与 x 方向相反

　　D. 弹簧振子的加速度 $\boldsymbol{a}$ 的大小与位移 x 的大小成反比，$\boldsymbol{a}$ 与 x 方向相同

2. 如图所示的弹簧振子，当振动到最大位移处恰有一质量为 m_0 的泥块从正上方落到质量为 m 的物块上，并与物块粘在一起运动，则下述结论正确的是 　　　（　　）

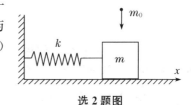

选 2 题图

　　A. 振幅变小，周期变小

　　B. 振幅变小，周期不变

　　C. 振幅不变，周期变大

　　D. 振幅不变，周期变小

3. 一物体悬挂在一质量可忽略的弹簧下端，使物体略有下移，测得其振动周期为 T，然后将弹簧分割为两半，并联地悬挂同一物体，再使物体略有位移，测得其周期为 T'，则 $\dfrac{T'}{T}$ 为

　　　　　　　　　　　　　　　　　　　　　　　　　　　　（　　）

A. 2   B. 1   C. $\dfrac{1}{\sqrt{2}}$ D. $\dfrac{1}{2}$

4. 如图所示两根轻弹簧和一质量为 m 的物体组成一振动系统,弹簧的倔强系数分别为 k_1 和 k_2,则系统的固有频率为   ( )

A. $\dfrac{1}{2\pi}\sqrt{\dfrac{k_1+k_2}{m}}$ B. $\dfrac{1}{2\pi}\sqrt{\dfrac{k_1 k_2}{m(k_1+k_2)}}$

C. $\dfrac{1}{2\pi}\sqrt{\dfrac{m}{k_1+k_2}}$ D. $\dfrac{1}{2\pi}\sqrt{\dfrac{k_1+k_2}{k_1 k_2 m}}$

选 4 题图

5. 质点作简谐振动时的加速度和位移的关系是   ( )

A. $a=6x$ B. $a=10x^2$ C. $a=-10x$ D. $a=-6x^2$

6. 如图所示三条曲线分别表示简谐振动 $x=A\cos(\omega t+\alpha)$ 中的位移 x,速度 v 和加速度 a.下列说法中哪一个是正确的?   ( )

A. 曲线 3,1,2 分别表示 x,v,a 曲线

B. 曲线 1,3,2 分别表示 x,v,a 曲线

C. 曲线 2,3,1 分别表示 x,v,a 曲线

D. 曲线 1,2,3 分别表示 x,v,a 曲线

选 6 题图

7. 一物体作简谐振动,振动方程为 $x=A\cos\left(\omega t+\dfrac{1}{4}\pi\right)$,当时间 $t=\dfrac{T}{2}$(T 为周期)时,物体的加速度为   ( )

A. $-\dfrac{1}{2}\sqrt{2}\,A\omega^2$ B. $\dfrac{1}{2}\sqrt{2}\,A\omega^2$ C. $-\dfrac{1}{2}\sqrt{3}\,A\omega^2$ D. $\dfrac{1}{2}\sqrt{3}\,A\omega^2$

8. 一质点作简谐振动,振动方程为 $x=A\cos(\omega t+\varphi)$,当时间 $t=\dfrac{T}{2}$(T 为周期)时,质点的速度为   ( )

A. $-A\omega\sin\varphi$ B. $A\omega\sin\varphi$ C. $-A\omega\cos\varphi$ D. $A\omega\cos\varphi$

9. 两个质量分别为 m_1、m_2 并由一轻弹簧的两端连结着的小球放在光滑的水平桌面上.当 m_1 固定时,m_2 的振动频率为 ν_2,当 m_2 固定时 m_1 的振动频率 ν_1 为   ( )

A. ν_2 B. $\dfrac{m_1\nu_1}{m_2}$ C. $\dfrac{m_2\nu_2}{m_1}$ D. $\nu_2\sqrt{\dfrac{m_2}{m_1}}$

10. 将水平弹簧振子拉离平衡位置 5 cm 然后释放,且开始向 x 轴负方向运动,若其运动方程为 $x=A\cos(\omega t+\varphi)$,则有   ( )

A. $A=5$ cm $\varphi=0$ B. $A=10$ cm $\varphi=\dfrac{\pi}{2}$

C. $A=5$ cm $\varphi=\pi$ D. $A=10$ cm $\varphi=-\dfrac{\pi}{2}$

11. 作简谐运动的物体,开始时处于 $x=\dfrac{A}{2}$ 处,并向 x 轴正向运动,则初相为   ( )

A. $-\dfrac{\pi}{3}$ B. $-\dfrac{2\pi}{3}$ C. $\dfrac{\pi}{3}$ D. $\dfrac{2\pi}{3}$

12. 有一谐振子沿 x 轴运动,平衡位置在 $x=0$ 处,周期为 T,振幅为 A. $t=0$ 时刻振子过 $x=\dfrac{A}{2}$ 处向 x 轴负向运动,则其运动方程表示为 （ ）

    A. $x=A\cos\dfrac{\pi}{2}t$ B. $x=\dfrac{A}{2}\cos\omega t$

    C. $x=-A\sin\left(\dfrac{2\pi}{T}t+\dfrac{\pi}{3}\right)$ D. $x=A\cos\left(\dfrac{2\pi}{T}t+\dfrac{\pi}{3}\right)$

13. 两质点沿 x 轴作相同频率和相同振幅的简谐振动,当它们两次沿相反方向互相通过时,它们的位移均为它们振幅的一半,则它们之间的相位差为 （ ）

    A. 2π B. $\dfrac{5}{3}\pi$ C. π D. $\dfrac{2}{3}\pi$

14. 有两个沿 x 轴作简谐振动的质点,其频率、振幅皆相同,当第一个质点自平衡位置向负方向运动时,第二个质点在 $x=-\dfrac{A}{2}$ 处（A 为振幅）也向负方向运动,则两者的相位差 $\varphi_2-\varphi_1$ 为 （ ）

    A. $\dfrac{\pi}{2}$ B. $\dfrac{2\pi}{3}$ C. $\dfrac{\pi}{6}$ D. $\dfrac{5\pi}{6}$

15. 两小球 A、B 作同频率、同方向的简谐振动,当 A 球自正方向回到平衡位置时,B 球恰好在正方向的端点,则它们的位相关系为 （ ）

    A. A 比 B 落后 $\dfrac{\pi}{2}$ B. A 比 B 超前 $\dfrac{\pi}{2}$

    C. A 比 B 超前 $\dfrac{2\pi}{3}$ D. A 比 B 落后 $\dfrac{\pi}{3}$

16. 质点作周期为 T,振幅为 A 的简谐振动,则质点由平衡位置运动到离平衡位置 $\dfrac{A}{2}$ 处所需的最短时间是 （ ）

    A. $\dfrac{T}{4}$ B. $\dfrac{T}{6}$ C. $\dfrac{T}{8}$ D. $\dfrac{T}{12}$

17. 一质点沿 x 轴作简谐振动,振动方程为 $x=4\times10^{-2}\cos\left(2\pi t+\dfrac{1}{3}\pi\right)$ (SI),从 $t=0$ 时刻起,到质点位置在 $x=-2$ cm 处,且向 x 轴正方向运动的最短时间间隔为 （ ）

    A. $\dfrac{1}{8}$ s   B. $\dfrac{1}{6}$ s   C. $\dfrac{1}{4}$ s   D. $\dfrac{1}{2}$ s

18. 一弹簧振子,重物的质量为 m,弹簧的倔强系数为 k,该振子作振幅为 A 的简谐振动. 当重物通过平衡位置且向规定的正方向运动时,开始计时. 则其振动方程为 （ ）

    A. $x=A\cos\left(\sqrt{k/m}t+\dfrac{1}{2}\pi\right)$ B. $x=A\cos\left(\sqrt{k/m}t-\dfrac{1}{2}\pi\right)$

    C. $x=A\cos\left(\sqrt{m/k}t+\dfrac{1}{2}\pi\right)$ D. $x=A\cos\left(\sqrt{m/k}t-\dfrac{1}{2}\pi\right)$

19. 轻质弹簧下挂一个小盘,小盘作简谐振动,平衡位置为原点,位移向下为正,并采用余弦表示. 小盘处于最低位置时刻有一个小物体不变盘速地粘在盘上,设新的平衡位置相对原平衡位置向下移动的距离小于原振幅,且以小物体与盘相碰为计时零点,那么以新的平衡

位置为原点时,新的位移表示式的初相在 （　　）

  A. $0\sim\frac{1}{2}\pi$ 之间 B. $\frac{1}{2}\pi\sim\pi$ 之间 C. $\pi\sim\frac{3}{2}\pi$ 之间 D. $\frac{3}{2}\pi\sim2\pi$ 之间

20. 把单摆摆球从平衡位置向位移正方向拉开,使摆线与竖直方向成一微小角度 θ,然后由静止放手任其振动,从放手时开始计时.若用余弦函数表示其运动方程,则该单摆振动的初相为 （　　）

  A. $\frac{\pi}{4}$ B. $\frac{\pi}{6}$ C. 0   D. $\frac{\pi}{12}$

21. 两个质点各自作简谐振动,它们的振幅相同、周期相同.第一个质点的振动方程为 $x_1=A\cos(\omega t+\alpha)$,当第一个质点从相对于其平衡位置的正位移处回到平衡位置时,第二个质点正在最大正位移处,则第二个质点的振动方程为 （　　）

  A. $x_2=A\cos\left(\omega t+\alpha+\frac{1}{2}\pi\right)$ B. $x_2=A\cos\left(\omega t+\alpha-\frac{1}{2}\pi\right)$

  C. $x_2=A\cos\left(\omega t+\alpha-\frac{3}{2}\pi\right)$ D. $x_2=A\cos(\omega t+\alpha+\pi)$

22. 如图所示,一长为 l 的均匀细棒悬于通过其一端的光滑水平固定轴上,做成一复摆.已知细棒绕通过其一端的轴的转动惯量 $J=\frac{1}{3}ml^2$,此摆做微小振动的周期为 （　　）

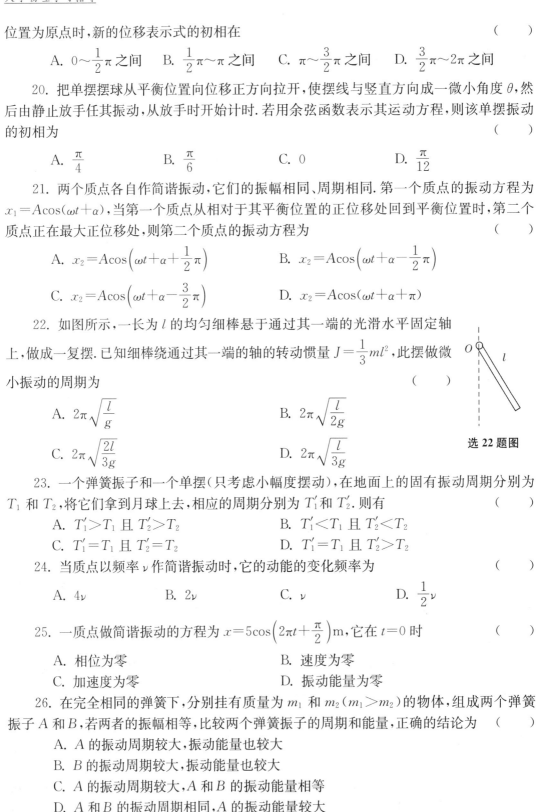

  A. $2\pi\sqrt{\dfrac{l}{g}}$ B. $2\pi\sqrt{\dfrac{l}{2g}}$

  C. $2\pi\sqrt{\dfrac{2l}{3g}}$ D. $2\pi\sqrt{\dfrac{l}{3g}}$

选 22 题图

23. 一个弹簧振子和一个单摆(只考虑小幅度摆动),在地面上的固有振动周期分别为 T_1 和 T_2,将它们拿到月球上去,相应的周期分别为 T_1' 和 T_2'.则有 （　　）

  A. $T_1'>T_1$ 且 $T_2'>T_2$ B. $T_1'<T_1$ 且 $T_2'<T_2$

  C. $T_1'=T_1$ 且 $T_2'=T_2$ D. $T_1'=T_1$ 且 $T_2'>T_2$

24. 当质点以频率 ν 作简谐振动时,它的动能的变化频率为 （　　）

  A. 4ν B. 2ν C. ν D. $\frac{1}{2}\nu$

25. 一质点做简谐振动的方程为 $x=5\cos\left(2\pi t+\frac{\pi}{2}\right)$m,它在 $t=0$ 时 （　　）

  A. 相位为零   B. 速度为零

  C. 加速度为零   D. 振动能量为零

26. 在完全相同的弹簧下,分别挂有质量为 m_1 和 $m_2(m_1>m_2)$ 的物体,组成两个弹簧振子 A 和 B,若两者的振幅相等,比较两个弹簧振子的周期和能量,正确的结论为 （　　）

  A. A 的振动周期较大,振动能量也较大

  B. B 的振动周期较大,振动能量也较大

  C. A 的振动周期较大,A 和 B 的振动能量相等

  D. A 和 B 的振动周期相同,A 的振动能量较大

27. 弹簧振子沿 x 轴作振幅为 A 的简谐振动,其动能和势能相等的位置是 （　　）

A. $x=0$ B. $x=\pm\dfrac{A}{2}$ C. $x=\pm\dfrac{\sqrt{2}}{2}A$ D. $x=\pm\dfrac{\sqrt{3}}{2}A$

28. 两个同方向、同频率的简谐运动,振幅为 A,若它们会振动的振幅也为 A.则两分振动的初相位差为 （　　）

A. $\dfrac{\pi}{6}$ B. $\dfrac{\pi}{3}$ C. $\dfrac{2\pi}{3}$ D. $\dfrac{\pi}{2}$

29. 有两个简谐振动:$x_1=A_1\cos\omega t$,$x_2=A_2\sin\omega t$,且有 $A_1>A_2$.则其合成振动的振幅为 （　　）

A. A_1+A_2 B. A_1-A_2 C. $\sqrt{A_1^2+A_2^2}$ D. $\sqrt{A_1^2-A_2^2}$

30. 已知两个同方向简谐振动表达式分别为 $x_1=4\times10^{-2}\cos\left(6t+\dfrac{\pi}{3}\right)$m 和 $x_2=4\times10^{-2}\cos\left(6t-\dfrac{\pi}{3}\right)$m,则它们的合振动表达式为 （　　）

A. $x=4\times10^{-2}\cos(6t+\pi)$m B. $x=4\times10^{-2}\cos 6t$ m

C. $x=2\times10^{-2}\cos(6t+\pi)$m D. $x=2\times10^{-2}\cos 6t$ m

二、填空题

1. 一质量为 m 的物体竖直悬挂于弹簧下端,弹簧的端点以 2 s 的周期振动,将这物体质量增加 2 kg,周期就变为 3 s,则 $m=$ _____,弹簧的倔强系数为_____.

2. 一物体作余弦振动,振幅为 15×10^{-2} m,角频率为 6π rad/s,初相为 0.5π,则振动方程为 $x=$_____.

3. 将质量为 m 的物体,系于倔强系数 k 的竖直悬挂的弹簧下端.假定在弹簧不变形的位置将物体由静止释放,然后物体作简谐振动,则振动频率为_____,振幅为_____.

4. 一弹簧振子,弹簧的倔强系数为 k,重物的质量为 m则此系统的固有振动周期为_____.

5. 已知三个简谐振动曲线如图所示,则振动方程分别为:

$x_1=$_____;

$x_2=$_____;

$x_3=$_____.

填 5 题图

6. 质量 M 的物体,挂在一个轻弹簧上振动.用秒表测得此系统在 t s 内振动了 n 次.若在此弹簧上再加挂质量 m 的物体,而弹簧所受的力未超过弹性限度.则该系统新的振动周期为_____.

7. 在两个相同的弹簧下各悬一物体,两物体的质量比为 4:1,则二者作简谐振动的周期之比为_____.

8. 用 0.4 N 的力拉一轻弹簧,可使其伸长 20 cm. 此弹簧下应挂_____kg 的物体,才能使弹簧振子作周期为 2π 秒的简谐振动.

9. 已知两个简谐振动的振动曲线如图所示,两简谐振动的最大速率之比为_____.

填 9 题图

10. 一水平弹簧简谐振子的振动曲线如图所示.当振子处在位移为零、速度为$-\omega A$、加速度为零和弹性力为零的状态时,对应曲线上的_____点.当振子处在位移的绝对值为A、速度为零、加速度为$\dfrac{-kA}{m}$和弹性力为$-kA$的状态时,对应曲线上的_____点.

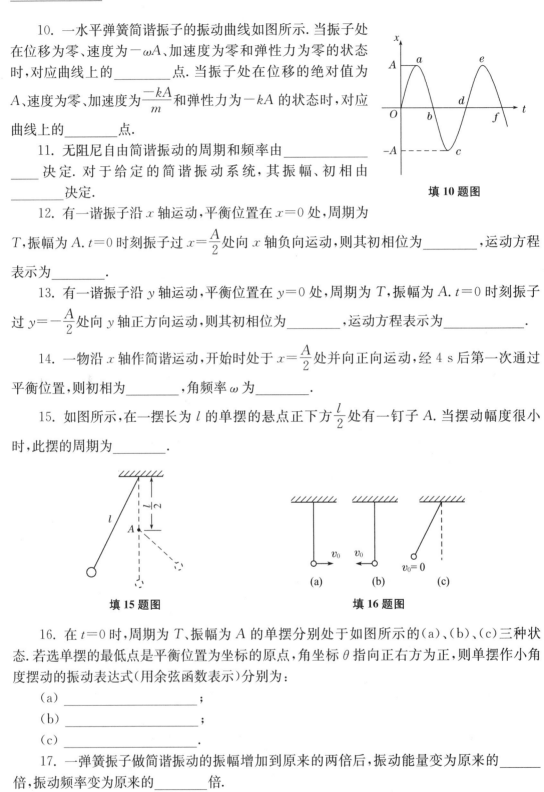

填 10 题图

11. 无阻尼自由简谐振动的周期和频率由_____决定.对于给定的简谐振动系统,其振幅、初相由_____决定.

12. 有一谐振子沿 x 轴运动,平衡位置在 $x=0$ 处,周期为 T,振幅为 A. $t=0$ 时刻振子过 $x=\dfrac{A}{2}$ 处向 x 轴负向运动,则其初相位为_____,运动方程表示为_____.

13. 有一谐振子沿 y 轴运动,平衡位置在 $y=0$ 处,周期为 T,振幅为 A. $t=0$ 时刻振子过 $y=-\dfrac{A}{2}$ 处向 y 轴正方向运动,则其初相位为_____,运动方程表示为_____.

14. 一物沿 x 轴作简谐运动,开始时处于 $x=\dfrac{A}{2}$ 处并向正向运动,经 4 s 后第一次通过平衡位置,则初相为_____,角频率 ω 为_____.

15. 如图所示,在一摆长为 l 的单摆的悬点正下方 $\dfrac{l}{2}$ 处有一钉子 A. 当摆动幅度很小时,此摆的周期为_____.

填 15 题图　　　　填 16 题图

16. 在 $t=0$ 时,周期为 T、振幅为 A 的单摆分别处于如图所示的(a)、(b)、(c)三种状态.若选单摆的最低点是平衡位置为坐标的原点,角坐标 θ 指向正右方为正,则单摆作小角度摆动的振动表达式(用余弦函数表示)分别为:

(a) _____;

(b) _____;

(c) _____.

17. 一弹簧振子做简谐振动的振幅增加到原来的两倍后,振动能量变为原来的_____倍,振动频率变为原来的_____倍.

18. 两个同方向同频率的简谐振动,其振动表达式分别为:$x_1=6\times10^{-2}\cos(5t+\pi/2)$(SI制),$x_2=2\times10^{-2}\sin(\pi-5t)$(SI),它们的合振动的振幅为_____,初相为_____.

19. 两个振动方程分别为 $x_1 = 0.06\cos(8\pi t + 0.4\pi)$，$x_2 = 0.08\cos(8\pi t + \varphi)$ (SI 制)，$\varphi =$ _____ 时合振幅最大，为 _____.

20. 一质点同时参与两个在同一直线上的简谐振动，其表达式为 $x_1 = 0.04\cos\left(2t + \dfrac{\pi}{6}\right)$，$x_2 = 0.03\cos\left(2t - \dfrac{5\pi}{6}\right)$，式中 x 以米计，t 以秒计. 该质点的振动式为 _____.

21. 已知两同方向的简谐运动的运动方程分别为 $x_1 = 0.04\cos(10t - 0.75\pi)\text{m}$，$x_2 = 0.03\cos(10t + 0.25\pi)\text{m}$，则它们的相位差为 _____. 合振动振幅为 _____.

22. 在同一直线上的两个简谐振动分别为 $x_1 = 0.05\cos\left(10t + \dfrac{3}{4}\pi\right)\text{m}$ 和 $x_2 = 0.06\cos\left(10t - \dfrac{1}{4}\pi\right)\text{m}$，则合振动的振幅为 _____，初相位为 _____.

23. 两个同方向同频率的简谐振动，其合振动的振幅为 20 cm，与第一个简谐振动的相位差为 $\dfrac{\pi}{6}$，若第一个简谐振动的振幅为 17.32 cm，则第二个简谐振动的振幅为 _____ cm，第一、第二两个简谐振动的相位差为 _____.

24. 一质点沿 x 轴以 $x = 0$ 为平衡位置作简谐振动，频率为 0.25 Hz. $t = 0$ 时 $x = -0.37$ cm 而速度等于零，则振幅是 _____，振动的数值表达式为 _____ cm.

25. 一简谐振动的表达式为 $x = A\cos(3t + \varphi)$，已知 $t = 0$ 时的初位移为 0.04 m，初速度为 0.09 m/s，则振幅 $A =$ _____，初相 $\varphi =$ _____.

26. 两个弹簧振子的周期都是 0.4 s，设开始时第一个振子从平衡位置向负方向运动，经过 0.5 s 后，第二个振子才从正方向的端点开始运动，则这两振动的相位差为 _____.

27. 两质点沿水平 x 轴线作相同频率和相同振幅的简谐振动，平衡位置都在坐标原点，它们总是沿相反方向经过同一个点，其位移 x 的绝对值为振幅的一半，则它们之间的相位差为 _____.

28. 一弹簧振子作简谐振动，当其位移为振幅的一半时，其动能与总能量的比值为 _____.

29. 两个同方向同频率的简谐振动，其振动表达式分别为：$x_1 = \cos\omega t$ (SI)，$x_2 = \sqrt{3}\cos\left(\omega t + \dfrac{\pi}{2}\right)$ (SI) 它们的合振动的振幅为 _____，初相为 _____.

30. 由表达式 $x_1 = 4\sin\pi t$、$x_2 = 3\sin\left(\pi t + \dfrac{\pi}{2}\right)$（$x$、$t$ 分别以 cm 和 s 计）表示的两个分振动合成而得到的合振动的振幅为 _____，初相为 _____.

三、计算题

1. 一质量为 m_1 的物体悬挂在弹簧（服从胡克定律）底端，若再增加 m_2 的物体，发现弹簧伸长 l，求：(1) 弹簧的倔强系数；(2) 拿掉 m_2 的物体后弹簧的运动周期.

2. 质量为 3 kg 的质点,按方程 $x=0.2\sin[5t-(\pi/6)]$(SI 制)沿着 x 轴作简谐振动.求:

(1) $t=0$ 时,作用于质点的力的大小;

(2) 作用于质点的力的最大值和此时质点的位置.

3. 一物体在光滑水平面上作简谐振动,振幅是 10 cm,在距平衡位置 6 cm 处速度是 8 cm/s,求:(1) 周期 T;(2) 当速度是 10 cm/s 时的位移.

4. 一质量为 10 g 的物体作简谐振动,其振幅为 2 cm,频率为 4 Hz,$t=0$ 时位移为 -2 cm,初速度为零.求:(1) 振动表达式;(2) $t=\dfrac{1}{4}$ s 时物体所受的作用力.

5. 如图所示,一质点在 x 轴上过 A 点时作为计时起点($t=0$),经过 2 s 后质点第一次经过 B 点,再经过 2 s 后质点第二次经过 B 点,若已知该质点在 A、B 两点具有相同的速率,且 $AB=10$ cm,求:(1) 质点的振动方程;(2) 质点在 A 点处的速率.

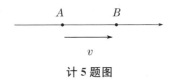

计 5 题图

6. 两个水平弹簧振子,振动周期均为 2 s,振幅均为 A,$t=0$ 时刻振子 1 沿 x 轴反方向运动至平衡位置,而振子 2 沿 x 轴反方向运动至 $x=\dfrac{A}{2}$ 处,试求:

(1) 振子 1 和振子 2 的相位差;

(2) 振子 2 从初始位置沿 x 轴反方向运动至 $x=-\dfrac{A}{2}$ 处所经历的最短时间.

7. 两个质点作同频率、同振幅的简谐运动. 第一个质点的运动方程为 $x_1 = A\cos(\omega t + \varphi_1)$，当第一个质点的自振动正方向回到平衡位置时,第二个质点恰在振动正方向的端点. 试用旋转矢量图表示它们,并求第二个质点的运动方程及它们的相位差.

8. 已知两简谐振动的 v-t 曲线,如图 9-19 所示. 它们是同方向、同频率的简谐振动. 求:(1) 两个谐振动的振动方程;(2) 它们的合振动方程.

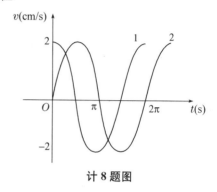

计 8 题图

9. 一质点作简谐振动,其振动方程为 $x = 4.0 \times 10^{-2}\cos\left(\frac{1}{3}\pi t - \frac{1}{4}\pi\right)$(SI),求:

(1) 当 x 值为多大时,系统的势能为总能量的一半?

(2) 质点从平衡位置移动到上述位置所需最短时间为多少?

四、应用题

1. 一质点在半径为 $R = 0.10$ m 的水平圆周上运动,角速度为 30 r/min,远处从一确定方向射来的平行光束将此石块投影到附近墙壁上,求投影运动的振幅、频率和周期.

2. 一质量 $m = 0.25$ kg 的物体,在弹簧的力作用下沿 x 轴运动,平衡位置在原点,弹簧的倔强系数 $k = 25$ N·m^{-1}. 求:(1) 振动的周期 T 和角频率;(2) 如果振幅 $A = 15$ cm,$t = 0$ 时物体位于 $x = 7.5$ cm 处,且物体沿 x 轴反向运动,求振动的数值表达式、初速 v_0 及初相.

3. 如图所示,有一弹簧振子,弹簧的倔强系数为 k 振子的质量为 m',开始时处于静止平衡状态.有一质量为 m 的子弹以速率 v_0 沿弹簧方向飞来,击中振子并埋在其中.试以击中时间为计时起点,写出此系统的振动表达式.(忽略弹簧质量及振子与地面摩擦,向右为 x 轴正方向)

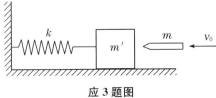

应 3 题图

4. 如图所示,倔强系数为 k 的轻弹簧,系一质量为 m_1 的物体,在水平面上作振幅为 A 的简谐运动.有一质量为 m_2 的粘土,从高空 h 自由下落,正好在 a 物体通过平衡位置时,b 物体在最大位移处时,落在物体上,分别求 a、b 两种情况下:(1) 振动周期有何变化? (2) 振幅有何变化?

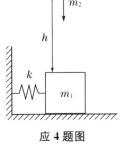

应 4 题图

5. 设地球是一个半径为 R 的均匀的球体,并沿直径凿通一条隧道.若有一质量为 m 的质点在此隧道内作无摩擦运动.(1) 证明此质点的运动是简谐振动;(2) 计算其周期.(地球密度 ρ 取 $5.5\times10^3\,\mathrm{kg\cdot m^{-3}}$,$G$ 取 $6.67\times10^{-11}\,\mathrm{N\cdot m^2\cdot kg^{-2}}$)

6. 某振动质点的 $x\text{-}t$ 曲线如图所示,试求:(1) 运动方程;(2) 点 P 对应的相位;(3) 到达点 P 相应位置所需的时间.

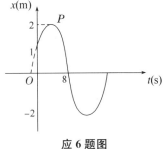

应 6 题图

7. 一质量为 m 的平底船,其平均水平截面积为 S,吃水深度为 h,如不计水的阻力,求此船在竖直方向的振动周期.

第十章 波 动

10.1 基本要求

（1）理解机械波产生的条件.掌握根据已知质元的简谐振动表达式建立平面简谐波的波函数的方法及波函数的物理意义,理解波形图线.

（2）理解描述波动的各物理量:波长、波速、波的周期和频率的物理意义及相互关系.

（3）能根据波动方程画出波形图线,能根据波形图线求波动方程和分析解决有关波动问题.

（4）理解波的能量传播特征及与振动能量的区别,了解能流、能流密度概念.

（5）了解惠更斯原理和波的叠加原理.掌握波的相干条件,能应用相位差或波程差的概念分析和确定相干波叠加后振幅加强和减弱的条件.

（6）理解驻波的概念及其形成条件和特点,了解驻波和行波的区别,建立相位跃变（或半波损失）的概念.

（7）了解机械波的多普勒效应及产生原因.能用多普勒频移公式进行相关计算.

10.2 基本概念和规律

1. 机械波产生的条件和传播方式

（1）机械波产生的两个条件.

波源:引起弹性介质振动的机械振动.

弹性介质:通过相互间弹性作用力组合在一起的介质,包括固体、液体和气体.

形成机械波必须有波源和弹性介质,二者缺一不可.

（2）机械波的传播方式.

机械波的传播方式有横波和纵波两种.

横波:波在传播过程中,各质点的振动方向与波的传播方向相互垂直的波.

横波在外形上有波峰和波谷,通常只在固体中传播.

纵波:波在传播过程中,各质点的振动方向与波的传播方向相互平行的波.

纵波在外形上有疏部和密部,通常可以在固、液和气体中传播.

各种复杂的波都可以分解成横波和纵波来处理.

2. 描述波动的物理量

（1）波长 λ:沿波传播方向两个相邻的、相位差为 2π 的振动质点之间的距离,即一个完整波形的长度.

（2）波的周期 T 和频率 ν.

周期：波前进一个波长的距离所需要的时间，用 T 表示.

频率：周期的倒数，用 ν 表示.

波的周期和频率与波源及介质中各质点的振动周期和频率的大小相等，且只取决于波源的状况，与介质的性质无关.

（3）波速 u：在波动过程中，某一振动状态（即振动相位）在单位时间内传播的距离，称为波速，用 u 表示，也称为相速. 波速只取决于介质的性质（介质的弹性模量和密度），与波源的状况无关.

（4）波数 k：也称为角波速，等于在 2π 长度内所包含的完整波的个数. 即 $k=\dfrac{2\pi}{\lambda}$.

（5）波速 u，波长 λ，周期 T，频率 ν 之间的关系：

$$\lambda=uT, u=\nu\lambda=\frac{\omega}{k}.$$

3. 介质中相距为 x 的两点振动的相位差为

$$\Delta\varphi=\frac{2\pi}{\lambda}\Delta x.$$

4. 平面简谐波的波函数

已知波线上一点的振动方程和波速就可写出平面波的波函数，典型的波函数形式

$$y(x,t)=A\cos\left[\omega\left(t\pm\frac{x}{u}\right)+\varphi_0\right]$$

$$y(x,t)=A\cos\left[2\pi\left(\frac{t}{T}\pm\frac{x}{\lambda}\right)+\varphi_0\right]$$

$$y(x,t)=A\cos[\omega t-kx+y_0]$$

式中 x 前边的 $\pm$ 号由波的传播方向确定，沿 x 轴正方向传播的波取负号，沿 x 轴负方向传播的波取正号. φ_0 是指 O 点的初相位，$k=\dfrac{2\pi}{\lambda}$ 叫做角波数.

5. 波动方程的物理意义

平面简谐波的波动方程是 x 和 t 两个变量的函数.

（1）当 $x=$ 常量时，波动方程表示 x 处质点任意时刻离开平衡位置的位移，即 x 处质点的振动情况，此时，波动方程变为振动方程.

（2）当 $t=$ 常量时，该函数给出 t 时刻介质中各质点离开自己平衡位置的位移，即 t 时刻的波形.

（3）当 x 和 t 均变化时，波动方程表示所有质点离开各自平衡位置位移随时间的变化规律，体现波动是振动状态的传播这一动态特征.

6. 波的能量和能流

平均能量密度 $\qquad\qquad\qquad\qquad \omega=\dfrac{1}{2}\rho\omega^2 A^2$

平均能流密度（波的强度） $\qquad\qquad I=\dfrac{1}{2}\rho u\omega A^2$

7. 波的干涉

两相干波源发出的波在空间相遇而叠加时,干涉加强和减弱的条件由两波在相遇点的相位差 $\Delta\varphi$ 决定,即

$$\Delta\varphi = \varphi_2 - \varphi_1 - \frac{2\pi}{\lambda}(r_2 - r_1)$$

$$\Delta\varphi = 2k\pi \ \text{干涉加强}$$

$$\Delta\varphi = (2k+1)\pi \ \text{干涉相消}$$

其中,$\varphi_2 - \varphi_1$ 为两波源的初相差,$r_2 - r_1$ 为两列波的波程差.

8. 驻波

两列振幅相同,沿相反方向传播的相干波 $y_1 = A\cos 2\pi\left(\nu t - \dfrac{x}{\lambda}\right)$ 和 $y_2 = A\cos 2\pi\left(\nu t + \dfrac{x}{\lambda}\right)$ 相叠加,形成驻波,驻波方程为

$$y = y_1 + y_2 = 2A\cos 2\pi\frac{x}{\lambda}\cos 2\pi\nu t = A(x)\cos 2\pi\nu t$$

9. 多普勒效应

$$\nu' = \frac{u \pm v_0}{u \mp v_S}\nu$$

式中 u 为波速,v_0 和 v_S 分别为观测者和波源相对于媒质的速度,v_0 和 v_S 均为代数量,注意根据其运动方向,确定其正、负.

10.3 学习指导

本章的重点也是难点内容是平面简谐波波函数的建立. 要能正确得出各种情况下平面简谐波的波函数,关键是正确理解机械波的产生和传播机理,明确机械波是机械振动在介质中的传播,传播的是振动状态. 介质中各个质点的振动是波源振动的重复,不同的仅仅是相位,沿着波的传播方向,各质点振动相位逐点滞后. 所以已知介质中任一质点的振动方程和波的传播方向和波速,就能得出其他任意质点的振动方程,也即得到了任意质点在任意时刻的位移,这就是波函数. 下面会对本章中出现的一些典型题型以举例的形式做详细讲解.

1. 求描述波动方程的各物理量和某点的振动方程

已知波动方程,求波的传播方向、周期、频率、波速、波长以及某质点的振动速度和加速度等. 求解时应先将已知的波动方程化为标准形式.

2. 根据已知条件建立波动方程

要求建立波动方程的题目,主要有以下三种类型:
(1) 已知某点的振动方程,求波动方程;
(2) 已知某点的振动曲线,求波动方程;
(3) 已知某时刻的波动曲线,求波动方程.

解决此种类型的题目的关键是先确定波速和原点处质点的振动初相位或原点处质点的振动方程,然后根据传播方向写出波动方程.

3. 波的干涉问题

波的干涉问题主要有以下两类：

（1）讨论相干波在相干区域内某些点干涉加强或减弱情况；

（2）确定相干区域内某点的振动方程.

处理干涉问题的主要方法是先求出两列相干波的波动方程或它们在相干区域内某点的相位差，应用干涉加强或减弱条件，确定干涉加强或减弱的位置及对应的振幅.

10.4　典型例题

例 10-1　已知：一平面简谐波的波动方程为 $y=0.5\cos\left[\pi(200t-10x)+\dfrac{\pi}{2}\right]$. 试求：简谐波的振幅、波长、频率、周期、波速、初相位和波的传播方向.

解：用比较法解该题，将给定的波动方程化为 $y=0.5\cos\left[200\pi\left(t-\dfrac{x}{20}\right)+\dfrac{\pi}{2}\right]$ 后与标准形式 $y=A\cos\left[\omega\left(t-\dfrac{x}{u}\right)+\varphi\right]$ 比较可得：$A=0.5$ m，$\omega=200\pi$ rod/s，$u=20$ m/s，$\varphi=\pi/2$，周期 $T=\dfrac{2\pi}{\omega}=0.01$ s，频率 $\nu=\dfrac{1}{T}=100$ Hz，波长 $\lambda=uT=0.2$ m，且沿 x 轴正方向传播.

例 10-2　已知波动方程为 $y=A\cos\dfrac{2\pi}{\lambda}(ut-x)$，其中 $A=0.01$ m，$\lambda=0.2$ m，$u=25$ m/s. 求：（1）$t=1$ s 时，在 $x=5$ m 处质点振动的位移、速度和加速度；

（2）$x=0.05$ m 处质点的振动方程；

（3）在波的传播方向上相距为 0.15 m 的两点的相位差.

解：（1）$t=1$ s 时，在 $x=5$ m 处质点振动的位移为

$$y=A\cos\frac{2\pi}{\lambda}(ut-x)=0.01\cos\frac{2\pi}{0.2}(25-5)=0.01\cos 200\pi=0.01\ \text{m}.$$

速度 $v=\dfrac{\mathrm{d}y}{\mathrm{d}t}=-\dfrac{2\pi}{\lambda}uA\sin\dfrac{2\pi}{\lambda}(ut-x)=-\dfrac{2\pi}{0.2}\times25\times0.01\cdot\sin\dfrac{2\pi}{0.2}(25\times1-5)=0.$

加速度 $a=\dfrac{\mathrm{d}^2y}{\mathrm{d}t^2}=-\left(\dfrac{2\pi}{\lambda}u\right)^2A\cos\dfrac{2\pi}{\lambda}(ut-x)=-625\pi^2\ (\text{m/s}^2)$

（2）$x=0.05$ m 处质点的振动方程

$$y=A\cos\frac{2\pi}{\lambda}(ut-x)=0.01\cos(250\pi t-0.5\pi).$$

（3）根据相位差和波程差的关系，同一波线上相距为 0.15 m 的两点的相位差为

$$\Delta\varphi=\frac{2\pi}{\lambda}(x_2-x_1)=\frac{2\pi}{\lambda}\Delta x=\frac{2\pi}{0.2}\times0.15=\frac{3}{2}\pi.$$

例 10-3　一平面简谐波以 400 m/s 速度在均匀介质中沿 x 轴正方向传播. 位于坐标原点的质点的振动周期为 0.01 s，振幅为 0.01 m，取原点处质点经过平衡位置且向正方向运动时作为计时起点. 试求：

（1）波动方程；

（2）距原点为 2 m 处的质点 P 的振动方程；

（3）若以距原点 2 m 处为坐标原点，写出波动方程.

解：（1）确定原点的振动方程. 由已知条件得

$$A=0.01\ \text{m},\omega=200\pi\text{rad/s},u=400\ \text{m/s}.$$

依据题意，原点 O 处质点振动的初始条件为

$$t=0,y_0=0,v_0>0.$$

用旋转矢量法求出原点处质点的振动初相位为：$\varphi=-\pi/2$，故原点的振动方程为

$$y=0.01\cos\left(200\pi t-\frac{\pi}{2}\right).$$

波沿 x 轴正方向传播，所以波动方程为

$$y=0.01\cos\left[200\pi\left(t-\frac{x}{u}\right)-\frac{\pi}{2}\right]=0.01\cos\left[200\pi\left(t-\frac{x}{400}\right)-\frac{\pi}{2}\right].$$

（2）将 $x=2$ m 代入波动方程，得到 P 点的振动方程为

$$y=0.01\cos\left[200\pi\left(t-\frac{2}{u}\right)-\frac{\pi}{2}\right]=0.01\cos\left[200\pi t-\frac{3\pi}{2}\right].$$

（3）由（2）的结果直接得到以 P 点为坐标原点的波动方程为

$$y=0.01\cos\left[200\pi\left(t-\frac{x}{400}\right)-\frac{3\pi}{2}\right].$$

例 10 - 4 一平面简谐波以 $u=0.8$ m/s 的速度沿 x 轴负方向传播. 已知距坐标原点 $x'=0.4$ m 处质点的振动曲线如图 10 - 1 所示. 试求：

（1）$x'=0.4$ m 处质点的振动方程；

（2）该平面简谐波的波动方程；

（3）画出 $t=0$ 时刻的波形图.

解：（1）由图可知，$A=0.05$ m，$T=1.0$ s，$\omega=2\pi/T=2\pi\text{rad/s}$，$\lambda=uT=0.8$ m

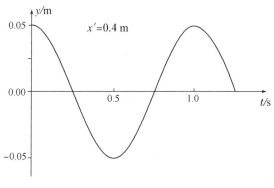

图 10 - 1

另外，在 $x'=0.4$ m 处质点的振动的初始条件 $t=0$ 时，$y_0=A=0.05$ m，$v_0=0$，由这些条件可得 x' 处质点振动的初相位 $\varphi'=0$

则 $x'=0.4$ m 处质点的振动方程为

$y_{x'}=0.05\cos(2\pi t)$

（2）根据（1）的结果，先求原点处质点的振动方程

以 x' 为新的坐标原点的波动方程为

$$y=0.05\cos 2\pi\left(t+\frac{x}{0.8}\right).$$

将原点坐标 $x_0=-0.4$ m 代入，原点处质点的振动方程为

$$y=0.05\cos 2\pi\left(t+\frac{-0.4}{0.8}\right)=0.05\cos(2\pi t-\pi).$$

则波动方程为 $y=0.05\cos\left[2\pi\left(t+\frac{x}{0.8}\right)-\pi\right].$

将 $t=0$ 代入波动方程得到 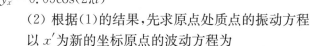 $y=0.05\cos(2.5\pi x-x).$

其波形图如图 10 - 2 所示.

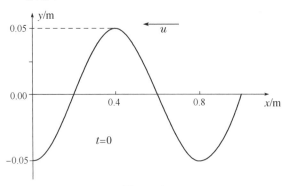

图 10 - 2

例 10 - 5 一平面简谐波 $t=0$ 时的波形如图 10 - 3 所示,且向右传播,波速 $u=300$ m/s,试求:

(1) O 点的振动表达式;

(2) 波的表达式;

解: 由图 10 - 3 可知振幅 $A=0.02$ m,$\lambda=4$ m

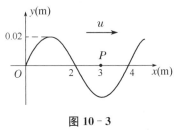

图 10 - 3

$$T=\frac{\lambda}{u}=\frac{1}{75};$$

$$k=\frac{2\pi}{\lambda}=\frac{\pi}{2};$$

$$\omega=\frac{2\pi}{T}=150\pi.$$

O 点在 $t=0$ 时 $y_0=0$,且 $v<0$.

由旋转矢量法可得初相 $\varphi_0=\frac{\pi}{2}$.所以 O 点的振动表达式为

$$y_0=0.02\cos\left(150\pi t+\frac{\pi}{2}\right).$$

波函数为 $y=0.02\cos\left(150\pi t-\frac{\pi}{2}x+\frac{\pi}{2}\right).$

例 10 - 6 已知两相干波源 S_1 和 S_2,频率 $\nu=2.5$ Hz,波速均为 $u=10$ m/s,振幅均为 5 cm.波源 S_1 和 S_2 的初相位分别为 $\varphi_1=0,\varphi_2=\pi$.波源的位置如图 10 - 4 所示.试求:

(1) 两列波的波动方程;

(2) 两列波传到 P 点时的振动方程.

解: (1) 由已知条件可知,两相干波源的振动频率为

$$\omega=2\pi\nu=5\pi\,\mathrm{rad/s}.$$

波源 S_1 和 S_2 的振动方程分别为

$$y_{10}=5\times10^{-2}\cos 5\pi t;$$

$$y_{20}=5\times10^{-2}\cos(5\pi t+\pi).$$

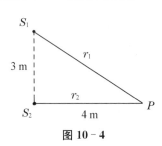

图 10 - 4

则两列波的波动方程分别为

$$y_1=5\times10^{-2}\cos 5\pi\left(t-\frac{r_1}{10}\right);$$

$$y_2 = 5 \times 10^{-2} \cos\left[5\pi\left(t - \frac{r_2}{10}\right) + \pi\right].$$

（2）将 $r_1 = 5$ m，$r_2 = 4$ m 代入上式，两列波传到 P 点的振动方程分别为

$$y_{1P} = 5 \times 10^{-2} \cos 5\pi\left(t - \frac{r_1}{10}\right) = 5 \times 10^{-2} \cos 5\pi\left(t - \frac{5}{10}\right) = 5 \times 10^{-2} \cos\left(5\pi t - \frac{\pi}{2}\right);$$

$$y_{2P} = 5 \times 10^{-2} \cos\left[5\pi\left(t - \frac{r_2}{10}\right) + \pi\right] = 5 \times 10^{-2} \cos\left[5\pi\left(t - \frac{4}{10}\right) + \pi\right] = 5 \times 10^{-2} \cos\left(5\pi t - \pi\right)$$

根据振动方程作旋转矢量图，如图 10-5 所示.

P 点合振动的振幅和初相位为

$$A = 5\sqrt{2} \text{ cm}, \varphi = \frac{5\pi}{4}.$$

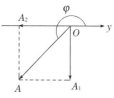

P 点的振动方程为

$$y_P = 5\sqrt{2} \times 10^{-2} \cos\left(5\pi t + \frac{5\pi}{4}\right).$$

图 10-5

10.5 练习题

一、选择题

1. 在下面几种说法中，正确的说法是 （　　）

A. 波源不动时，波源的振动周期与波动的周期在数值上是不同的

B. 波源振动的速度与波速相同

C. 在波传播方向上的任一质点振动相位总是比波源的相位滞后（按差值不大于 π 计）

D. 在波传播方向上的任一质点的振动相位总是比波源的相位超前.（按差值不大于 π 计）

2. 机械波的表达式为 $y = 0.03 \cos 6\pi(t + 0.01x)$，则 （　　）

A. 其振幅为 3 m   B. 其周期为 $\frac{1}{3}$ s

C. 其波速为 10 m/s   D. 波沿 x 轴正向传播

3. 一平面简谐波的表达式为 $y = 0.1 \cos(3\pi t - \pi x + \pi)$ (SI)，$t = 0$ 时的波形曲线如图所示，则 （　　）

A. O 点的振幅为 -0.1 m

B. 波长为 3 m

C. a、b 两点间相位差为 $\frac{1}{2}\pi$

D. 波速为 9 m/s

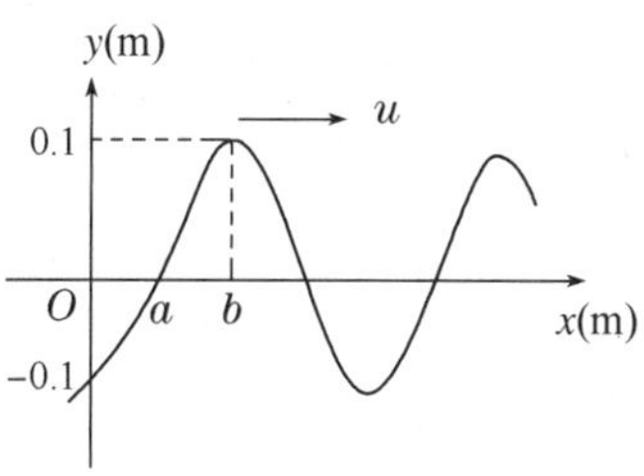

选 3 题图

4. 如图所示为一平面简谐波在 t 时刻的波形曲线，若此时 A 点处媒质质元的振动动能在增大，则有 （　　）

A. A 点处质元的弹性势能在减小   B. 波沿 x 轴负方向传播

C. B 点处质元的振动动能在减小   D. 各点的波的能量都不随时间变化

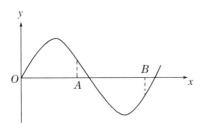

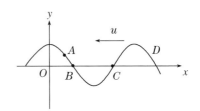

选 4 题图　　　　　　　　　　　选 5 题图

5. 横波以波速 u 沿 x 轴负方向传播. t 时刻波形曲线如图所示. 则该时刻　　　（　　）

　　A. A 点振动速度大于零　　　　　　B. B 点静止不动

　　C. C 点向下运动　　　　　　　　　D. D 点振动速度小于零

6. 频率为 $500\ \mathrm{Hz}$ 的机械波,波速为 $360\ \mathrm{m/s}$,则同一波线上相位差为 $\dfrac{\pi}{3}$ 的两点的距离

为　　　　　　　　　　　　　　　　　　　　　　　　　　　　　　　　　（　　）

　　A. $0.24\ \mathrm{m}$　　　　B. $0.48\ \mathrm{m}$　　　　C. $0.36\ \mathrm{m}$　　　　D. $0.12\ \mathrm{m}$

7. 图为沿 x 轴负方向传播的平面简谐波在 $t=0$ 时刻的波形. 若波的表达式以余弦函数表示,则 O 点处质点振动的初相为　　　　　　　　　　　　　　　　　　（　　）

　　A. 0　　　　　　B. $\dfrac{1}{2}\pi$　　　　　　C. π　　　　　　D. $\dfrac{3}{2}\pi$

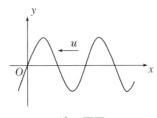

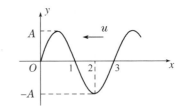

选 7 题图　　　　　　　　　　　选 8 题图

8. 一横波沿 x 轴负方向传播,若 t 时刻波形曲线如图所示,则在 $t+\dfrac{T}{4}$ 时刻 x 轴上的 1、

2、3 三点的振动位移分别是　　　　　　　　　　　　　　　　　　　　　　（　　）

　　　　A. $A,0,-A$　　　　B. $-A,0,A$　　　　C. $0,A,0$　　　　D. $0,-A,0$

9. 一平面余弦波在 $t=0$ 时刻的波形曲线如图所示,则 O 点的振动初相为　　　（　　）

　　A. 0　　　　　　B. $\dfrac{1}{2}\pi$

　　C. π　　　　　　D. $\dfrac{3}{2}\pi\left(\text{或}-\dfrac{1}{2}\pi\right)$

选 9 题图

10. 频率为 $100\ \mathrm{Hz}$,传播速度为 $300\ \mathrm{m/s}$ 的平面简谐波,波线上距离小于波长的两点振动的相位差为 $\dfrac{1}{3}\pi$,则此两点相

距　　　　　　　　　　　　　　　　　　　　　　　　　　　　　　　　　（　　）

　　　　A. $2.86\ \mathrm{m}$　　　　B. $2.19\ \mathrm{m}$　　　　C. $0.5\ \mathrm{m}$　　　　D. $0.25\ \mathrm{m}$

11. 频率为 4 Hz 沿 x 轴正向传播的简谐波,波线上有两点 a 和 b,若它们开始振动的时间差为 0.25 s,则它们的相位差为 ( )

    A. $\dfrac{\pi}{2}$ B. π C. $\dfrac{3}{2}\pi$ D. 2π

12. 由图中给出的波形图和 P 点质元振动图,可得该简谐波方程为 ( )

    A. $y=0.02\cos 10\pi\left(t-\dfrac{x}{10}\right)$ B. $y=0.02\cos\left[10\pi\left(t+\dfrac{x}{10}\right)-\dfrac{\pi}{2}\right]$

    C. $y=0.02\cos\left[10\pi\left(t+\dfrac{x}{10}\right)+\dfrac{\pi}{2}\right]$ D. 条件不足,不能确定

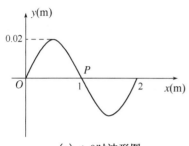 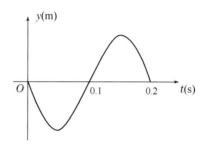

        (a) $t=0$ 时波形图   (b) P 处质元振动图

选 12 题图

13. 一简谐波沿 Ox 轴正方向传播,$t=0$ 时刻波形曲线如图所示.已知周期为 2 s,则 P 点处质点的振动速度 v 与时间 t 的关系曲线为 ( )

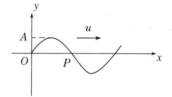

选 13 题图

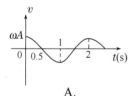 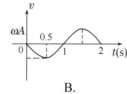 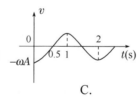 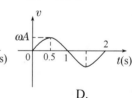

    A.   B.   C.   D.

14. 一平面简谐波沿 x 轴负方向传播.已知 $x=b$ 处质点的振动方程为 $y=A\cos(\omega t+\varphi_0)$,波速为 u,则波的表达式为 ( )

    A. $y=A\cos\left(\omega t+\dfrac{b+x}{u}+\varphi_0\right)$ B. $y=A\cos\left[\omega\left(t-\dfrac{b+x}{u}\right)+\varphi_0\right]$

    C. $y=A\cos\left[\omega\left(t+\dfrac{x-b}{u}\right)+\varphi_0\right]$ D. $y=A\cos\left[\omega\left(t+\dfrac{b-x}{u}\right)+\varphi_0\right]$

15. 一平面简谐波以波速 2 m/s 沿 x 轴正向传播,坐标原点的振动表达式为 $y_0=6\times 10^{-2}\cos\dfrac{\pi}{5}t$ m,则当 $t=5$ s 时该波的波形曲线方程为 ( )

    A. $y=6\times 10^{-2}\cos(\pi-\pi x)$ B. $y=6\times 10^{-2}\cos[\pi(1-0.1x)]$

    C. $y=6\times 10^{-2}\cos\left(\pi-\dfrac{x}{2}\right)$ D. $y=6\times 10^{-2}\cos(\pi-0.5\pi x)$

16. 一平面简谐波的表达式为 $y=A\cos 2\pi\left(\nu t-\dfrac{x}{\lambda}\right)$. 在 $t=\dfrac{1}{\nu}$ 时刻，$x_1=\dfrac{3\lambda}{4}$ 与 $x_2=\dfrac{\lambda}{4}$ 二点处质元速度之比是 （　　）

    A. -1 B. $\dfrac{1}{3}$ C. 1 D. 3

17. 平面简谐波 $y=4\cos(5\pi t+3\pi x)$ 与下面哪列波相干后形成驻波 （　　）

    A. $y=4\cos 2\pi\left(\dfrac{5}{2}t+\dfrac{3}{2}x\right)$ B. $x=4\cos 2\pi\left(\dfrac{5}{2}t+\dfrac{3}{2}y\right)$

    C. $y=4\cos 2\pi\left(\dfrac{5}{2}t-\dfrac{3}{2}x\right)$ D. $x=4\cos 2\pi\left(\dfrac{5}{2}t-\dfrac{3}{2}y\right)$

18. 在同一媒质中两列相干的平面简谐波的强度之比是 $\dfrac{I_1}{I_2}=4$，则两列波的振幅之比是 （　　）

    A. $\dfrac{A_1}{A_2}=16$ B. $\dfrac{A_1}{A_2}=4$

    C. $\dfrac{A_1}{A_2}=2$ D. $\dfrac{A_1}{A_2}=\dfrac{1}{4}$

19. 如图所示同方向振动的两平面简谐波源 S_1 和 S_2，其振动表达式分别为 $x_1=A_1\cos\omega t$，$x_2=A_2\sin\omega t$，则与两波源等距离的 P 点的振幅为 （　　）

    A. A_1+A_2 B. $|A_1-A_2|$ C. $\sqrt{A_1^2+A_2^2}$ D. 振幅随时间变化

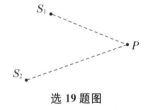

选 19 题图   选 20 题图

20. 如图所示，S_1 和 S_2 为两相干波源，它们的振动方向均垂直于图面，发出波长为 λ 的简谐波，P 点是两列波相遇区域中的一点，已知 $\overline{S_1P}=2\lambda$，$\overline{S_2P}=2.2\lambda$，两列波在 P 点发生相消干涉. 若 S_1 的振动方程为 $y_1=A\cos\left(2\pi t+\dfrac{1}{2}\pi\right)$，则 S_2 的振动方程为 （　　）

    A. $y_2=A\cos\left(2\pi t-\dfrac{1}{2}\pi\right)$ B. $y_2=A\cos(2\pi t-\pi)$

    C. $y_2=A\cos\left(2\pi t+\dfrac{1}{2}\pi\right)$ D. $y_2=2A\cos(2\pi t-0.1\pi)$

21. 两相干平面波波源 A、B，振幅皆为 2 cm，相位差为 π，两波源相距 20 m，则在两波源连线的中垂线上任意一点 P，两列波叠加后合振幅为 （　　）

    A. 0 cm   B. 2 cm   C. 4 cm   D. 2.82 cm

22. 在驻波中，两个相邻波节间各质点的振动 （　　）

    A. 振幅相同，相位相同   B. 振幅不同，相位相同

    C. 振幅相同，相位不同   D. 振幅不同，相位不同

23. 沿着相反方向传播的两列相干波，其表达式为

$$y_1 = A\cos 2\pi(\nu t - x/\lambda) \text{ 和 } y_2 = A\cos 2\pi(\nu t + x/\lambda).$$

在叠加后形成的驻波中,各处简谐振动的振幅是 ( )

A. A　　　　　B. $2A$　　　　　C. $2A\cos(2\pi x/\lambda)$　D. $|2A\cos(2\pi x/\lambda)|$

24. 两列波在同一直线上传播,其表达式分别为

$$y_1 = 6.0\cos[\pi(0.02x - 8t)/2], \quad y_2 = 6.0\cos[\pi(0.02x + 8t)/2]$$

式中各量均为(SI)制,则驻波波节的位置为 ( )

A. $\pm 50, \pm 150, \pm 250, \pm 350\cdots$　　　B. $0, \pm 100, \pm 200, \pm 300\cdots$

C. $0, \pm 200, \pm 400, \pm 600$　　　　　　　D. $\pm 50, \pm 250, \pm 450, \pm 650\cdots$

25. 一机车汽笛频率为 750 Hz,机车以 90 km/h 的速度远离静止的观察者. 观察者听到的声音的频率是(设空气中声速为 340 m/s) ( )

A. 810 Hz　　　　B. 699 Hz　　　　C. 805 Hz　　　　D. 695 Hz

二、填空题

1. 一个余弦横波以速度 u 沿 x 轴正向传播,t 时刻波形曲线如图所示.试分别指出图中 A,B,C 各质点在该时刻的运动方向. A _____ ;B _____ ;C _____.

填 1 题图

填 3 题图

2. 已知波源的振动周期为 4.00×10^{-2} s,波的传播速度为 300 m/s,波沿 x 轴正方向传播,则位于 $x_1 = 10.0$ m 和 $x_2 = 16.0$ m 的两质点振动相位差为 _____.

3. 一平面简谐波沿 x 轴正方向传播,波速 $u = 100$ m/s,$t = 0$ 时刻的波形曲线如图所示,可知波长 $\lambda =$ _____ ;振幅 $A =$ _____ ;频率 $\nu =$ _____.

4. 频率为 4 Hz 沿 x 轴正向传播的简谐波,波线上有两点 a 和 b,若它们开始振动的时间差为 0.25 s,则它们的相位差为 _____.

5. 一平面简谐的表达式为 $y = A\cos \omega\left(t - \dfrac{x}{u}\right) = A\cos\left(\omega t - \dfrac{\omega x}{u}\right)$ 其中 $\dfrac{x}{u}$ 表示 _____ ;$\dfrac{\omega x}{u}$ 表示 _____ ;y 表示 _____.

6. 一平面简谐波的表达式为 $y = 0.025\cos(125t - 0.37x)$(SI),其角频率 $\omega =$ _____ ,波速 $u =$ _____ ,波长 $\lambda =$ _____.

7. 一声纳装置向海水中发出超声波,其波的表达式为

$$y = 1.2 \times 10^{-3}\cos(3.14 \times 10^5 t - 220x) \text{(SI)}$$

则此波的频率 $\nu =$ _____ ,波长 $\lambda =$ _____ ,海水中声速 $u =$ _____.

8. 一平面简谐波沿 x 轴正方向传播,已知振幅为 0.08 m,频率 $\nu = 50$ Hz,波长 $\lambda = 4$ m,在 x 轴上任取一点 O 作为原点,当 O 点处的质点处于正的最大位移时开始计时,则 O 点的

振动方程为_____,该波的波函数为_____.

9. 已知一平面简谐波的波长 $\lambda=1\,\mathrm{m}$,振幅 $A=0.1\,\mathrm{m}$,周期 $T=0.5\,\mathrm{s}$. 选波的传播方向为 x 轴正方向,并以振动初相为零的点为 x 轴原点,则波动表达式为 $y=$_____ (SI).

10. 已知一平面简谐波沿 x 轴正向传播,振动周期 $T=0.5\,\mathrm{s}$,波长 $\lambda=10\,\mathrm{m}$,振幅 $A=0.1\,\mathrm{m}$. 当 $t=0$ 时波源振动的位移恰好为正的最大值. 若波源处为原点. 则沿波传播方向距离波源为 $\frac{1}{2}\lambda$ 处的振动方程为 $y=$ _____；当 $t=\frac{1}{2}T$ 时,$x=\frac{\lambda}{4}$ 处质点的振动速度为_____.

11. 已知平面简谐波的表达式为 $y=A\cos(Bt-Cx)$ 式中 A、B、C 为正值常量,此波的波长是_____,波速是_____,在波传播方向上相距为 d 的两点的振动相位差是_____.

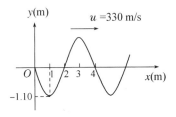

12. 图为 $t=\frac{T}{4}$ 时一平面简谐波的波形曲线,则其波的表达式为_____.

填 12 题图

13. 有一平面简谐波在空间传播,波速为 u,已知在传播方向上某一点 S 的振动规律为 $y=A\cos(\omega t+\varphi)$,则图(a)的波动方程为_____；图(b)的波动方程为_____.

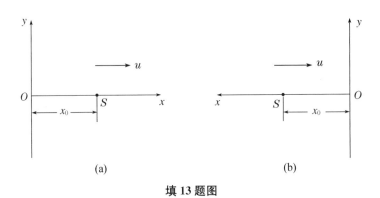

(a)　　　　　　　　(b)

填 13 题图

14. 一个波源位于 O 点,以 O 为圆心作两个同心球面,它们的半径分别为 R_1 和 R_2,在两个球面上分别取面积 ΔS_1 和 ΔS_2,则通过它们的平均能流之比 $\overline{P}_1/\overline{P}_2=$_____.

15. 为了保持波源的振幅不变,需消耗 4 W 的功率,设波源发出的是球面波且介质不吸收能量,则距波源 1 m 处的能流密度为_____.

16. 一点波源发出均匀球面波,发射功率为 4 W. 不计媒质对波的吸收,则距离波源为 2 m 处的能源密度是_____.

17. 一平面简谐机械波在媒质中传播时,若一媒质质元在 t 时刻的总机械能是 10 J,则在 $(t+T)$(T 为波的周期)时刻该媒质质元的振动动能是_____.

18. 两相干波源 S_1 和 S_2 的振动方程分别是 $y_1=A\cos(\omega t+\varphi)$ 和 $y_2=A\cos(\omega t+\varphi)$. S_1 距 P 点 3 个波长,S_2 距 P 点 4.5 个波长. 设波传播过程中振幅不变,则两波同时传到 P 点时的合振幅是_____.

19. 两相干波源位置如图所示.已知 S_1 和 S_2 的振幅均为 A,波源 S_1 比 S_2 位相超前 $\dfrac{\pi}{2}$,它们相距 $\dfrac{\lambda}{2}$,则这两列波传到 P 点叠加后振幅是_____.

填 19 题图　　　　　　　　　　　　　　填 20 题图

20. 设有两相干波,在同一介质中沿同一方向传播,其波源 A、B 相距 $\dfrac{3\lambda}{2}$,如图所示,当 A 在波峰时,B 恰在波谷,两波的振幅分别为 A_1、A_2,若介质不吸收波的能量,则两列波在图示的点 P 相遇时,该处质点的振幅为_____.

21. 一细线上做驻波式振动,其方程为 $y=1.0\cos\dfrac{\pi x}{3}\cos 40\pi t$,$x$、$y$ 的单位 cm,t 的单位 s,则两列分波的传播速度为_____,驻波相邻两波节之间的距离是_____.

22. 设入射波的表达式为 $y=A\cos\left[2\pi\left(\nu t+\dfrac{x}{\lambda}\right)\right]$,波在 $x=0$ 处发生反射,若反射点为固定端,则反射波的表达式为_____;若反射点为自由端,则反射波的表达式为_____.

23. 一弦上的驻波表达式为 $y=0.1\cos(\pi x)\cos(90\pi t)$(SI).形成该驻波的两个反向传播的行波的波长为_____,频率为_____.

24. 在弦线上有一驻波,其表达式为 $y=2A\cos(2\pi x/\lambda)\cos(2\pi\nu t)$,两个相邻波节之间的距离是_____.

25. 一驻波表达式为 $y=A\cos 2\pi x\cos 100\pi t$(SI).位于 $x_1=\dfrac{1}{8}$ m 处的质元 P_1 与位于 $x_2=\dfrac{3}{8}$ m 处的质元 P_2 的振动相位差为_____.

26. 如入射波的波动方程是 $Y_1=A\cos 2\pi\left(\dfrac{t}{T}+\dfrac{x}{\lambda}\right)$,在 $x=0$ 处发生反射后形成驻波.设反射点为自由端,反射后波的强度不变.则反射波的波动方程为_____,在 $x=\dfrac{\lambda}{3}$ 处质点的合振幅为_____.

27. 简谐驻波中,在同一个波节两侧距该波节的距离相同的两个媒质元的振动相位差是_____.

28. 频率为 50 Hz 的波,其传播速度为 350 m/s,相位差为 $\dfrac{2}{3}\pi$ 的两点间距为_____.

29. 一列火车以 20 m/s 的速度行驶,若机车汽笛的频率为 600 Hz,一静止观测者在机车前和机车后所听到的声音频率分别为_____和_____(设空气中声速为 340 m/s).

30. 一静止的报警器,其频率为 1 000 Hz,有一汽车以 79.2 km/h 驶向和背离报警器时,坐在汽车里的人听到报警声的频率分别是_____和_____(设空气中声速为 340 m/s).

三、计算题

1. 已知平面简谐波 $y=\cos\left[\pi(100t-2x)+\dfrac{3\pi}{2}\right]$, 求 A、u、T、λ 和传播方向.

2. 波源做简谐振动, 其振动方程为 $y=4\times10^{-3}\cos240\pi t(\mathrm{m})$, 它所形成的波以 $30\ \mathrm{m/s}$ 的速度沿一直线前进. (1) 求波的周期及波长; (2) 写出波动方程.

3. 一横波沿绳子行进时的波动方程为 $y=20\cos\pi(2.50t-0.01x)$, 式中 x 和 y 的单位为 cm, t 的单位为 s.

(1) 求波的振幅、波速、频率及波长;

(2) 求绳上质点振动时的最大速度;

(3) 分别图示 $t=1\ \mathrm{s}$ 和 $t=2\ \mathrm{s}$ 时的波形;

(4) 求 $x_1=0.2\ \mathrm{m}$ 处和 $x_2=0.7\ \mathrm{m}$ 处二质点振动的相位差.

4. 波源做简谐运动, 周期为 $0.02\ \mathrm{s}$, 若该振动以 $100\ \mathrm{m/s}$ 的速度沿直线传播, 设 $t=0$ 时, 波源处的质点经平衡位置向正方向运动, 求: (1) 距离 $15.0\ \mathrm{m}$ 和 $5.0\ \mathrm{m}$ 处质点的运动方程和初相; (2) 距波源分别为 $16.0\ \mathrm{m}$ 和 $17.0\ \mathrm{m}$ 的两质点间的相位差.

5. 一平面简谐波的表达式为 $y=2\times10^{-3}\cos(10t+6x)$ (SI)

求: (1) 波峰和波谷经过原点的时刻;

(2) 在 $t=6\ \mathrm{s}$ 时各波峰和波谷的坐标.

6. 一横波沿绳子传播时的波动方程为 $y=0.05\cos(40\pi t-4\pi x)$,式中 x,y 以米为单位,t 以秒为单位.求(1) 此波的周期和波速;(2)离波源 $0.1\,\mathrm{m}$ 处点的振动方程;(3) 在波源振动 $0.2\,\mathrm{s}$ 时的波形.

7. 如图为一平面简谐波在 $t=0$ 时的波形图.波沿 x 轴正方向传播,波速为 $u=4.0\,\mathrm{m/s}$,波源的振动周期 $T=0.01\,\mathrm{s}$,振幅 $A=0.01\,\mathrm{m}$.

(1) 写出波动方程;

(2) 写出原点 O 的振动方程.

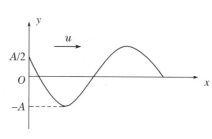

计 7 题图

8. 已知一平面简谐波的表达式为 $y=0.25\cos(125t-0.37x)$(SI 制)

(1) 分别求 $x_1=10\,\mathrm{m}$,$x_2=25\,\mathrm{m}$ 两点处质点的振动方程;

(2) 求 x_1,x_2 两点间的振动相位差;

(3) 求 x_1 点在 $t=4\,\mathrm{s}$ 时的振动位移.

9. 如图所示为一平面简谐波在 $t=0$ 时刻的波形图,设此简谐波的频率为 $250\,\mathrm{Hz}$,且此时质点 P 的运动方向向下,求:

(1) 该波的波动方程;

(2) 在距坐标原点 $100\,\mathrm{m}$ 处的振动方程与振动速度表达式;

(3) 画出 $t=T/4$ 时刻的波形曲线.

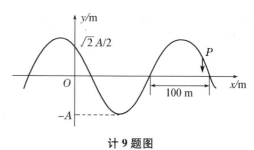

计 9 题图

10. 一平面简谐波 $t=0$ 时的波形如图所示,且向右传播,波速 $u=10$ m/s,试求:

(1) O 点的振动表达式;

(2) 波的表达式;

(3) $x=3$ m 处的 P 点的振动表达式.

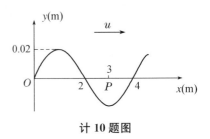

计 10 题图

11. 如图所示,一平面简谐波沿 Ox 轴传播,波动表达式为 $y=A\cos[2\pi(\nu t-x/\lambda)+\varphi]$ (SI),求:(1) P 处质点的振动方程;

(2) 该质点的速度表达式与加速度表达式.

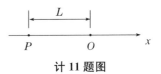

计 11 题图

12. 波源做简谐振动,周期为 $\dfrac{1}{100}$ s,并以它经平衡位置向正方向运动时为时间起点. 若此振动以 $u=400$ m/s 的速度沿直线传播. 求(1)距波源为 800 cm 处的振动方程和初相;(2)距波源为 900 cm 和 1 000 cm 处两点之间相位差为多少?

13. 一横波沿 x 轴正方向行进,波速为 100 m/s,且以 x 轴每一米长度含有 54 个波长,振幅为 3×10^{-2} m,设 $t=0$ 时,位于坐标原点的质点通过平衡位置向垂直 x 轴向上的方向运动,求波动方程.

14. 一平面简谐波,频率为 300 Hz,波速为 340 m/s,在截面面积为 3.00×10^{-2} m^2 的管内空气中传播,若在 10 s 内通过截面的能量为 2.70×10^{-2} J,求:

(1) 通过截面的平均能流;

(2) 波的能流密度;

(3) 波的平均能量密度.

15. 图中 A、B 是两个相干的点波源,它们的振动相位差为 π(反相). A、B 相距 30 cm,观察点 P 和 B 点相距 40 cm,且 $\overline{PB}\perp\overline{AB}$. 若发自 A、B 的两波在 P 点处最大限度地互相削弱,求波长最长能是多少?

计 15 题图

16. 如图所示,两相干波源分别在 P、Q 两点处,它们相距 $\dfrac{3}{2}\lambda$. 由 P、Q 同时发出振幅为 A、频率为 ν、波长为 λ 的两列相干波,R 为 PQ 连线上一点. 求:

(1) 自 P、Q 发出的两列波在 R 处的相位差;

(2) 两波在 R 处干涉时的合振幅.

计 16 题图

17. 如图所示,S_1,S_2 为两平面简谐波相干波源. S_2 的相位比 S_1 的相位超前 $\dfrac{\pi}{4}$,波长 $\lambda=8.00$ m,$r_1=12.0$ m,$r_2=14.0$ m,S_1 在 P 点引起的振动振幅为 0.30 m,S_2 在 P 点引起的振动振幅为 0.20 m,求 P 点的合振幅.

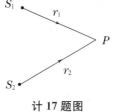

计 17 题图

18. 如图所示,两个相干波源 A、B,频率均为 $\nu=10$ Hz,振幅均为 $A=1$ cm,两波源的相位差为 π,两波源相距 $L=30$ cm,欲使两波在过 B 点且与 AB 连线垂直的直线上离 B 点 $r_2=40$ cm 处的 P 点处得到干涉极大,两波的波长应为多少?

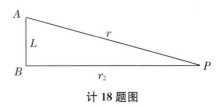

计 18 题图

19. 如图所示. S_1 和 S_2 为相干波源,频率 $\nu=100$ Hz,初相位差为 π,两波源相距 30 m. 若波在媒质中传播的速度为 400 m/s,而且两波在 S_1,S_2 连线方向上的振幅相同不随距离变化. 试求 S_1,S_2 之间因干涉而静止的各点的位置坐标.

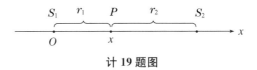

计 19 题图

20. 两波在同一细绳上传播,它们的方程分别为 $y_1=0.06\cos\pi(x-4t)$、$y_2=0.06\cos\pi(x+4t)$,式中 x、y 的单位为 m,t 的单位为 s.

(1) 求各波的频率、波长、波速和传播方向;

(2) 求证这细绳是作驻波振动,并求节点和波幅的位置;

(3) 波腹处的振幅多大? 在 $x=1.2$ m 处,振幅多大?

21. 一列横波在绳索上传播,其表达式为

$$y_1=0.05\cos\left[2\pi\left(\frac{t}{0.05}-\frac{x}{4}\right)\right] \text{(SI)}$$

(1) 现有另一列横波(振幅也是 0.05 m)与上述已知横波在绳索上形成驻波,设这一横波在 $x=0$ 处与已知横波同位相,写出该波的表达式;

(2) 写出绳索上的驻波表达式;求出各波节的位置坐标;并写出离原点最近的四个波节的坐标数值.

22. 如图所示，O 处为波源，向左右两边发射振幅为 A，频率为 ν 的简谐波，波长为 λ. 当波遇到波密媒质界面 BC 时将发生全反射，反射面与波源 O 之间的距离为 $d=\dfrac{5}{4}\lambda$，试求波源 O 两边合成波的波函数.

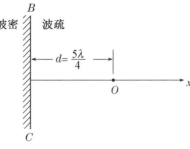

计 22 题图

23. 如图所示，一沿 x 方向传播的波，在固定点 B 点处反射，A 点处的质点由入射波引起的振动方程为：$y_A=A\cos(\omega t)$，已知入射波的波长为 λ，$x_A=0.5\lambda$，$AB=0.5\lambda$，设振幅不衰减，试求：(1) 入射波方程；(2) 反射波方程；(3) 合成驻波方程.

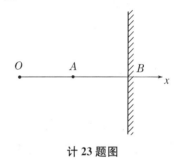

计 23 题图

24. 一频率为 1 kHz 的声源以 $v_s=34$ m/s 的速度向右运动. 在声源的右方有一反射面，该反射面以 $v_1=68$ m/s 的速率向左运动. 设空气中声速为 $u=340$ m/s，试求：

(1) 声源所发射的声波在空气中的波长；

(2) 每秒内到达反射面的波数；

(3) 反射波在空气中的波长.

四、应用题

1. 一固定的超声波波源发出频率为 $\nu_0=100$ kHz 的超声波. 当一汽车向超声波波源迎面驶来时，在超声波所在处接收到从汽车反射回来的波，利用拍频装置测得反射波的频率为 110 kHz，设声波在空气中的传播速度为 $u=330$ m/s，试求汽车的行驶速度.

2. 图是干涉型消声器结构的原理图,利用这一结构可以消除噪声,当发动机排气噪声声波经管道到达点 A 时,分成两路而在点 B 相遇,声波因干涉而相消,如果要消除频率为 300 Hz 的发动机排气噪声,则图中弯管与直管的长度差 $\Delta r = r_2 - r_1$ 至少应为多少?(设声波速度为 340 m/s)

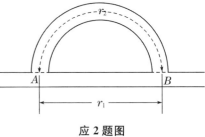

应 2 题图

3. 一警车以 25 m/s 的速度在静止的空气中行驶,假设车上警笛的频率为 800 Hz. 试求:(1)静止站在路边的人听到警车驶近和离去时的警笛声波频率;

(2) 如果警车追赶一辆速度为 15 m/s 的客车,则客车上的人听到的警笛声波的频率是多少?(设空气中的声速 $u = 330$ m/s)

4. 一次军事演习中,有两艘潜艇在水中相向而行,甲的速度为 50.0 km/h,乙的速度为 70.0 km/h,如图所示. 甲潜艇发出一个 1.0×10^3 Hz 的声音信号,设声波在水中的传播速度为 5.47×10^3 km/h,试求:

(1) 乙潜艇接收到的信号频率;

(2) 甲潜艇接收到的从乙潜艇反射回来的信号频率.

应 4 题图

5. 面积为 1.0 m² 的窗户开向街道,街中噪声在窗口的声强级为 80 dB. 问有多少"声功率"传入窗内?

第十一章 光 学

11.1 基本要求

（1）理解光的相干条件及获得相干光的基本原理和方法.

（2）掌握光程概念以及光程差与相位差的关系，能正确计算两束相干光之间的光程差和相位差，并写出产生明纹和暗纹的相应条件.

（3）掌握杨氏双缝干涉的基本装置和实验规律，掌握明暗条纹的分布规律及其计算方法. 掌握薄膜等厚干涉的规律、干涉条纹位置的计算，了解其在实际中的应用. 理解等倾干涉条纹产生的原理，了解迈克尔逊干涉仪的工作原理及其应用.

（4）了解惠更斯-菲涅耳原理. 理解分析夫琅禾费单缝衍射明暗条纹分布规律的方法——半波带法，能够根据衍射公式确定明、暗条纹分布，掌握明条纹宽度计算公式，会分析缝宽及波长对衍射条纹分布的影响. 了解夫琅禾费圆孔衍射及光学仪器的分辨本领.

（5）了解光栅衍射条纹的成因，掌握光栅方程，会确定光栅衍射明纹的位置，会分析光栅常数及波长对衍射条纹的影响，了解光栅的缺级现象.

（6）掌握自然光、偏振光和部分偏振光的光振动特点，理解偏振器起偏和检偏的方法和原理. 掌握马吕斯定律，并能正确运用它来计算有关问题. 了解光在各向同性介质界面上反射和折射时偏振状态的变化，掌握布儒斯特定律，并能作相应计算. 了解偏振光的获得方法和检验方法.

11.2 基本概念和规律

1. 光的干涉

（1）光的干涉条件：同频率，同振动方向，相位差恒定.

（2）获得相干光的方法：把光源上同一点发出的光分成两部分. 具体方法有分波阵面法和分振幅法.

（3）杨氏双缝干涉实验：杨氏双缝干涉实验是一种用分振幅法获得的相干光的典型实验，其干涉条纹是等间距的明暗相间直条纹.

明纹位置 $x=\pm k\lambda\dfrac{d'}{d}, k=0,1,2,3,\cdots$

暗纹位置 $x=\pm(2k+1)\dfrac{\lambda}{2}\dfrac{d'}{d}, k=0,1,2,3,\cdots$

干涉条纹间距 $\Delta x=\dfrac{d'\lambda}{d}$

其中,d' 为双缝到屏的距离,d 为双缝间距,λ 为入射光波的波长.

（4）光程与光程差:光程是把光在介质中传播的路程折合成光在真空中传播的相应路程,在数值上等于光在介质中传播的几何路径 L 与介质折射率 n 的乘积,即

$$光程 = nL$$

相位差与光程差的关系

$$\Delta\varphi = \frac{2\pi}{\lambda}\Delta \quad (\Delta = n_2 r_2 - n_1 r_1 \text{ 为光程差})$$

半波损失:光从光疏媒质入射向光密媒质时,反射光的相位有 π 的突变,相当于光程增加或减少 $\frac{\lambda}{2}$,故称作半波损失.

（5）薄膜干涉:薄膜干涉是利用分振幅法获得相干光产生干涉的实验. 如图 11-1 所示.

光程差:

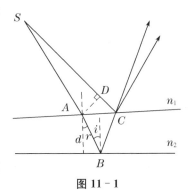

图 11-1

$$\Delta = 2d\sqrt{n_2^2 - n_1^2\sin^2 i} + \frac{\lambda}{2} = 2n_2 d\cos\gamma + \frac{\lambda}{2}$$

$$\Delta = k\lambda \qquad k = 1,2\cdots \text{干涉加强}$$

$$\Delta = (2k+1)\frac{\lambda}{2} \qquad k = 0,1,2,\cdots \text{干涉减弱}$$

式中 n_2 为薄膜折射率,n_1 为薄膜外的折射率. 对于相同厚度的薄膜,入射角 i 相同的地方,对应干涉条纹的级次相同,这种干涉称为等倾干涉.

当光线垂直射入时,$i=0$,$\gamma=0$ 此时

$$\Delta = 2n_2 d + \frac{\lambda}{2}$$

$$\Delta = k\lambda \qquad k = 1,2,\cdots \text{干涉加强}$$

$$\Delta = (2k+1)\frac{\lambda}{2} \qquad k = 0,1,2,\cdots \text{ 相消减弱}$$

显然膜厚相同的地方对应于同一条纹,这种干涉称为等厚干涉,劈尖干涉和牛顿环都属于等厚干涉.

劈尖干涉的条纹为平行于劈尖棱边的等间隔直条纹. 两束反射光干涉的条件是

$$\Delta = 2nd + \frac{\lambda}{2} = \begin{cases} k\lambda, k=1,2,3,\cdots & \text{干涉加强,明纹中心} \\ (2k+1)\dfrac{\lambda}{2}, k=0,1,2,\cdots & \text{干涉减弱,暗纹中心} \end{cases}$$

任意两相邻明条纹（或暗条纹）所对应的空气层厚度差为 $\Delta d = \dfrac{\lambda}{2n} = \dfrac{\lambda_n}{2}$. 利用劈尖干涉可检测光学元件表面的平整度,还可用来测量样品的线膨胀系数等.

牛顿环为一系列同心圆形条纹,第 k 级明纹的半径为

$$r = \sqrt{(2k-1)R\frac{\lambda}{2n}} \qquad k = 1,2,3,\cdots$$

暗纹半径为

$$r = \sqrt{k\frac{R\lambda}{n}} \quad k = 0,1,2,\cdots$$

在实验室中,常用牛顿环测定光波的波长或平凸透镜的曲率半径.在工业上则利用牛顿环来检测透镜的质量.

(6)迈克耳逊干涉仪:迈克耳逊干涉仪是利用分振幅法制成的一种干涉仪器.用迈克耳逊干涉仪可以作许多精密的测量工作,例如测量光波波长,测量物体的微小位移和测材料的折射率等.

2. 光的衍射

(1)惠更斯-菲涅耳原理:波面上的任一点都可看成能向外发射子波的子波源,各子波源产生的子波是相干的,波面前方空间某一点 P 的振动就是到达该点的所有子波的相干叠加的结果.

(2)单缝衍射:衍射条纹是在中央明纹的两侧对称地分布的一系列明暗条纹,中央明纹既宽又亮,两侧的明纹则窄而较暗,并且级次越高,明纹越暗.条纹位置由以下公式确定:

$$b\sin\theta=\begin{cases}0, & (\text{中央明纹})\\ \pm 2k\dfrac{\lambda}{2},k=1,2,\cdots & (\text{暗纹})\\ \pm(2k+1)\dfrac{\lambda}{2},k=1,2,\cdots & (\text{明纹})\end{cases}$$

(3)圆孔衍射:衍射图样中央是一个较亮的圆斑,周围是一组明暗相间的同心圆环,由第一级暗环所围的中央光斑较亮,称为艾里斑.

$$\text{最小分辨角}:\theta_0=1.22\frac{\lambda}{D},\text{分辨率}:R=\frac{1}{\theta_0}=\frac{D}{1.22\lambda}$$

其中 D 为圆孔直径 λ 为入射光的波长.

(4)光栅衍射:光栅衍射是单缝衍射与多缝干涉的总效果.

光栅方程:$(b+b')\sin\theta=\pm k\lambda \quad k=0,1,2,\cdots$

暗纹条件:$(b+b')\sin\theta=\pm k'\dfrac{\lambda}{N} \quad k'=1,2,3,\cdots(N-1),(N+1),(N+2),\cdots$

缺级:$\dfrac{b+b'}{b}=\dfrac{k}{k'}$,光栅常数 $b+b'$ 与缝宽 b 构成整数比时,就会发生缺级现象.

(5)全息照相利用光的干涉把光波的振幅和位相全部同时记录下来,再利用光的衍射使之在一定条件下再现,从而获得十分逼真的物体的三维图像.全息照相过程可分为记录和再现两个步骤.

3. 光的偏振

(1)线偏振光的获取:可以用多种方法产生线偏振光,最常用的方法是让自然光透过偏振片产生线偏振光,当光强为 I_0 的自然光照射偏振片时,出射光的光强为 $I=\dfrac{1}{2}I_0$.

(2)马吕斯定律:$I=I_0\cos^2\alpha$,其中 α 为线偏振光的偏振方向与偏振片的偏振化方向间的夹角.

(3)布儒斯特定律:$\tan i_B=\dfrac{n_2}{n_1}$,此时反射光与折射光之间的夹角为 $\dfrac{\pi}{2}$.

(4)光的双折射:当一束光线射入各向异性的介质后分为两束,其中 o 光总是遵守折射定律,e 光不遵守折射定律.o 光和 e 光均是线偏振光.

11.3 学习指导

本章最重要的基础是光程概念的理解和光程差的计算,光的干涉和衍射问题的分析、讨论都涉及光程和光程差的计算,解决这些问题的关键是搞清楚光的干涉和衍射的本质,即它们都是光波的相干叠加. 相干叠加的强弱取决于相位差,相位差又是由它们的光程差决定的,即 $\Delta\varphi=\dfrac{2\pi}{\lambda}\Delta$. 同时,还需要特别注意分析有无相位跃变(半波损失)存在.

夫琅和费单缝衍射条纹明暗条件的形式与杨氏双缝干涉条件正好相反,因此容易混淆. 解决这一问题的关键在于正确理解菲涅耳半波带法,即相邻两个半波带上对应点发出的子波在屏上相遇处相位相反,因此相邻两半波带的各子波在屏上相遇处相互两两抵消,所以屏上对应点的明暗取决于半波带数目的奇偶.

11.4 典型例题

例 11-1 在双缝干涉实验中,两缝的间距为 0.20 mm,用 550 nm 的单色光垂直照射双缝,双缝与屏的距离为 2 m,求:(1)中央明纹两侧的两条第 10 级明纹中心的间距.(2)如果用折射率为 1.58 厚度为 6.6×10^{-6} m 的云母片覆盖其中的一条缝,求零级明纹移到原来的第几级明纹处.

解:(1)由杨氏双缝干涉知相邻两条纹在屏上的间距为

$$\Delta x=\frac{d'}{d}\lambda$$

则中央明纹两侧两条第 10 级明纹中心的间距等于

$$2\times10\times\Delta x=2\times10\times\frac{d'}{d}\lambda=\frac{2\times10\times2\times550\times10^{-9}}{0.2\times10^{3}}=0.11\ \text{m}$$

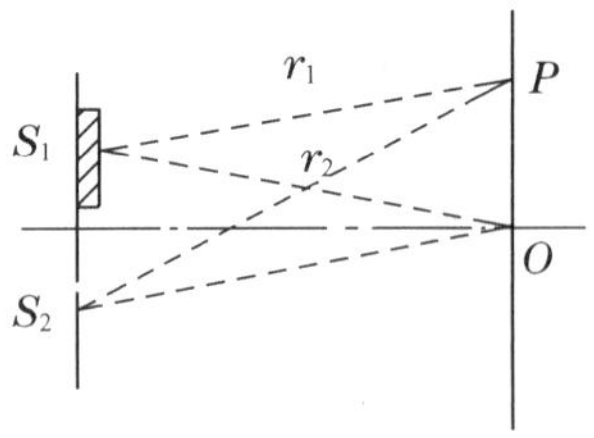

图 11-2

(2)如图 11-2 所示,P 点为零级明纹应满足

$$(n-1)e+r_1=r_2 \qquad (1)$$

其 $r_1\neq e$ 中. 设未覆盖云母片时 P 点为第 k 级明纹,则应有

$$r_2-r_1=k\lambda \qquad (2)$$

将(2)代入(1)得,

$$(n-1)e=k\lambda$$

$$\therefore k=\frac{(n-1)e}{\lambda}=\frac{(1.58-1)\times6.6\times10^{-6}}{550\times10^{-9}}=7$$

即零级明纹移到原来的第 7 级明纹处.

例 11-2 在照相机的镜头上通常镀一层介质膜,膜的折射率为 $n_2=1.38$,玻璃的折射率为 $n_3=1.5$,若白光垂直入射.

(1)要使其中波长为 550 nm 的黄绿光在膜上反射最小,求膜的最小厚度?

(2)在(1)情况中,什么波长的光在透射中最强?

(3)若薄膜的厚度为 480 nm,从正面看照相机的镜头呈现何种颜色?

解:(1)由于空气的折射率 $n_1=1$,而 $n_1<n_2<n_3$,所以半波损失对两束反射光的光程差

没有影响,则

$$\Delta = 2n_2 d = (2k+1)\frac{\lambda}{2}$$

$$k=0, d_{min} = \frac{\lambda}{4n_2} = \frac{550 \times 10^{-9}}{4 \times 1.38} = 99.6 \text{ nm}.$$

(2) 半波损失对透射光的光程差有影响,则

$$\Delta = 2n_2 d + \frac{\lambda}{2} = k\lambda$$

当 $k=1, \lambda_1 = 550$ nm;

当 $k=2, \lambda_1 = 183$ nm,已超出可见光范围. 由此可见,在反射光中相消的黄绿光,在透射光中反而得到加强.

(3) 反射光加强有:$\Delta = 2n_2 d = k\lambda$

当 $k=2, \lambda_1 = \frac{2n_2 d}{2} = 662$ nm,为红光;

当 $k=3, \lambda_3 = \frac{2n_2 d}{3} = 442$ nm,为紫光,由此可见,正面呈现紫红色.

例 11-3　用单缝衍射装置测定单色光的波长,某波长的单色光所产生的第二级衍射暗纹与波长为 500 nm 的单色光所产生的第三级暗纹相重合,求该单色光的波长.

解:对第二级衍射暗纹有　　　　　$b\sin\theta = 2\lambda_1$　　　　　　　　　　　　　　(1)

对第三级衍射暗纹有　　　　　　　$b\sin\theta = 3\lambda_2$　　　　　　　　　　　　　　(2)

联立上两式求解得　$\lambda_1 = \frac{3}{2}\lambda_2 = \frac{3 \times 500 \times 10^{-9}}{2} = 750$ nm.

例 11-4　有一平面透射光栅,每厘米刻有 5 900 条刻痕,透镜焦距 $f=0.5$ m.

(1) 用 $\lambda = 589$ nm 的单色光垂直入射,最大能看到第几级光谱? 若以 30° 角倾斜入射,最大能看到第几级光谱?

(2) 若用波长范围在 400 nm 到 760 nm 的白光垂直入射,求:

① 第一级光谱的线宽度?

② 讨论光谱的重叠情况?

③ 要使第二级光谱全部形成,求光栅透光缝宽 b 的极大值为多少?

解:先求光栅常数:$b+b' = \frac{1 \times 10^{-2}}{5\,900}$ m

(1) 垂直入射时 $(b+b')\sin\theta = k\lambda$

当 $\theta = \pm 90°$ 时,$k = \pm\frac{b+b'}{\lambda} = \pm 2.87$

取整数 $k = \pm 2$,能看到第二级光谱.

倾斜入射时,相邻透光缝间的光程差(如图 11-3 所示)

$$(b+b')(\sin\theta + \sin 30°) = k\lambda$$

当 $\theta = \pm 90°$ 时,$(b+b')(\pm 1 + \sin 30°) = k\lambda$

$$k = \frac{b+b'}{\lambda} \times \frac{3}{2} = 4.32 \text{ 或 } k = \frac{b+b'}{\lambda} \times \left(-\frac{1}{2}\right) = -1.44$$

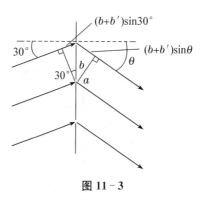

图 11-3

所以可看到一侧为第 4 级光谱,另一侧为第一级光谱,最大级次为 4.

(2)① 白光入射时,除中央零级明纹外,其余级别条纹会出现色散现象,对同一级别来说,红光在外,紫光在内,组成光栅光谱.

第一级光谱中的紫光 $\lambda = 400$ nm

$$\sin \theta_1 = \frac{\lambda_1}{b+b'} = 0.236\ 0 \text{ 对应衍射角 } \theta_1 = 13.65°$$

第一级光谱中的红光 $\lambda = 760$ nm

$$\sin \theta_1 = \frac{\lambda_1}{b+b'} = 0.448\ 4 \text{ 对应衍射角 } \theta_1 = 26.64°$$

第一级光谱线宽度 $\Delta x_1 = f \tan \theta_1 - f \tan \theta_2 = 0.129$ m

② 用同样的方法求得:

第二级光谱中的红光的衍射角 $\theta_2' = 63.74°$

第三级光谱中的紫光的衍射角 $\theta_3 = 45.07°$

由于 $\theta_3 < \theta_2'$,可知从第二级光谱开始出现重叠现象.

3 在光栅衍射中,由于单缝衍射效应,透射光的大部分能量集中在中央包络线范围内,故要使第二级光谱全部形成,需要具有足够能被观察到的能量,则要求单缝衍射中的中央明纹的半角宽度至少等于第二级光谱中红光的衍射角.

$$b \sin \theta = \lambda$$

代入数据: $\qquad b \sin 63.74° = 760 \times 10^{-9}$

得 $\qquad b = 8.47 \times 10^{-7}$ m.

例 11 - 5 将两块偏振片叠放在一起,它们的偏振化方向之间的夹角为 $60°$,一束强度为 I_0、光矢量的振动方向与二偏振片的偏振化方向皆成 $30°$ 的线偏振光,垂直入射到偏振片上.求:

(1) 透过每块偏振片后的光束强度;

(2) 若将原入射光束换为强度相同的自然光,求透过每块偏振片后的光束强度.

解:(1) 根据马吕斯定律透过第一块偏振片后的光强 $I_1 = I_0 \cos^2 30° = \frac{3}{4} I_0$

透过第二块偏振片后的光强 $I_2 = \frac{3}{4} I_0 \cos^2 60° = \frac{3}{16} I_0$.

(2) 透过第一块偏振片后的光强 $I_1' = \frac{I_0}{2}$

透过第二块偏振片后的光强 $I_2 = \frac{1}{2} I_0 \cos^2 60° = \frac{1}{8} I_0$.

例 11 - 6 自然光射到平行平板玻璃上,反射光恰为线偏振光,且折射光的折射角为 $32°$,试求:

(1) 自然光的入射角;

(2) 玻璃的折射率;

(3) 玻璃下表面的反射光、透射光的偏振状态.

解:(1) 由布儒斯特定律知,反射光为线偏振光时,反射光与折射光垂直,即入射角与折射角之和为 $90°$,所以自然光的入射角 $i = 90° - 32° = 58°$.

（2）根据布儒斯特定律 $\tan i = \dfrac{n_2}{n_1}$，其中 n_1 为空气的折射率，它等于 1，所以玻璃折射率为 $n_2 = \tan 58° = 1.60$.

（3）在玻璃片下表面，入射角等于 32°，折射角等于 58°，因为 $\tan 32° = \dfrac{n_1}{n_2} = \dfrac{1}{n_2}$，而 $\dfrac{1}{n_2} = \dfrac{1}{\tan 58°} = \tan 32°$，所以该入射角也就是起偏角，因此下表面的反射光也是线偏振光，振动方向垂直入射面，玻璃片的透射光还是部分偏振光，不过偏振度比在玻璃中更大了.

11.5 练习题

一、选择题

1. 来自不同光源的两束白光，例如两束手电筒光，设在同一区域内，是不能产生干涉花样的，这是因为 （ ）

    A. 白光是有许多不同波长的光构成的

    B. 两光源发出不同强度的光

    C. 不同波长的光速是不相同的

    D. 两个光源是独立的，不是相干光源

2. 下列现象中，属于光的干涉现象的是 （ ）

    A. 白光通过三棱镜形成彩色条纹   B. 雨后天空出现彩虹

    C. 荷叶上的水珠在阳光下晶莹透亮   D. 水面上的油膜出现彩色花纹

3. 用白光光源进行双缝实验，若用一个纯红色的滤光片遮盖一条缝，用一个纯蓝色的滤光片遮盖另一条缝，则 （ ）

    A. 干涉条纹的宽度将发生改变   B. 产生红光和蓝光两套彩色干涉条纹

    C. 干涉条纹的亮度将发生改变   D. 不产生干涉条纹

4. 在双缝干涉实验中，两条缝的宽度原来是相等的. 若其中一缝的宽度略变窄，则 （ ）

    A. 干涉条纹的间距变宽

    B. 干涉条纹的间距变窄

    C. 干涉条纹的间距不变，但原极小处的强度不再为零

    D. 不再发生干涉现象

5. 在双缝干涉实验中，屏幕 E 上的 P 点处是明条纹. 若将缝 S_2 盖住，并在 $S_1 S_2$ 连线的垂直平分面处放一高折射率介质反射镜 M，如图所示，则此时 （ ）

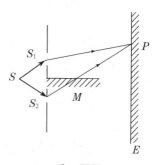

    A. P 点处仍为明条纹

    B. P 点处为暗条纹

    C. 不能确定 P 点处是明条纹还是暗条纹

    D. 无干涉条纹

6. 在双缝干涉实验中，光的波长为 600 nm（1 nm =

选 5 题图

10^{-9} m,双缝间距为 2 mm,双缝与屏的间距为 300 cm. 在屏上形成的干涉图样的明条纹间距为 （　　）

  A. 0.45 mm   B. 0.9 mm   C. 1.2 mm   D. 3.1 mm

7. 在真空中波长为 λ 的单色光,在折射率为 n 的透明介质中从 A 沿某路径传播到 B,若 A、B 两点相位差为 3π,则此路径 AB 的光程为 （　　）

  A. 1.5λ B. $1.5\,n/\lambda$ C. $1.5n\lambda$ D. 3λ

8. 折射率为 1.3 的油膜覆盖在折射率为 1.50 的玻璃片上,用白光垂直照射油膜,观察到透射光中绿光($\lambda=500$ nm)加强,则油膜的最小厚度是 （　　）

  A. 83.3 nm   B. 250 nm   C. 192.3 nm   D. 96.2 nm

9. 在玻璃(折射率 $n_3=1.60$)表面镀一层 MgF_2(折射率 $n_2=1.38$)薄膜作为增透膜. 为了使波长为 500 nm(1 nm=10^{-9} m)的光从空气($n_1=1.00$)正入射时尽可能少反射,MgF_2 薄膜的最少厚度应是 （　　）

  A. 78.1 nm   B. 90.6 nm   C. 125 nm   D. 181 nm

  E. 250 nm

10. 严格地说,空气的折射率大于1,因此在牛顿环实验中,若将玻璃夹层中的空气逐渐抽去而成为真空时,则干涉圆环将 （　　）

  A. 变大   B. 变小   C. 消失   D. 不变

11. 如图所示,三种透明材料构成的牛顿环装置中,用单色光垂直照射,在反射光中看到干涉条纹,则在接触点 P 处形成的圆斑为 （　　）

  A. 全明

  B. 全暗

  C. 右半部明,左半部暗

  D. 右半部暗,左半部明

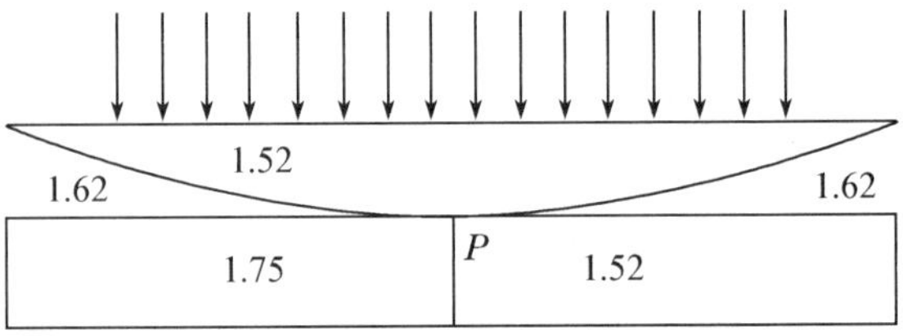

图中数字为各处的折射率

选 11 题图

12. 把一平凸透镜放在平玻璃上,构成牛顿环装置.当平凸透镜慢慢地向上平移时,由反射光形成的牛顿环 （　　）

  A. 向中心收缩,条纹间隔变小

  B. 向中心收缩,环心呈明暗交替变化

  C. 向外扩张,环心呈明暗交替变化

  D. 向外扩张,条纹间隔变大

13. 一平板玻璃($n=1.60$),板上有一油滴($n=1.35$),展成中央稍高的很扁圆锥形薄膜,如图所示.设锥高为 1 μm,当用 $\lambda=600$ nm 的单色光垂直照射时,则反射方向看到的干涉条纹将是 （　　）

  A. 边缘为明纹,中央为暗纹

  B. 边缘为暗纹,中央为明纹

  C. 边缘为暗纹,中央为暗纹

  D. 边缘为明纹,中央为明纹

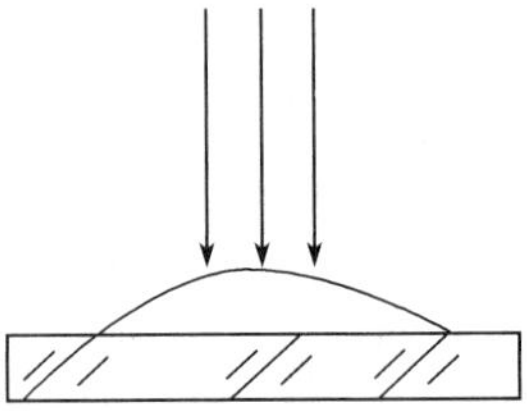

选 13 题图

14. 一束波长为 λ 的平行单色光垂直入射到一单缝 AB 上,装置如图所示.在屏幕 D 上形成衍射图样,如果 P 是中央亮纹一侧第一个暗纹所在的位置,则 BC 的长度为　　　　(　　)

A. $\dfrac{\lambda}{2}$ 　　　　　B. λ

C. $\dfrac{3\lambda}{2}$ 　　　　　D. 2λ

选 14 题图

15. 下列现象中,由光衍射产生的是　　(　　)

A. 不透光的物体可以形成影子

B. 阳光下茂密树荫中地面上的圆形亮斑

C. 光照射到金属丝上后在其后面屏上的阴影中间出现亮线

D. 阳光经凸透镜后形成的光斑

16. 波长 $\lambda=500$ nm 的单色光垂直照射到宽度 $b=0.25$ mm 的单缝上,单缝后面放置一凸透镜,在凸透镜的焦平面上放置一屏幕,用以观测衍射条纹.今测得屏幕上中央条纹一侧第三个暗条纹和另一侧第三个暗条纹之间的距离为 $d=12$ mm,则凸透镜的焦距 f 为　　(　　)

A. 2 m 　　　　B. 1 m 　　　　C. 0.5 m 　　　　D. 0.1 m

17. 在如图所示的单缝夫琅禾费衍射实验中,若将单缝沿透镜光轴方向向透镜平移,则屏幕上的衍射条纹　　　　(　　)

A. 间距变大

B. 间距变小

C. 不发生变化

D. 间距不变,但明暗条纹的位置交替变化

选 17 题图

18. 在单缝夫琅和费衍射实验中,若减小缝宽,其他条件不变,则中央明条纹　　　　　　　　(　　)

A. 宽度变小 　　　　　　　　B. 宽度变大

C. 宽度不变,且中心强度也不变 　　　D. 宽度不变,但中心强度变小

19. 用波长为 λ 的单色平行光垂直照射单缝,已知屏上第一级明纹极大的衍射角为 $\varphi=0.001$ rad,由此可判断单缝的宽度为　　　　(　　)

A. 10λ 　　　　B. 100λ 　　　　C. 500λ 　　　　D. $1\,500\lambda$

20. 在单缝夫琅禾费衍射实验中波长为 λ 的单色光垂直入射到单缝上.对应于衍射角为 $30°$ 的方向上,若单缝处波面可分成 3 个半波带,则缝宽度 b 等于　　(　　)

A. λ 　　　　B. 1.5λ 　　　　C. 2λ 　　　　D. 3λ

21. 若星光的波长按 550 nm 计算,孔径为 127 cm 的大型望远镜所能分辨的两颗星的最小角距离 θ (从地上一点看两星的视线间夹角)　　　　(　　)

A. 3.2×10^{-3} rad 　　　　　B. 1.8×10^{-4} rad

C. 5.3×10^{-5} rad 　　　　　D. 5.3×10^{-7} rad

22. 一束白光垂直照射在一光栅上,在形成的同一级光栅光谱中,偏离中央明纹最远的

是 （ ）

    A. 紫光   B. 绿光   C. 黄光   D. 红光

23. 在光栅的夫琅和费衍射实验中,一单色平行光垂直入射在光栅常数为 9×10^{-6} m 的光栅上,第三级条纹出现在 $\sin \varphi = 0.2$ 处,则此光的波长为 （ ）

    A. 400 nm   B. 500 nm   C. 600   D. 700 nm

24. 在光栅衍射实验中,用单色光垂直照射光栅常数 $b + b' = 2b$ 的光栅,则在光栅衍射条纹中 （ ）

    A. $k = 3$、6、9…级数的明条纹不会出现

    B. $k = 1$、3、5…级数的明条纹不会出现

    C. $k = 2$、4、6…级数的明条纹不会出现

    D. $k = 1$、2、3…级数的明条纹不会出现

25. 一束光垂直入射到其光轴与表面平行的偏振片上,当偏振片以入射光为轴转动时,发现透射光的光强有变化,但无全暗情况,那么入射光应该是 （ ）

    A. 自然光   B. 部分偏振光

    C. 全偏振光   D. 不能确定其偏振情况的

26. 两偏振片的偏振化方向的夹角由 60°转到 45°时,若入射光的强度不变,则透射光的强度 $I_{45°} : I_{60°}$ 等于 （ ）

    A. 2:1   B. 3:1   C. 1:2   D. 1:3

27. 自然光以 60°的入射角照射到某两介质交界面时,反射光为完全偏振光,则折射光为 （ ）

    A. 完全偏振光且折射角是 30°

    B. 部分偏振光且只是在该光由真空入射到折射率为 $\sqrt{3}$ 的介质时,折射角是 30°

    C. 部分偏振光,但须知两种介质的折射率才能确定折射角

    D. 部分偏振光且折射角是 30°

28. 自然光以布儒斯特角由空气入射到一玻璃表面上,反射光是 （ ）

    A. 在入射面内振动的完全偏振光

    B. 平行于入射面的振动占优势的部分偏振光

    C. 垂直于入射面的振动的完全偏振光

    D. 垂直于入射面的振动占优势的部分偏振光

29. 今测得光线射到某种物质的光滑表面上反射时,当入射角为 58°时,反射光为线偏振光,则这种物质的折射率为 （ ）

    A. $\sin 58°$ B. $\cos 58°$ C. $\tan 58°$ D. $\cot 58°$

30. 一束自然光射入平板玻璃片,当入射角等于起偏角时,则 （ ）

    A. 透射线垂直于入射线   B. 入射角等于折射线

    C. 折射角与入射角之和等于 90°   D. 折射角等于反射角

二、填空题

1. 如图所示,在双缝干涉实验中 $SS_1 = SS_2$,用波长为 λ 的光照射双缝 S_1 和 S_2,通过空气后在屏幕 E 上形成干涉条纹.已知 P 点处为第三级明条纹,则 S_1 和 S_2 到 P 点的光程差

为_____;若将整个装置放于某种透明液体中,P 点为第四级明条纹,则该液体的折射率 $n=$_____.

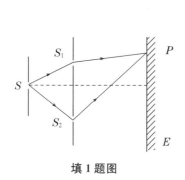

填 1 题图

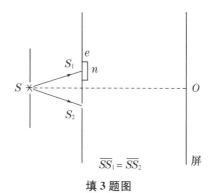

填 3 题图

2. 在双缝干涉实验中,所用单色光波长为 $\lambda=562.5$ nm,双缝与观察屏的距离 $d'=1.2$ m,若测得屏上相邻明条纹间距为 $x=1.5$ mm,则双缝的间距 $d=$_____.

3. 如图所示,在双缝干涉实验中,若把一厚度为 e、折射率为 n 的薄云母片盖在 S_1 缝上,中央明纹将向_____移动;覆盖云母片后,两束相干光至原中央明纹 O 处的光程差为_____.

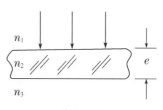

填 4 题图

4. 厚度为 e 的平行膜把空间分成三部分.波长为 λ 的光垂直入射,如图所示.若 $n_1<n_2>n_3$,则满足_____ $=\pm k\lambda$ 时,反射光消失.若 $n_1<n_2<n_3$,则满足_____ $=\pm k\lambda$ 时,反射光消失.(k 为正整数)

5. 用 $\lambda=600$ nm 的单色光垂直照射牛顿环装置时,从中央向外数第 4 个(不计中央暗斑)暗环对应的空气膜厚度为_____.

6. 在空气中有一劈形透明膜,其劈尖角 $\theta=1.0\times10^{-4}$ rad,在波长 $\lambda=700$ nm 的单色光垂直照射下,测得两相邻干涉明条纹间距 $b=0.25$ cm,由此可知此透明材料的折射率 $n=$_____.

7. 空气劈尖干涉实验中,当劈尖角变小时,干涉条纹(的疏密)将_____(变大、变小或不变).

8. 波长 $\lambda=600$ nm 的单色光垂直照射到牛顿环装置上,第二个明环与第五个明环所对应的空气膜厚度之差为_____ nm.

9. 一平凸透镜,凸面朝下放在一平玻璃板上.透镜刚好与玻璃板接触.波长分别为 $\lambda_1=600$ nm 和 $\lambda_2=500$ nm 的两种单色光垂直入射,观察反射光形成的牛顿环,从中心向外数的两种光的第五个明环所对应的空气膜厚度之差为_____.

10. 在单缝的夫琅禾费衍射实验中,屏上第三级暗纹对应于单缝处波面可划分为_____个半波带,若将缝宽缩小一半,原来第三级暗纹处将是_____纹.

11. 在单缝夫琅禾费衍射实验中,设第一级暗纹的衍射角很小,若钠黄光($\lambda_1\approx589$ nm)中央明纹宽度为 4.0 mm,则 $\lambda_2=442$ nm 的蓝紫色光的中央明纹宽度为_____.

12. 单缝夫朗和费衍射中,对于同一波长的光,缝的宽度越小,中央明纹越_____

（宽或者窄）.

13. 若对应于衍射角 $\varphi=30°$，单缝处的波面可划分为 4 个半波带，则单缝的宽度 $b=$ _____.（λ 为入射光波长）

14. 用半波带法讨论单缝衍射暗条纹中心的条件时，与中央明条纹旁第二个暗条纹中心相对应的半波带的数目是 _____.

15. 人造卫星上的宇航员，其瞳孔直径为 5.0 mm，光波波长为 $\lambda=400$ nm，他恰好能分辨离他为 200 km 的地面上的两个点光源. 若只计衍射效应，这两点光源之间的距离是 _____.

16. 某单色光垂直入射到一个每毫米有 800 条刻线的光栅上，如果第一级谱线的衍射角为 30°，则入射光的波长应为 _____.

17. 一束平行单色光垂直入射在一光栅上，若光栅的透明缝宽度 b 与不透明部分宽度 b' 相等，则可能看到的衍射光谱的级次为 _____.

18. 波长为 500 nm 的单色光垂直入射到光栅常数为 1.0×10^{-4} cm 的平面衍射光栅上，第一级衍射主极大所对应的衍射角 $\varphi=$ _____.

19. 当入射的单色光的波长一定时，若光栅上每单位长度的狭缝越多，则光栅常数就越 _____，相邻明条纹间距越 _____.

20. 若光栅的光栅常数 $b+b'$、缝宽 b 和入射光波长 λ 都保持不变，而使其缝数 N 增加，则光栅光谱的同级光谱线将变得 _____.

21. 要使一束线偏振光通过偏振片之后振动方向转过 90°，至少需要让这束光通过 _____ 块理想偏振片，在此情况下，透射光强最大是原来光强的 _____ 倍.

22. 一束自然光垂直穿过两个偏振片，两个偏振片的偏振化方向成 45°角，已知通过此两偏振片后的光强为 I，则入射至第二个偏振片的线偏振光强度为 _____.

23. 用相互平行的一束自然光和一束线偏振光构成的混合光垂直照射在一偏振片上，以光的传播方向为轴旋转偏振片时，发现透射光强的最大值为最小值的 5 倍，则入射光中，自然光强 I_0 与线偏振光强 I 之比为 _____.

24. 使光强为 I_0 的自然光依次垂直通过三块偏振片 P_1，P_2 和 P_3. P_1 与 P_2 的偏振化方向成 45°角，P_2 与 P_3 的偏振化方向成 45°角. 则透过三块偏振片的光强 I 为 _____.

25. 两平行放置在偏振化方向正交的偏振片 P_1 与 P_3 之间平行地加入一块偏振片 P_2，P_2 以入射光线为轴以角速度 ω 匀速转动，光强为 I_0 的自然光垂直入射到 P_1 上. $t=0$ 时，P_2 与 P_1 的偏振化方向平行. 则 t 时刻透过 P_1 的强光 $I_1=$ _____，透过 P_3 的光强 $I_3=$ _____.

26. 将两个偏振片布置为起偏器和检偏器，它们的透振方向之间的夹角为 30°，今以强度为 I_0 的自然光正入射起偏器，则透过检偏器的光强为 _____.

27. 一束平行的自然光，以 60°角入射到平玻璃表面上. 若反射光束是完全偏振的，则透射光束的折射角是 _____；玻璃的折射率为 _____.

28. 某一块火石玻璃的折射率是 1.65，现将这块玻璃浸没在水中（$n=1.33$）. 欲使从这块玻璃表面反射到水中的光是完全偏振的，则光由水射向玻璃的入射角应为 _____.

29. 假设某一介质对于空气的临界角是 45°，则光从空气射向此介质时的布儒斯特角是 _____.

30. 当一束自然光以布儒斯特角入射到两种媒质的分界面上时,就偏振状态来说反射光为＿＿＿＿＿＿＿＿＿＿光,其振动方向＿＿＿＿＿＿＿于入射面.

三、计算题

1. 杨氏双缝干涉实验中,双缝间距为 $d=0.3$ mm,以波长为 $\lambda=600$ nm 的光照射狭缝,求在离双缝 $d'=0.5$ m 远的光屏上第二级和第三级暗条纹的距离.

2. 在双缝干涉实验中,波长 $\lambda=550$ nm 的单色平行光垂直入射到缝间距 $d=2\times10^{-4}$ m 的双缝上,屏到双缝的距离 $d'=2$ m. 求:

（1）中央明纹两侧的两条第 10 级明纹中心的间距;

（2）用一厚度为 $e=6.6\times10^{-6}$ m,折射率为 $n=1.58$ 的玻璃片覆盖一缝后,零级明纹将移到原来的第几级明纹处?（1 nm $=10^{-9}$ m）

3. 如图所示的双缝干涉实验中,若用薄玻璃片(折射率 $n_1=1.4$)覆盖缝 S_1,用同样厚度的玻璃片(但折射率 $n_2=1.7$)覆盖缝 S_2 后,零级极大移到都不盖薄膜时第 5 级极大所占的位置,设单色光波长 $\lambda=480$ nm,求(1) 玻璃片的厚度 d(可认为光线垂直穿过玻璃片);(2)原中央条纹变为第几级条纹?

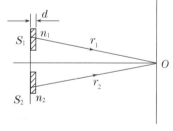

计 3 题图

4. 杨氏双缝干涉实验中,两缝间距为 $d=0.3$ mm,用单色光垂直照射双缝,在离缝 $d'=1.20$ m 的屏上测得中央明纹一侧第 5 条暗纹与另一侧第 5 条暗纹间的距离为 $\Delta x=22.78$ mm,问所用单色光的波长为多少?

5. 平行单色光入射到相隔为 d 的两平行狭缝上,若在屏上形成干涉条纹. OP 间为 10 个整条纹(即 O 点为 $k=0$ 的中央明纹; P 点为 $k=10$ 的明纹).

（1）若双缝间距离缩小为 d',使 OP 间变为 5 个整条纹,则 $\dfrac{d'}{d}$ 为多少?

（2）若 $d=0.1\,\text{mm}$; $L=1\,\text{m}$; $OP=5\,\text{cm}$,则单色光波长为多少?

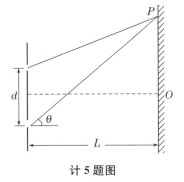

计 5 题图

6. 在双缝干涉实验中,单色光源 S_0 到两缝 S_1 和 S_2 的距离分别为 l_1 和 l_2,并且 $l_1-l_2=3\lambda$, λ 为入射光的波长,双缝之间的距离为 d,双缝到屏幕的距离为 d',如图 11 - 14 所示. 求:

（1）零级明纹到屏幕中央 O 点的距离;

（2）相邻明纹间的距离.

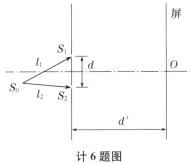

计 6 题图

7. 用波长 $\lambda=500\,\text{nm}$ 的单色光做牛顿环实验,测得第 k 个暗环半径 $r_k=4\,\text{mm}$,第 $k+10$ 个暗环半径 $r_{k+10}=6\,\text{mm}$,求平凸透镜的凸面的曲率半径 R.

8. 如图所示一牛顿环装置,设平凸透镜中心恰好和平玻璃接触,透镜凸面的曲率半径是 $R=400\,\text{cm}$. 用一束单色平行光垂直入射,观察反射光形成的牛顿环,测得第 5 个明环的半径是 $0.30\,\text{cm}$.

（1）求入射光的波长;

（2）设图中 $OA=1.00\,\text{cm}$,求在半径为 OA 的范围内可观察到的明环数目.

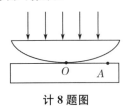

计 8 题图

9. 两块长度 10 cm 的平玻璃片,一端互相接触,另一端用厚度为 0.004 mm 的纸片隔开,形成空气劈形膜.以波长为 500 nm 的平行光垂直照射,观察反射光的等厚干涉条纹,在全部 10 cm 的长度内呈现多少条明纹?

10. 某种单色平行光垂直入射在单缝上,单缝宽 $b=0.15$ mm,缝后放一个焦距 $f=400$ mm 的凸透镜,在透镜的焦平面上,测得中央明条纹两侧的两个第三级暗条纹之间的距离为 8.0 mm,求入射光的波长.

11. 单缝的宽度 $b=0.40$ mm,以波长 $\lambda=589$ nm 的单色光垂直照射,设透镜的焦距 $f=1.0$ m. 求:
(1) 第一级暗纹距中心的距离;
(2) 第二级明纹距中心的距离.

12. 用含有两种波长 $\lambda=600$ nm 和 $\lambda'=500$ nm 的复色光垂直入射到每毫米有 200 条刻痕的光栅上,光栅后面置一焦距为 $f=50$ cm 的凸透镜,在透镜焦平面处置一屏幕,求以上两种波长光的第一级谱线的间距 Δx.

13. 一束平行光垂直入射到某个光栅上,该光束有两种波长的光 $\lambda_1=440$ nm 和 $\lambda_2=660$ nm. 实验发现,两种波长的谱线(不记中央明纹)第二次重合于衍射角 $\Phi=60°$ 的方向上,求此光栅的光栅常数.

14. 波长范围在 450~650 nm 之间的复色平行光垂直照射在每厘米有 5 000 条刻线的光栅上,屏幕放在透镜的焦面处,屏上第二级光谱各色光在屏上所占范围的宽度为 35.1 cm. 求透镜的焦距 f.

15. 以波长 400 nm~760 nm 的白光垂直照射在光栅上,在它的衍射光谱中,第二级和第三级发生重叠,问第二级光谱被重叠的波长范围是多少.

16. 用波长 400 nm~760 nm 的白光入射每厘米中有 6 500 条刻线的平面光栅上,求第三级光谱的张角.

17. 单色光垂直入射在光栅常数为 6.0×10^{-4} cm 的光栅上,如测得第三级谱线的角位置为 $\sin \theta_3 = 0.30$,第四级谱线缺级. 试求:(1) 单色光的波长;(2) 透光缝宽;(3) 能观察到的谱线数目.

18. 将三个偏振片叠放在一起,第二个与第三个的偏振化方向分别与第一个的偏振化方向成 45°和 90°角.(1) 强度为 I_0 的自然光垂直入射到这一堆偏振片上,试求经每一偏振片后的光强和偏振状态;(2) 如果将第二个偏振片抽走,情况又如何?

19. 两个偏振片叠在一起,在它们的偏振化方向成 $\theta_1 = 30°$ 时,观测一束单色自然光,又在 $\theta_2 = 45°$ 时,观测另一束单色自然光.若两次所测得的透射光强度相等,求两次入射自然光的强度之比.

20. 有三个偏振片叠在一起.已知第一个偏振片与第三个偏振片的偏振化方向相互垂直.一束光强为 I_0 的自然光垂直入射在偏振片上,已知通过三个偏振片后的光强为 $I_0 / 16$,求第二个偏振片与第一个偏振片的偏振化方向之间的夹角.

21. 自然光入射到重叠在一起的两个理想偏振片上,测得透射光强为最大透射光强的 $1/3$,求:

(1) 两偏振片偏振化方向之间的夹角;

(2) 若透射光强为入射光强的 $\dfrac{1}{3}$,求两偏振片偏振化方向之间的夹角.

22. 使自然光通过两个偏振光方向相交 $60°$ 的偏振片,透射光强为 I,今在两偏振片之间插入另一偏振片,它的方向与前两个偏振片均成 $30°$ 角,则透射光强为多少?

23. 一束光是自然光和平面偏振光的混合,当它通过一偏振片时发现透射光的强度取决于偏振片的取向,其强度可以变化 5 倍.求入射光中偏振光的强度占总入射光强度的几分之几.

24. 两偏振片 A 和 B 排成一列,两者的偏振化方向成 $45°$ 角,入射光为线偏振光,光强为 I,其振动方向与 A 的偏振化方向相同,试求:

(1) 入射光先通过 A 再通过 B,出射光的光强;

(2) 入射光先通过 B 再通过 A,出射光的光强.

25. 一束自然光以起偏角 $i_0 = 48.09°$ 自某透明液体入射到玻璃表面上,若玻璃的折射率为 1.56,求:(1) 该液体的折射率;(2) 折射角.

四、应用题

1. 在湖面上方 0.5 m 处放一电磁波探测器,一射电星发出波长为 20.0 cm 的电磁波,当射电星从地平面渐渐升起时,探测器探测到极大值,求第一个极大值出现时射电星和地平面的夹角.

2. 激光器的谐振腔主要由两块反射镜组成,射出激光的一端为部分反射镜,另一端为全反射镜,为提高其反射能力,常在玻璃(折射率为 $n_1 = 1.50$)镜面上镀一层介质膜(折射率 $n = 1.65$).求氦氖激光器的全反射镜上镀膜厚度应满足的条件和最小厚度.(已知氦氖激光器发射的激光波长 $\lambda = 632.8$ nm)

3. 一游轮漏出的油(折射率为 1.20)污染了某海域,在海水(折射率为 1.30)表面形成一层薄薄的油污.问(1) 如果太阳正位于海域上空,一直升级的驾驶员从机上向正下方观察,他所正对的油层厚度为 460 nm,则他观察到油层呈什么颜色? (2) 如果一潜水员潜入该区域水下,并向正上方观察又将观察到油层呈什么颜色?

4. 照相机镜头玻璃的折射率为 1.52,在其表面涂有折射率为 1.38 的 MgF_2 增透膜,若此膜仅适用于波长为 550 nm 的绿光,则此膜的最小厚度为多少?

5. 如图所示,工业测量中利用空气劈尖测细丝直径,已知 $\lambda = 589.3$ nm,$L = 2.888 \times 10^{-2}$ m,测的 30 条条纹的总宽度为 4.295×10^{-3} m,求细丝直径.

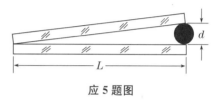

应 5 题图

6. 集成光学中的楔形薄膜耦合器原理如图所示. 沉积在玻璃衬底上的是氧化钽 (Ta_2O_5)薄膜,其楔形端从 A 到 B 厚度逐渐减小为零. 为测定薄膜的厚度,用波长 $\lambda = 632.8$ nm 的 He-Ne 激光垂直照射,观察到薄膜楔形端共出现 11 条暗纹,且 A 处对应一条暗纹,试求氧化钽薄膜的厚度(Ta_2O_5 对 632.8 nm 激光的折射率为 2.21).

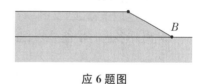

应 6 题图

7. 两个玻璃平板长 $L = 4$ cm,一端接触另一端夹住一金属丝,在玻璃平板之间形成夹角很小的劈尖型空气层如图所示. 现以波长 $\lambda = 589.0$ nm 的钠光垂直入射到玻璃板上方用显微镜观察干涉条纹. (1) 若观察到的相邻两明(或暗)条纹的间隔为 0.1 mm,试求金属丝的直径 d;(2) 将金属丝通以电流,使金属丝受热膨胀直径增大,在此过程中从玻璃片上方接触端距离为 $\frac{L}{2}$ 的固定观察点上发现干涉条纹向左移动了 2 条,试求金属丝的直径膨胀了多少?

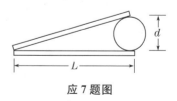

应 7 题图

8. 如图所示的干涉膨胀仪,已知样品的平均高度 $h=3.0\times10^{-2}$ m,用 $\lambda=589.3$ nm 的单色光垂直照射. 当温度升高了 $\Delta T=13$ K 时,看到有 20 条条纹移过,问样品的热膨胀系数 α 为多少?(提示:样品高度的增加量 $\Delta h=h\alpha\Delta T$.)

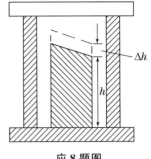

应 8 题图

9. 汽车前灯相距 $d=1.0$ m,人眼瞳孔直径约为 2.0 mm,光波波长为 $\lambda=550$ nm,求汽车距人多远处两灯恰能分辨?

10. 人眼瞳孔直径约为 3 mm,若视觉感受的最灵敏的光波长为 550 nm,问:

(1) 人眼最小分辨角为多大?

(2) 在教室的黑板上,画一等号,其两横线相距 2 mm,试分析坐在离黑板 10 m 处的同学能否分辨这两条横线?

(3) 离开多远时恰能分辨相距 2 mm 两条横线?

11. 老鹰眼睛的瞳孔直径约为 6 mm,问其最多飞翔多高时仍能看清地面上身长为 5 cm 的小鼠? 设光在空气中的波长为 600 nm.

12. 月球距地面约 3.86×10^{5} km,设月光的波长为 550 nm,问月球表面上多大尺寸的物体能被地球上直径为 5 m 的天文望远镜所分辨.

13. 用光栅测量一束波长未知的光线,已知一束黄光(570 nm)通过该光栅后的一级谱线衍射角为 $9°51'$,未知光线通过光栅的一级谱线衍射角为 $7°52'$,求该光栅的光栅常数,该光线为何种颜色.

14. 以铜作为阳极靶材料的 X 射线管发出的 X 射线主要是波长为 0.15 nm 的特征谱线,当它以掠射角 $11°15'$ 照射某一晶面时,在反射方向上测得一级衍射极大,求该组晶面的间距,又若以钨为阳极靶材料做成的 X 射线管所发出的波长连续的 X 射线照射该组晶面,在 $36°$ 方向上可测得什么波长的 X 射线的一级衍射极大值?

15. 一束太阳光以 $57°$ 角入射到一建筑物的玻璃表面,经反射后变为线偏振光,一行人通过偏光镜观察到反射光的光强为 I,已知反射光的光矢量方向与偏光镜的偏振化方向夹角为 $30°$,玻璃的反射率为 18%,偏光镜的透射率为 80%,求玻璃折射率以及该束太阳光的光强.

16. 测得从平静的水面表面反射出来的太阳光是线偏振光,问此时太阳处在地平线的多大仰角处(水的折射率为 1.33).

第十二章 气体动理论

扫一扫
可见本章电子资源

12.1 基本要求

（1）掌握理想气体的状态方程及其应用.

（2）了解理想气体的微观模型，理解理想气体压强和温度的统计意义，了解从微观的分子动理论推导宏观压强公式的思想方法.掌握理想气体压强公式和温度公式并能熟练地进行相关计算.

（3）理解自由度概念，理解能量按自由度均分定理，掌握理想气体的内能公式.

（4）了解麦克斯韦速率分布定律，理解并掌握气体分子速率分布函数及速率分布曲线的物理意义，理解三种统计速率的物理意义，会计算三种统计速率.

（5）了解气体分子的平均碰撞频率和平均自由程的概念.

12.2 基本概念和规律

1. 理想气体物态方程

$$pV=\frac{m'}{M}RT, p=nkT$$

2. 理想气体压强公式

$$p=\frac{2}{3}n\overline{\varepsilon_k}$$

3. 分子平均平动动能与温度的关系

$$\overline{\varepsilon_k}=\frac{3}{2}kT, 即\ T=\frac{2\overline{\varepsilon_k}}{3k}$$

4. 自由度

确定一个力学系统的位置所需要的独立坐标的数目.气体分子的自由度用 i 表示，其中平动自由度用 t 表示，转动自由度用 r 表示，振动自由度用 s 表示.

单原子分子 $i=t+r+s=3+0+0=3$

双原子刚性分子 $i=t+r+s=3+2+0=5$

双原子弹性分子 $i=t+r+s=3+2+2=7$

多原子刚性分子 $i=t+r+s=3+3+0=6$

5. 能量均分定理

在温度为 T 的平衡态下，物质分子的每一个自由度都具有相同的平均动能，其大小都

等于 $\dfrac{1}{2}kT$, 简称能量均分定理. 一个分子的平均总动能为

$$\overline{\varepsilon_k} = \dfrac{i}{2}kT.$$

6. 理想气体的内能

$$E = N\dfrac{i}{2}RT$$

7. 气体分子速率分布

速率分布函数
$$f(v) = \dfrac{\mathrm{d}N}{N\mathrm{d}v}$$

归一化条件
$$\int_0^\infty f(v)\mathrm{d}v = 1$$

8. 与速率有关的物理量平均的求法

$$\overline{g(v)} = \int_0^\infty g(v)f(v)\mathrm{d}v$$

9. 三种统计速率

（1）最概然速率
$$v_p = \sqrt{\dfrac{2kT}{m}} = 1.41\sqrt{\dfrac{RT}{M}}$$

（2）平均速率
$$\overline{v} = \sqrt{\dfrac{8kT}{\pi m}} = 1.60\sqrt{\dfrac{RT}{M}}$$

（3）方均根速率
$$v_{\mathrm{rms}} = \sqrt{\dfrac{3kT}{m}} = 1.73\sqrt{\dfrac{RT}{M}}$$

10. 平均碰撞频率、平均自由程

$$\overline{\lambda} = \dfrac{\overline{v}}{\overline{Z}}, \overline{\lambda} = \dfrac{1}{\sqrt{2}n\pi d^2}, \overline{\lambda} = \dfrac{kT}{\sqrt{2}p\pi d^2}$$

其中, $\overline{Z}$ 为分子的平均碰撞频率, d 为气体分子的有效直径.

12.3 学习指导

本章重点要理解理想气体压强和温度的统计意义, 了解从微观的分子动理论推导宏观压强公式的思想方法. 较困难的是理解麦克斯韦速率分布律, 学习时不要死记硬背公式, 重要的是从物理意义去理解、掌握.

压强是单位时间单位器壁面积上所获得的平均冲量, 是大量分子对器壁碰撞的统计平均结果. 而且分子对器壁碰撞的冲量有涨落, 所以压强也有涨落. 理想气体压强公式 $p = \dfrac{2}{3}n\overline{\varepsilon_k}$, 表明理想气体压强 p 与分子数密度 n、气体分子平均平动动能 $\overline{\varepsilon_k}$ 成正比, n、$\overline{\varepsilon_k}$ 都是统计平均值, 都有涨落, 此式表达的是三个统计平均值之间关系的一条统计规律.

分子平均平动动能与温度的关系 $\overline{\varepsilon_k} = \dfrac{3}{2}kT$, 它表明气体分子平均平动动能仅与温度有

关,且与温度成正比. 在相同的温度下,一切气体分子的平均平动动能都是相等的,因此,温度的微观本质是:温度标志物体内部分子热运动的剧烈程度,是气体分子平均平动动能的量度,温度是统计平均值,对单个分子或少数分子,无温度可言.

自由度是确定物体空间位置所需要的独立坐标的数目,而不是坐标本身. 选取不同的坐标系,描述它的位置有不同的坐标表示,但独立坐标数目相同.

一摩尔理想气体的内能为 $E=\frac{i}{2}RT$,n 摩尔理想气体的内能为 $E=n\frac{i}{2}RT$,即一定质量的某种理想气体的内能仅与温度 T 有关.

速率分布函数的定义为 $f(v)=\frac{\mathrm{d}N}{N\mathrm{d}v}$,即 $f(v)$ 表示速率 v 附近单位速率区间内的分子数占总分子数的百分比. 由 $f(v)$ 的意义可知:

(1) $f(v)\mathrm{d}v=\frac{\mathrm{d}N}{N}$ 表示速率在 $v\sim v+\mathrm{d}v$ 区间内的分子数占总分子数的百分比.

(2) $Nf(v)\mathrm{d}v=\mathrm{d}N$ 表示速率在 $v\sim v+\mathrm{d}v$ 区间内的分子数.

(3) $\int_{v_1}^{v_2}f(v)\mathrm{d}v=\int\frac{\mathrm{d}N}{N}=\frac{\Delta N}{N}$ 表示速率在 $v_1\sim v_2$ 区间内的分子数占总分子数的百分比. 由此可知 $\int_0^\infty f(v)\mathrm{d}v=1$,即速率分布曲线下的总面积为1,称**归一化条件**.

(4) 速率的任意函数 $g(v)$ 的统计平均值由下式计算:$\overline{g(v)}=\int_0^\infty g(v)f(v)\mathrm{d}v$,由此法可求 $\overline{v}$、$\overline{v^2}$(开方得 $\sqrt{\overline{v^2}}$)等值.

(5) 最概然速率 v_p:$f(v)$ 极大值对应的速率,其物理意义不能简单地理解为最概然速率就是出现的几率最大的速率,最概然速率 v_p 的物理意义应理解为:如果把整个速率范围分成许多相等的速率小区间,则分布在 v_p 附近小区间内的分子数最大.

本章要求学生掌握理想气体的状态方程及其应用,掌握理想气体压强公式和温度公式,并能熟练地进行相关计算,会计算三种统计速率. 本章需要记忆的常数较多,且单位复杂,计算时要注意单位统一.

12.4 典型例题

例 12-1 目前实验室获得的极限真空约为 $1.33\times10^{-11}\,\mathrm{Pa}$,试求在 27 ℃时单位体积中的分子数.

解:由理想气体状态方程 $p=nkT$,可得在 27 ℃时单位体积中的分子数(即分子数密度)为

$$n=\frac{p}{kT}=\frac{1.33\times10^{-11}}{1.38\times10^{-23}\times(273+27)}=3.21\times10^9\,\mathrm{m}^{-3}.$$

例 12-2 $1\,\mathrm{m}^3$ 容器内有 $m'=2.56\,\mathrm{kg}$ 氧气,已知其气体分子的平均平动动能 $\overline{\varepsilon}_{kt}=8.30\times10^{-21}\,\mathrm{J}$,求气体压强.(阿伏伽德罗常量 $N_A=6.02\times10^{23}\,\mathrm{mol}$,玻尔兹曼常量 $k=1.38\times10^{-23}\,\mathrm{J\cdot K}^{-1}$)

解：$N=\dfrac{m'}{M_{O_2}}N_A=\dfrac{2.56}{32\times10^{-3}}\times6.02\times10^{23}=4.82\times10^{25}$（个）.

$$n=\dfrac{N}{V}=4.82\times10^{25}\ \text{m}^{-3}.$$

$$p=\dfrac{2}{3}n\overline{\varepsilon_k}=\dfrac{2}{3}\times4.82\times10^{25}\times8.30\times10^{-21}=2.67\times10^5\ \text{Pa}.$$

例 12 - 3 一瓶氢气和一瓶氧气温度相同，若氢气分子的平均平动动能为 $\overline{\varepsilon_k}=6.21\times10^{-21}$ J，试求：氧气的温度.（阿伏伽德罗常量 $N_A=6.022\times10^{23}$ mol^{-1}，玻尔兹曼常量 $k=1.38\times10^{-23}$ J·K^{-1}）

解：
$$\overline{\varepsilon_k}=\dfrac{3}{2}kT$$

$$T=\dfrac{2\overline{\varepsilon_k}}{3k}=\dfrac{2\times6.21\times10^{-21}}{3\times1.38\times10^{-23}}=300\ \text{K}$$

例 12 - 4 一容积为 20 cm³ 的电子管，当温度为 300 K 时，用真空泵把管内空气抽成压强为 5×10^{-6} mmHg 的高真空，问：(1) 此时管内有多少个空气分子？(2) 这些空气分子的平均平动动能的总和是多少？（760 mmHg $=1.013\times10^5$ Pa，空气分子可认为是刚性双原子分子，玻尔兹曼常量 $k=1.38\times10^{-23}$ J·K^{-1}）

解：(1) $n=\dfrac{p}{kT}=\dfrac{\dfrac{5\times10^{-6}}{760}\times1.013\times10^5}{1.38\times10^{-23}\times300}=1.61\times10^{17}$（个/m³）.

$$N=nV=1.61\times10^{17}\times20\times10^{-6}=3.22\times10^{12}\ \text{（个）}.$$

(2) $\overline{\varepsilon_{kt}}=\dfrac{3}{2}kT=6.21\times10^{-22}$ J.

$$E_{kt}=\overline{\varepsilon_{kt}}N=\dfrac{3}{2}PV=\dfrac{3}{2}\times\dfrac{5\times10^{-6}}{760}\times1.013\times10^5\times20\times10^{-6}=2.00\times10^{-8}\ \text{J}.$$

例 12 - 5 当温度为 27 ℃时，分别求氢气、氦气和氨气三种各 1 mol 气体的内能. 当温度升高一度时，其内能各增加多少？（双原子或多原子分子视为刚性分子）

解：$\Delta E=v\cdot\dfrac{i}{2}\cdot R\cdot\Delta T$

氢气 $\Delta E_1=1\times\dfrac{5}{2}\times8.31\times1=20.8$ J

氦气 $\Delta E_2=1\times\dfrac{3}{2}\times8.31\times1=12.5$ J

氨气 $\Delta E_3=1\times\dfrac{6}{2}\times8.31\times1=24.9$ J

例 12 - 6 有一体积为 V 的房间充满着双原子理想气体，冬天室温为 T_1，压强为 p_0，现将室温经取暖器提高到温度 T_2，因房间不是封闭的，室内气压仍为 p_0. 试证：室温由 T_1 升高到 T_2，房间内的气体的内能不变，并说明取暖器加热的作用何在.

解：$p_0V=vRT_1$ $\quad$ $p_0V=v'RT_2$

$$E_1=v\dfrac{i}{2}RT_1=\dfrac{i}{2}p_0V \quad E_2=v'\dfrac{i}{2}RT_2=\dfrac{i}{2}p_0V$$

$E_1=E_2$，即内能不变.

取暖器的加热作用是室内温度升高,辐射能量变大,散热也少.

例 12 - 7 由 N 个分子组成的理想气体,其分子速率分布如图 12 - 1 所示.(对于 $v > 2v_0$, $f(v) = 0$),试求:(1)用 v_0 表示 a 的值;(2)分子的平均速率 $\bar{v}$.

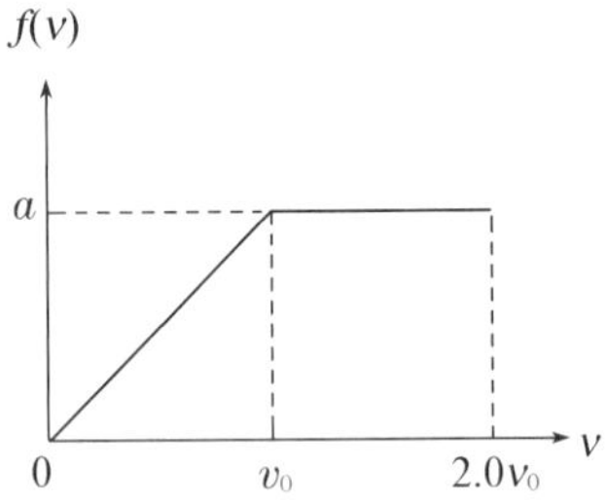

解:(1)由图可知,分子的速率分布函数为

$$f(v) = \begin{cases} cv & (0 \leqslant v \leqslant v_0) \\ a & (v_0 \leqslant v \leqslant 2v_0) \end{cases}$$

由 $v = v_0$ 处的连续性得, $cv_0 = a$ 则 $c = \dfrac{a}{v_0}$

由归一化条件 $\displaystyle\int_0^{v_0} \dfrac{a}{v_0} v \mathrm{d}v + \int_{v_0}^{2v_0} a \mathrm{d}v = 1$

则 $a = \dfrac{2}{3v_0}$, $c = \dfrac{2}{3v_0^2}$

图 12 - 1

(2) $\bar{v} = \displaystyle\int_0^{2v_0} v f(v) \mathrm{d}v = \int_0^{v_0} v \cdot cv \mathrm{d}v + \int_{v_0}^{2v_0} va \, \mathrm{d}v = \dfrac{11}{9} v_0$

例 12 - 8 星际空间温度可达 2.7 K,试求温度为 300 K 的氢分子的最概然速率、平均速率、方均根速率.

解:氢气的摩尔质量 $M = 2 \times 10^{-3}$ kg·mol^{-1},

最概然速率 $v_p = \sqrt{\dfrac{2RT}{M}} = 1.58 \times 10^3$ m·s^{-1}

平均速率 $\bar{v} = \sqrt{\dfrac{8RT}{\pi M}} = 1.78 \times 10^3$ m·s^{-1}

方均根速率 $v_{\mathrm{rms}} = \sqrt{\dfrac{3RT}{M}} = 1.93 \times 10^3$ m·s^{-1}

例 12 - 9 今测得温度为 $t_1 = 15$ ℃,压强为 $p_1 = 0.76$ m 汞柱高时,氩分子和氖分子的平均自由程分别为:$\bar{\lambda}_{\mathrm{Ar}} = 6.7 \times 10^{-8}$ m 和 $\bar{\lambda}_{\mathrm{Ne}} = 13.2 \times 10^{-8}$ m,求:氖分子和氩分子有效直径之比 $\dfrac{d_{\mathrm{Ne}}}{d_{\mathrm{Ar}}} = ?$

解:由 $\bar{\lambda} = \dfrac{kT}{\sqrt{2} p \pi \mathrm{d}^2}$,得

$$\frac{\bar{\lambda}_{\mathrm{Ar}}}{\lambda_{\mathrm{Ne}}} = \frac{\mathrm{d}_{\mathrm{Ne}}^2}{\mathrm{d}_{\mathrm{Ar}}^2}, \frac{\mathrm{d}_{\mathrm{Ne}}}{\mathrm{d}_{\mathrm{Ar}}} = \sqrt{\frac{\bar{\lambda}_{\mathrm{Ar}}}{\lambda_{\mathrm{Ne}}}} = \sqrt{\frac{6.7 \times 10^{-8}}{13.2 \times 10^{-8}}} = 0.712$$

12.5 练习题

一、选择题

1. 若理想气体的体积为 V,压强为 p,温度为 T,一个分子的质量为 m, k 为玻尔兹曼常量, R 为普适气体常量,则该理想气体的分子数为 (   )

A. $\dfrac{pV}{m}$ B. $\dfrac{pV}{kT}$ C. $\dfrac{pV}{RT}$ D. $\dfrac{pV}{mT}$

2. 在标准状态下,任何理想气体在 $1\ m^3$ 中含有的分子数都等于　　　　　　（　　）

　　A. 6.02×10^{23}　　　B. 6.02×10^{21}　　　C. 2.69×10^{25}　　　D. 2.69×10^{23}

（玻尔兹曼常量 $k=1.38\times10^{-23}\ J\cdot K^{-1}$）

3. 一容器内某理想气体的温度为 $T=273\ K$,压强为 $p=1.013\times10^5\ Pa$,密度为 $\rho=1.25\ kg/m^3$,则该气体是以下何种气体　　　　　　　　　　　　　　　　（　　）

　　A. 氢气　　　　　　　　　　　　　B. 氧气

　　C. 氮气或者一氧化碳　　　　　　　D. 二氧化碳

4. 一定量的理想气体贮于某一容器中,温度为 T,气体分子的质量为 m. 根据理想气体的分子模型和统计假设,分子速度在 x 方向的分量平方的平均值　　　　（　　）

　　A. $\overline{v_x^2}=\sqrt{\dfrac{3kT}{m}}$　　　　　　　　　　B. $\overline{v_x^2}=\dfrac{1}{3}\sqrt{\dfrac{3kT}{m}}$

　　C. $\overline{v_x^2}=\dfrac{3kT}{m}$　　　　　　　　　　　D. $\overline{v_x^2}=\dfrac{kT}{m}$

5. 三个容器 A、B、C 中装有同种理想气体,其分子数密度 n 相同,而方均根速率之比为 $(\overline{v_A^2})^{\frac{1}{2}}:(\overline{v_B^2})^{\frac{1}{2}}:(\overline{v_C^2})^{\frac{1}{2}}=1:2:4$,则其压强之比 $p_A:p_B:p_C$ 为　　（　　）

　　A. $1:2:4$　　　B. $1:4:8$　　　C. $1:4:16$　　　D. $4:2:1$

6. 已知氢气与氧气的温度相同,请判断下列说法哪个正确　　　　　　　　（　　）

　　A. 氧分子的质量比氢分子大,所以氧气的压强一定大于氢气的压强

　　B. 氧分子的质量比氢分子大,所以氧气的密度一定大于氢气的密度

　　C. 氧分子的质量比氢分子大,所以氢分子的速率一定比氧分子的速率大

　　D. 氧分子的质量比氢分子大,所以氢分子的方均根速率一定比氧分子的方均根速率大

7. 关于温度的意义,有下列几种说法

　　(1) 气体的温度是分子平均平动动能的量度;

　　(2) 气体的温度是大量气体分子热运动的集体表现,具有统计意义;

　　(3) 温度的高低反映物质内部分子运动剧烈程度的不同;

　　(4) 从微观上看,气体的温度表示每个气体分子的冷热程度。

这些说法中正确的是　　　　　　　　　　　　　　　　　　　　　　（　　）

　　A. (1)、(2)、(4)　　　　　　　　　B. (1)、(2)、(3)

　　C. (2)、(3)、(4)　　　　　　　　　D. (1)、(3)、(4)

8. 一瓶氦气和一瓶氮气质量密度相同,分子平均平动动能相同,而且它们都处于平衡状态,则它们　　　　　　　　　　　　　　　　　　　　　　　　　　　（　　）

　　A. 温度相同,但氦气的压强小于氮气的压强

　　B. 温度相同、压强相同

　　C. 温度相同,但氦气的压强大于氮气的压强

　　D. 温度、压强都不相同

9. 温度、压强相同的氦气和氧气,它们分子的平均能量 $\bar{\varepsilon}$ 和平均平动动能 $\bar{\varepsilon}_{kt}$ 有如下关系　　　　　　　　　　　　　　　　　　　　　　　　　　　　（　　）

　　A. $\bar{\varepsilon}$ 和 $\bar{\varepsilon}_{kt}$ 都相等　　　　　　　　　B. $\bar{\varepsilon}$ 相等,而 $\bar{\varepsilon}_{kt}$ 不相等

C. $\overline{\varepsilon}_{kt}$ 相等,而 $\overline{\varepsilon}$ 不相等　　　　　　　　D. $\overline{\varepsilon}$ 和 $\overline{\varepsilon}_{kt}$ 都不相等

10. 1 mol 刚性双原子分子理想气体,当温度为 T 时,其内能为　　　　　　（　　）

　　A. $\dfrac{3}{2}RT$　　　　B. $\dfrac{3}{2}kT$　　　　C. $\dfrac{5}{2}RT$　　　　D. $\dfrac{5}{2}kT$

（式中 R 为普适气体常量,k 为玻尔兹曼常量）

11. 在标准状态下,若氧气(视为刚性双原子分子的理想气体)和氦气的体积比 $V_1/V_2=$ $1/2$,则其内能之比 E_1/E_2 为　　　　　　　　　　　　　　　　　　　　　（　　）

　　A. 3/10　　　　B. 1/2　　　　C. 5/6　　　　D. 5/3

12. 压强为 p、体积为 V 的氢气(视为刚性分子理想气体)的内能为　　　　　（　　）

　　A. $\dfrac{5}{2}pV$　　　　B. $\dfrac{3}{2}pV$　　　　C. pV　　　　D. $\dfrac{1}{2}pV$

13. 设如图所示的两条曲线分别表示在相同温度下氧气和氢气分子的速率分布曲线; 令 $(v_p)_{O_2}$ 和 $(v_p)_{H_2}$ 分别表示氧气和氢气的最概然速率,则　　　　　（　　）

　　A. 图中 a 表示氧气分子的速率分布曲线;
　　　 $(v_p)_{O_2}/(v_p)_{H_2}=4$

　　B. 图中 a 表示氧气分子的速率分布曲线;
　　　 $(v_p)_{O_2}/(v_p)_{H_2}=\dfrac{1}{4}$

　　C. 图中 b 表示氧气分子的速率分布曲线;
　　　 $(v_p)_{O_2}/(v_p)_{H_2}=\dfrac{1}{4}$

　　D. 图中 b 表示氧气分子的速率分布曲线;
　　　 $(v_p)_{O_2}/(v_p)_{H_2}=4$

选 13 题图

14. 设 $\overline{v}$ 代表气体分子运动的平均速率,v_p 代表气体分子运动的最概然速率,$(\overline{v^2})^{\frac{1}{2}}$ 代表气体分子运动的方均根速率.处于平衡状态下理想气体,三种速率关系为　　　（　　）

　　A. $(\overline{v^2})^{\frac{1}{2}}=\overline{v}=v_p$　　　　　　　　　　B. $\overline{v}=v_p<(\overline{v^2})^{\frac{1}{2}}$

　　C. $v_p<\overline{v}<(\overline{v^2})^{\frac{1}{2}}$　　　　　　　　　　D. $v_p>\overline{v}>(\overline{v^2})^{\frac{1}{2}}$

15. 已知一定量的某种理想气体,在温度为 T_1 与 T_2 时的分子最概然速率分别为 v_{p_1} 和 v_{p_2},分子速率分布函数的最大值分别为 $f(v_{p_1})$ 和 $f(v_{p_2})$. 若 $T_1>T_2$,则　　（　　）

　　A. $v_{p_1}>v_{p_2}$,$f(v_{p_1})>f(v_{p_2})$　　　　　　B. $v_{p_1}>v_{p_2}$,$f(v_{p_1})<f(v_{p_2})$

　　C. $v_{p_1}<v_{p_2}$,$f(v_{p_1})>f(v_{p_2})$　　　　　　D. $v_{p_1}<v_{p_2}$,$f(v_{p_1})<f(v_{p_2})$

16. 如图所示的速率分布曲线,哪一幅中的两条曲线能是同一温度下氮气和氢气的分子速率分布曲线　　　　　　　　　　　　　　　　　　　　　　　　　　　　（　　）

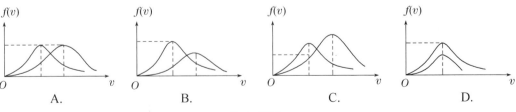

　　A.　　　　　　　　　　B.　　　　　　　　　　C.　　　　　　　　　　D.

选 16 题图

17. 若一容积不变的封闭容器内理想气体分子的平均速率提高为原来的 2 倍,则 （　　）

    A. 温度和压强都提高为原来的 2 倍

    B. 温度为原来的 2 倍,压强为原来的 4 倍

    C. 温度为原来的 4 倍,压强为原来的 2 倍

    D. 温度和压强都为原来的 4 倍

18. 两种不同的理想气体,若它们的最概然速率相等,则它们的 （　　）

    A. 平均速率相等,方均根速率相等

    B. 平均速率相等,方均根速率不相等

    C. 平均速率不相等,方均根速率相等

    D. 平均速率不相等,方均根速率不相等

19. 假定氧气的热力学温度提高一倍,氧分子全部离解为氧原子,则这些氧原子的平均速率是原来氧分子平均速率的 （　　）

    A. 4 倍　　　　　B. 2 倍　　　　　C. $\sqrt{2}$ 倍　　　　　D. $\dfrac{1}{\sqrt{2}}$ 倍

20. 麦克斯韦速率分布曲线如图所示,图中 A、B 两部分面积相等,则该图表示 （　　）

    A. v_0 为最概然速率

    B. v_0 为平均速率

    C. v_0 为方均根速率

    D. 速率大于和小于 v_0 的分子数各占一半

选 20 题图

21. 速率分布函数 $f(v)$ 的物理意义为 （　　）

    A. 具有速率 v 的分子占总分子数的百分比

    B. 速率分布在 v 附近的单位速率间隔中的分子数占总分子数的百分比

    C. 具有速率 v 的分子数

    D. 速率分布在 v 附近的单位速率间隔中的分子数

22. 若 $f(v)$ 为气体分子速率分布函数,N 为分子总数,m 为分子质量,则 $\int_{v_1}^{v_2} \dfrac{1}{2}mv^2 Nf(v)\mathrm{d}v$ 的物理意义是 （　　）

    A. 速率为 v_2 的各分子的总平动动能与速率为 v_1 的各分子的总平动动能之差

    B. 速率为 v_2 的各分子的总平动动能与速率为 v_1 的各分子的总平动动能之和

    C. 速率处在速率间隔 $v_1 \sim v_2$ 之内的分子的平均平动动能

    D. 速率处在速率间隔 $v_1 \sim v_2$ 之内的分子平动动能之和

23. 设某种气体的分子速率分布函数为 $f(v)$,则速率在 $v_1 \sim v_2$ 区间内的分子的平均速率为 （　　）

    A. $\int_{v_1}^{v_2} vf(v)\mathrm{d}v$　　　B. $v\int_{v_1}^{v_2} vf(v)\mathrm{d}v$　　　C. $\dfrac{\int_{v_1}^{v_2} vf(v)\mathrm{d}v}{\int_{v_1}^{v_2} f(v)\mathrm{d}v}$　　　D. $\dfrac{\int_{v_1}^{v_2} f(v)\mathrm{d}v}{\int_{0}^{\infty} f(v)\mathrm{d}v}$

24. 已知分子总数为 N,它们的速率分布函数为 $f(v)$,则速率分布在 $v_1 \sim v_2$ 区间内的分子的平均速率为 （　　）

A. $\int_{v_1}^{v_2} vf(v)\,\mathrm{d}v$ B. $\dfrac{\int_{v_1}^{v_2} vf(v)\,\mathrm{d}v}{\int_{v_1}^{v_2} f(v)\,\mathrm{d}v}$ C. $\int_{v_1}^{v_2} Nvf(v)\,\mathrm{d}v$ D. $\dfrac{\int_{v_1}^{v_2} vf(v)\,\mathrm{d}v}{N}$

25. 一定量的理想气体,在温度不变的条件下,当体积增大时,分子的平均碰撞频率 $\bar{Z}$ 和平均自由程 $\bar{\lambda}$ 的变化情况是 （　　）

    A. $\bar{Z}$ 减小而 $\bar{\lambda}$ 不变   B. $\bar{Z}$ 减小而 $\bar{\lambda}$ 增大

    C. $\bar{Z}$ 增大而 $\bar{\lambda}$ 减小   D. $\bar{Z}$ 不变而 $\bar{\lambda}$ 增大

26. 在一封闭容器中盛有 1 mol 氦气(视作理想气体),这时分子无规则运动的平均自由程仅决定于 （　　）

    A. 压强 p B. 体积 V C. 温度 T D. 平均碰撞频率 $\bar{Z}$

27. 一定量的某种理想气体若体积保持不变,则其平均自由程 $\bar{\lambda}$ 和平均碰撞频率 $\bar{Z}$ 与温度的关系是 （　　）

    A. 温度升高,$\bar{\lambda}$ 减少而 $\bar{Z}$ 增大   B. 温度升高,$\bar{\lambda}$ 增大而 $\bar{Z}$ 减少

    C. 温度升高,$\bar{\lambda}$ 和 $\bar{Z}$ 均增大   D. 温度升高,$\bar{\lambda}$ 保持不变而 $\bar{Z}$ 增大

28. 一容器贮有某种理想气体,其分子平均自由程为 $\bar{\lambda}_0$,若气体的热力学温度降到原来的一半,但体积不变,分子作用球半径不变,则此时平均自由程为 （　　）

    A. $\sqrt{2}\bar{\lambda}_0$ B. $\bar{\lambda}_0$ C. $\dfrac{\bar{\lambda}_0}{\sqrt{2}}$ D. $\dfrac{\bar{\lambda}_0}{2}$

29. 容积恒定的容器内盛有一定量某种理想气体,其分子热运动的平均自由程为 $\bar{\lambda}_0$,平均碰撞频率为 $\bar{Z}_0$,若气体的热力学温度降低为原来的 1/4 倍,则此时分子平均自由程 $\bar{\lambda}$ 和平均碰撞频率 $\bar{Z}$ 分别为 （　　）

    A. $\bar{\lambda}=\bar{\lambda}_0,\bar{Z}=\bar{Z}_0$ B. $\bar{\lambda}=\bar{\lambda}_0,\bar{Z}=\dfrac{1}{2}\bar{Z}_0$

    C. $\bar{\lambda}=2\bar{\lambda}_0,\bar{Z}=2\bar{Z}_0$ D. $\bar{\lambda}=\sqrt{2}\bar{\lambda}_0,\bar{Z}=\dfrac{1}{2}\bar{Z}_0$

30. 在恒定不变的压强下,气体分子的平均碰撞频率 $\bar{Z}$ 与气体的热力学温度 T 的关系为 （　　）

    A. $\bar{Z}$ 与 T 无关   B. $\bar{Z}$ 与 $\sqrt{T}$ 成正比

    C. $\bar{Z}$ 与 $\sqrt{T}$ 成反比   D. $\bar{Z}$ 与 T 成正比

二、填空题

1. 有一个电子管,其真空度(即电子管内气体压强)为 1.0×10^{-5} mmHg,则 27 ℃时管内单位体积的分子数为_____.(玻尔兹曼常量 $k=1.38\times10^{-23}$ J·K^{-1},1 atm$=1.013\times10^5$ Pa$=76$ cmHg)

2. 对一定质量的理想气体进行等温压缩.若初始时每立方米体积内气体分子数为 1.96×10^{24},则当压强升高到初始值的两倍时,每立方米体积内气体分子数应为_____.

3. 下面给出理想气体的几种状态变化的关系,指出它们各表示什么过程.

(1) $p\mathrm{d}V=(m'/M)R\mathrm{d}T$ 表示_____过程;

(2) $V\mathrm{d}p=(m'/M)R\mathrm{d}T$ 表示_____过程;

（3）$p\mathrm{d}V+V\mathrm{d}p=0$ 表示_____过程.

4. 分子物理学是研究_____的学科,它应用的基本方法是_____方法.

5. 理想气体微观模型(分子模型)的主要内容是:(1)_____;（2)_____;（3)_____.

6. 若某种理想气体分子的方均根速率 $(\overline{v^2})^{\frac{1}{2}}=450$ m/s,气体压强为 $p=7\times10^4$ Pa,则该气体的密度为 $\rho=$_____.

7. 质量一定的某种理想气体,

压强不变的过程,气体的密度随温度的增加而_____;

温度不变的过程,气体的密度随压强的增加而_____.

8. 在容积为 10^{-2} m³ 的容器中,装有质量 100 g 的气体,若气体分子的方均根速率为 200 m/s,则气体的压强为_____.

9. 某气体在温度为 $T=273$ K 时,压强为 $p=1.0\times10^{-2}$ atm,密度 $\rho=1.24\times10^{-2}$ kg/m³,则该气体分子的方均根速率为_____.（1 atm$=1.013\times10^5$ Pa)

10. 从分子动理论导出的压强公式来看,气体作用在器壁上的压强,决定于_____和_____.

11. A、B、C 三个容器中皆装有理想气体,它们的分子数密度之比为 $n_A:n_B:n_C=4:2:1$,而分子的平均平动动能之比为 $\overline{\varepsilon}_{ktA}:\overline{\varepsilon}_{ktB}:\overline{\varepsilon}_{ktC}=1:2:4$,则它们的压强之比 $p_A:p_B:p_A=$_____.

12. 1 mol 氧气(视为刚性双原子分子的理想气体)贮于一氧气瓶中,温度为 27 ℃,这瓶氧气的内能为_____J;分子的平均平动动能为_____J;分子的平均能量为_____J;分子的平均动能为_____J.

（摩尔气体常量 $R=8.31$ J·mol^{-1}·K^{-1}　玻尔兹曼常量 $k=1.38\times10^{-23}$ J·K^{-1}）

13. 有一瓶质量为 m' 的氢气(视作刚性双原子分子的理想气体),温度为 T,则氢分子的平均平动动能为_____,氢分子的平均动能为_____,该瓶氢气的内能为_____.

14. 一能量为 10^{12} eV 的宇宙射线粒子,射入一氖管中,氖管内充有 0.1 mol 的氖气,若宇宙射线粒子的能量全部被氖气分子所吸收,则氖气温度升高了_____K.（1 eV$=1.6\times10^{-19}$ J,普适气体常量 $R=8.31$ J·mol^{-1}·K^{-1}.）

15. 容器中储有 1 mol 的氮气,压强为 1.33 Pa,温度为 7 ℃,则

（1）1 m³ 中氮气的分子数为_____;

（2）容器中的氮气的密度为_____.

（玻尔兹曼常量 $k=1.38\times10^{-23}$ J·K^{-1},N_2 气的摩尔质量 $M_{mol}=28\times10^{-3}$ kg·mol^{-1},普适气体常量 $R=8.31$ J·mol^{-1}·K^{-1}）

16. 2 g 氢气与 2 g 氦气分别装在两个容积相同的封闭容器内,温度也相同.（氢气分子视为刚性双原子分子）

（1）氢气分子与氦气分子的平均平动动能之比 $\overline{\varepsilon}_{ktH_2}/\overline{\varepsilon}_{ktHe}=$_____;

（2）氢气与氦气压强之比 $p_{H_2}=p_{He}=$_____;

（3）氢气与氦气内能之比 $E_{H_2}/E_{He}=$_____.

17. 理想气体分子的平均平动动能与热力学温度 T 的关系式是_____,此式所揭示的气体温度的统计意义是_____.

18. 若气体分子的平均平动动能等于 1.06×10^{-19} J,则该气体的温度 $T=$_____ K.(玻尔兹曼常量 $k=1.38 \times 10^{-23}$ J·K^{-1})

19. 对于单原子分子理想气体,$E=\dfrac{3}{2}RT$,此式子代表的物理意义是_____ _____.(式中 R 为普适气体常量,T 为气体的温度)

20. 1 mol 的单原子分子理想气体,在 1 atm 的恒定压强下,从 0 ℃加热到 100 ℃,则气体的内能改变了_____ J.(普适气体常量 $R=8.31$ J·mol^{-1}·K^{-1})

21. 如图所示曲线为处于同一温度 T 时氦(原子量 4)、氖(原子量 20)和氩(原子量 40)三种气体分子的速率分布曲线.其中曲线 a 是_____气分子的速率分布曲线;曲线 c 是_____气分子的速率分布曲线.

填 21 题图

22. 在平衡状态下,已知理想气体分子的麦克斯韦速率分布函数为 $f(v)$,分子质量为 m,最概然速率为 v_p,试说明下列各式的物理意义:

(1) $\displaystyle\int_{v_p}^{\infty} f(v)\mathrm{d}v$ 表示_____;

(2) $\displaystyle\int_{0}^{\infty} \frac{1}{2}mv^2 f(v)\mathrm{d}v$ 表示_____.

23. 用总分子数 N.气体分子速率 v 和速率分布函数 $f(v)$ 表示下列各量:

(1) 速率大于 v_0 的分子数 =_____;

(2) 速率大于 v_0 的那些分子的平均速率 =_____;

(3) 多次观察某一分子的速率,发现其速率大于 v_0 的概率_____.

24. 如图所示的曲线分别表示了氢气和氦气在同一温度下的分子速率的分布情况,由图可知,氦气分子的最概然速率为_____,氢气分子的最概然速率为_____.

填 24 题图

25. 氢气和氧气的平均平动动能相同时,方均根速率_____.(填相同或者不同)

26. 当理想气体处于平衡态时,若气体分子速率分布函数为 $f(v)$,则分子速率处于最概然速率 v_p 至 ∞ 范围内的概率 $\dfrac{\Delta N}{N}=$_____.

27. 在相同温度下,氢分子与氧分子的平均平动动能的比值为_____,方均根速率的比值为_____.

28. 一定量的理想气体,经等压过程从体积 V_0 膨胀到 $2V_0$,则描述分子运动的下列各量与原来的量值之比是:(1) 平均自由程之比 $\dfrac{\bar{\lambda}}{\lambda_0}=$_____;(2) 平均速率之比 $\dfrac{\bar{v}}{v_0}=$_____;

（3）平均平动动能之比 $\dfrac{\overline{\varepsilon_{kt}}}{\varepsilon_{kt_0}}=$ _____.

29. 一定质量的理想气体,先经过等体过程使其热力学温度升高一倍,再经过等温过程使其体积膨胀为原来的两倍,则分子的平均自由程变为原来的_____倍.

30. 一定量的某种理想气体,先经过等体过程使其热力学温度升高为原来的 2 倍;再经过等压过程使其体积膨胀为原来的 2 倍,则分子的平均自由程变为原来的_____倍.

三、计算题

1. 容积为 5 L 的容器中,储存 10^{15} 个氧分子、$4×10^{15}$ 个氮分子和 $3.3×10^{-7}$ g 氩气的混合气体.试求混合气体在温度为 333 K 时的压强.

2. 一容器内储有氧气,其压强为 $1.01×10^5$ Pa,温度为 27.0 ℃,求:
（1）气体分子的数密度;（2）氧气的密度;
（3）分子的平均平动动能;（4）分子的平均能量.

3. 容器内有 $m'=2.56$ kg 氧气,已知其气体分子的平动动能总和是 $E_{kt}=4×10^5$ J,求:
（1）气体分子的平均平动动能;
（2）气体温度.
（阿伏伽德罗常量 $N_A=6.02×10^{23}$ mol^{-1},玻尔兹曼常量 $k=1.38×10^{-23}$ J·K^{-1}）

4. 容积 $V=2$ m^3 的容器内混有 $N_1=1.0×10^{25}$ 个氢气分子和 $N_2=4.0×10^{25}$ 个氧气分子,混合气体的温度为 400 K,求:
（1）气体分子的动能总和;
（2）混合气体的压强.（普适气体常量 $R=8.31$ J·mol^{-1}·K^{-1}）

5. 一容器装有质量为 0.1 kg,压强为 10 atm,温度为 47 ℃的氧气.因容器漏气,经若干时间后,压强降到原来的 $\dfrac{5}{8}$,温度降到 27 ℃.求:

(1) 容器的容积多大?

(2) 漏出了多少氧气?

6. 有 2×10^{-3} m³ 刚性双原子分子理想气体,其内能为 6.75×10^2 J.试求:

(1) 气体的压强;

(2) 设分子总数为 5.4×10^{22} 个,求气体的温度及分子的平均平动动能.

(玻尔兹曼常量 $k=1.38\times10^{-23}$ J·K^{-1})

7. 一瓶氢气和一瓶氧气温度相同.若氢气分子的平均平动动能为 $\overline{\varepsilon}_k=6.21\times10^{-21}$ J.试求:

(1) 氧气的温度;

(2) 氧气分子的平均平动动能和方均根速率.

(阿伏伽德罗常量 $N_A=6.022\times10^{23}$ mol^{-1},玻尔兹曼常量 $k=1.38\times10^{-23}$ J·K^{-1})

8. 储有 1 mol 氧气容积为 1 m³ 的容器,以 $v=10$ m·s^{-1} 的速率运动,设容器突然停止,其中氧气的 80%的机械运动能转化为气体分子热运动动能,试求气体的温度及压强各升高了多少?

9. (1) 确定 He 原子方均根速率为 550 m/s 时,He 的温度;(2) 如果太阳表面的温度为 5 800 K,求太阳表面 He 原子的方均根速率.

10. 已知在 373 K 与 1.01×10^3 Pa 时,某气体的密度为 1.24×10^{-5} g/cm^3,求:(1) 这气体的方均根速率;(2) 这气体的摩尔质量并确定它是什么气体.

11. 在一个体积为 V 的容器内盛有质量分别为 m_1 和 m_2 的两种单原子分子气体,在混合气体处于平衡态时,两种气体的内能相等,均为 E. 试求:

(1) 两种气体的平均速率之比 $\overline{v_1}/\overline{v_2}$;

(2) 混合气体的平均速率.

12. 对一定的气体压缩并加热,使它的温度从 300 K 升到 450 K,体积减少了 $\dfrac{1}{2}$,问:

(1) 气体的压强变化了多少? (2) 气体分子的平均平动动能变化了多少? (3) 气体分子的方均根速率变化了多少?

13. 计算下列一组粒子的平均速率和方均根速率.

表 12 - 1

粒子数 N_i	2	4	6	8	2
速率 v_i(m/s)	10.0	20.0	30.0	40.0	50.0

14. 假设有 N 个粒子,其速率分布函数 $f(v)$ 为

$$f(v) = \begin{cases} Av & (v \leq 100 \text{ m} \cdot \text{s}^{-1}) \\ 0 & (v > 100 \text{ m} \cdot \text{s}^{-1}) \end{cases}$$

试求 A 值和 N 个粒子的方均根速率.

15. 已知氢气分子的有效直径为 2×10^{-10} m,求氢气在标准状况下,在一秒钟内分子的平均碰撞次数.

四、应用题

1. 许多星球的温度达到 10^8 K. 在这温度下原子已经不存在了,而氢核(质子)是存在的. 若把氢核视为理想气体,求:

(1) 氢核的方均根速率是多少?

(2) 氢核的平均平动动能是多少电子伏特?

(普适气体常量 $R=8.31$ J·mol^{-1}·K^{-1},1 eV$=1.6 \times 10^{-19}$ J,玻尔兹曼常量 $k=1.38 \times 10^{-23}$ J·K^{-1})

2. 一容积为 20 cm^3 的电子管,当温度为 300 K 时,用真空泵把管内空气抽成压强为 5×10^{-6} mmHg 的高真空,问:(1) 此时管内有多少个空气分子?(2) 这些空气分子的平均平动动能的总和是多少?(3) 平均转动动能的总和是多少?(4) 平均动能的总和是多少?(760 mmHg$=1.013 \times 10^5$ Pa,空气分子可认为是刚性双原子分子,玻尔兹曼常量 $k=1.38 \times 10^{-23}$ J·K^{-1})

3. 一打足气的自行车内胎若在 7.0 ℃时轮胎中空气压强为 4.0×10^5 Pa,则在温度变为 37.0 ℃时,轮胎内空气压强为多少?(设内胎容积不变.)

4. 一储有氧气(可视为刚性分子理想气体)的钢瓶随汽车以 40 m/s 的速度运动,汽车突然刹车停止运动. 假设钢瓶内气体的原定向机械运动的动能 80% 变为气体分子热运动的动能,问钢瓶内氧气温度可以升高多少?

5. 在湖面下 50.0 m 深处(温度为 4.0 ℃),有一个体积为 1.0×10^{-5} m³ 的空气泡升到湖面上来,若湖面的温度为 17.0 ℃,求气泡到达湖面的体积. (取大气压强 $p_0 = 1.013 \times 10^5$ Pa.)

第十三章 热力学基础

扫一扫
可见本章电子资源

13.1 基本要求

（1）理解平衡态、准静态过程、功、热量和内能.

（2）掌握热力学第一定律，并能熟练地运用于理想气体各等值过程与准静态绝热过程，能熟练地分析和计算功、热量、内能的变化，理解定体摩尔热容、定压摩尔热容概念.

（3）理解循环过程概念，掌握循环过程的特点，理解热机循环和制冷循环中能量传递和转化的特点，能熟练计算简单循环的热机效率，了解制冷系数. 掌握卡诺循环并熟练地进行相关计算.

（4）了解热力学第二定律的两种表述及等效性，了解热力学第二定律的统计意义.

（5）了解可逆过程、不可逆过程. 理解卡诺定理的内容，了解卡诺定理对提高热机效率的意义.

13.2 基本概念和规律

1. 理想气体物态方程

$$pV = \frac{m'}{M}RT , pV = nkT,$$

2. 准静态过程的功

$$\text{元功 } dW = pdV , \text{总功 } W = \int_{V_1}^{V_2} pdV$$

3. 热力学第一定律

一般形式 $\qquad\qquad Q = \Delta E + W$

对于微小的热力学准静态过程 $\qquad dQ = dE + pdV$

对于一个有限的热力学准静态过程 $\quad Q = E_2 - E_1 + \int_{V_1}^{V_2} pdV$

4. 定体摩尔热容、定压摩尔热容

（1）定体摩尔热容 $\quad C_{V,m} = \dfrac{dQ_V}{dT}$

（2）定压摩尔热容 $\quad C_{P,m} = \dfrac{dQ_p}{dT}$

对于理想气体 $C_{V,m}$、$C_{p,m}$ 为常量，$C_{V,m} = \dfrac{i}{2}R$，$C_{p,m} = \dfrac{i+2}{2}R$，并有

$$C_{p,m} - C_{V,m} = R, \gamma = \frac{C_{p,m}}{C_{V,m}}$$

5. 理想气体的内能

1 mol 理想气体的内能为 $E = \frac{i}{2}RT$,

摩尔数为 n 的理想气体的内能为 $E = nC_{V,m}T = n\frac{i}{2}RT$

6. 理想气体的等体过程、等压过程、等温过程的功、热量、内能的变化

见表 13 - 1.

7. 理想气体绝热方程和绝热过程的功、热量、内能的变化

见表 13 - 1.

8. 循环过程、热机效率、制冷系数

系统经过一系列状态变化过程以后,又回到原来状态的过程称为热力学循环过程,简称循环. 系统经过一个循环过程,内能不变. 这是循环过程的重要特征.

在 p-V 图上按顺时针方向进行的循环过程叫做正循环,工作物质作正循环的机器叫做热机,热机效率 $\eta = \frac{W}{Q_1} = \frac{Q_1 - Q_2}{Q_1} = 1 - \frac{Q_2}{Q_1}$.

在 p-V 图上按逆时针方向进行的循环过程叫做逆循环,工作物质作逆循环的机器叫做制冷机,制冷系数 $e = \frac{Q_1}{W} = \frac{Q_1}{Q_1 - Q_2}$.

9. 卡诺循环及其热机效率、制冷系数

卡诺循环是由四个准静态过程组成的特殊循环,其中有两个等温过程、两个绝热过程. 卡诺热机效率 $\eta = 1 - \frac{T_2}{T_1}$;卡诺致冷机制冷系数 $e = \frac{T_1}{T_1 - T_2}$.

10. 热力学第二定律

两种表述,开尔文表述说明了功变热过程的不可逆性;而克劳修斯表述则说明了热传递过程的不可逆性. 事实上一切与热现象有关的宏观过程都是不可逆的.

11. 卡诺定理

$\eta \leqslant 1 - \frac{T_2}{T_1}$,"="适用于可逆机,"<"适用于不可逆机.

13.3 学习指导

本章重点要掌握热力学第一定律 $Q = \Delta E + W$,并能熟练地运用于理想气体各等值过程与准静态绝热过程,能熟练地分析和计算功 W、热量 Q、内能的变化 $\Delta E = E_2 - E_1$. 明确功 W、热量 Q 是过程量,内能是状态量. 注意各量的正、负号表示的物理意义:$W > 0$,表示系统对外做功;$W < 0$,表示外界对系统做功;$Q > 0$,表示系统从外界吸收热量;$Q < 0$,表示系统向外界放出热量;$\Delta E = E_2 - E_1 > 0$,表示系统内能增加;$\Delta E = E_2 - E_1 < 0$,表示系统内能减少.

　　热力学第一定律 $Q=\Delta E+W$ 运用于理想气体各等值过程与准静态绝热过程,功、热量、内能的变化可归纳为表 13-1

表 13-1

过程	过程方程	Q	ΔE	W
等体过程	$\dfrac{p_1}{T_1}=\dfrac{p_2}{T_2}$	$\dfrac{m'}{M}C_{V,m}(T_2-T_1)$	$\dfrac{m'}{M}C_{V,m}(T_2-T_1)$	0
等压过程	$\dfrac{V_1}{T_1}=\dfrac{V_2}{T_2}$	$\dfrac{m'}{M}C_{p,m}(T_2-T_1)$	$\dfrac{m'}{M}C_{V,m}(T_2-T_1)$	$p(V_2-V_1)$ 或 $\dfrac{m'}{M}R(T_2-T_1)$
等温过程	$p_1V_1=p_2V_2$	$\dfrac{m'}{M}RT\ln\dfrac{V_2}{V_1}$ 或 $\dfrac{m'}{M}RT\ln\dfrac{p_1}{p_2}$	0	$\dfrac{m'}{M}RT\ln\dfrac{V_2}{V_1}$ 或 $\dfrac{m'}{M}RT\ln\dfrac{p_1}{p_2}$
绝热过程	$p_1V_1^{\gamma}=p_2V_2^{\gamma}$ $V_1^{\gamma}T_1=V_2^{\gamma}T_2$ $p_1^{\gamma-1}T_1^{-\gamma}=p_2^{\gamma-1}T_2^{-\gamma}$	0	$\dfrac{m'}{M}C_{V,m}(T_2-T_1)$ 或 $\dfrac{p_2V_2-p_1V_1}{\gamma-1}$	$-\dfrac{m'}{M}C_{V,m}(T_2-T_1)$ 或 $-\dfrac{p_2V_2-p_1V_1}{\gamma-1}$

　　表中,m' 表示气体的质量,M 表示气体的摩尔质量,$C_{V,m}$ 是定体摩尔热容、$C_{p,m}$ 是定压摩尔热容.

　　本章难点是理解循环过程概念,掌握循环过程的特点,能熟练计算简单循环的热机效率.计算热机效率,可通过计算出整个循环过程中的净功 W,计算出整个循环过程中总的吸收热量的值 Q_1,再代入 $\eta=\dfrac{W}{Q_1}$ 求得. 也可通过计算出整个循环过程中总的吸收热量的值 Q_1,计算出整个循环过程中总的放出热量的值 Q_2,再代入 $\eta=\dfrac{Q_1-Q_2}{Q_1}$ 求得. 见下面例题 13-6.

　　通过本章学习,要了解热力学第二定律的两种表述及等效性,了解热力学第二定律的统计意义.理解卡诺定理的内容,了解卡诺定理对提高热机效率的意义.

13.4　典型例题

　　例 13-1　如图所示,有一汽缸由绝热壁和绝热活塞构成. 最初汽缸内体积为 30 L,有一隔板将其分为两部分:体积为 20 L 的部分充以 35 g 氮气,压强为 2 atm;另一部分为真空. 今将隔板上的孔打开,使氮气充满整个汽缸. 求氮气的温度和压强.

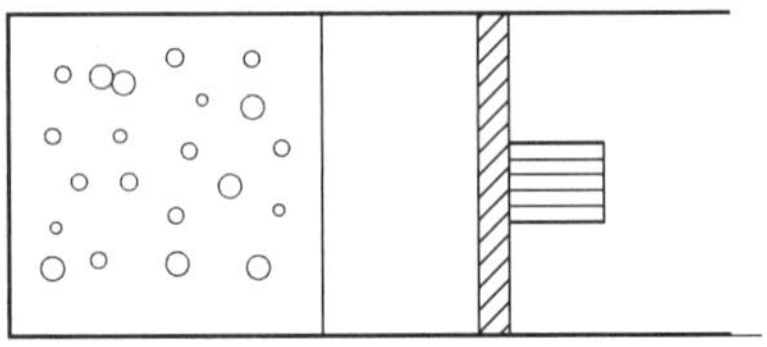

图 13-1

　　解:这过程是绝热自由膨胀过程,气体对外不做功. 该过程不是准静态过程,因而不存在过程方程,绝热,则内能不变,温度不变;只能根据理想气体的状态方程求解.

$$V_1=20\text{ L},\quad p_1=2\text{ atm},\quad T_1=\frac{p_1V_1}{nR}=\frac{2\times1.01\times10^5\times20\times10^{-3}}{1.5\times8.31}\text{K}=324\text{ K}$$

$$V_2 = 30 \text{ L}, p_2 = \frac{p_1 V_1}{V_2} = \frac{2 \times 20}{30} \text{ atm} = 1.33 \text{ atm}, T_2 = T_1 = 324 \text{ K}$$

例 13-2　一定量的双原子分子理想气体,其体积和压强按 $pV^2 = a$ 的规律变化,其中 a 为已知常数. 当气体从体积 V_1 膨胀到 V_2,试求:在膨胀过程中气体所做的功.

解:根据功的定义 $W = \int_{V_1}^{V_2} p \, dV = \int_{V_1}^{V_2} \frac{a}{V^2} \times dV = a\left(\frac{1}{V_1} - \frac{1}{V_2}\right)$

例 13-3　将钢瓶中的 1 mol 氧气看做理想气体,等压加热,使其温度升高 72 K,传给它的热量等于 1.60×10^3 J,(普适气体常量 $R = 8.31$ J·mol⁻¹·K⁻¹)求:(1) 氧气所做的功 W;(2) 氧气内能的增量 ΔE.

解:(1) $W = R\Delta T = 598.3$ J;

(2) $\Delta E = Q - W = 1.0 \times 10^3$ J.

例 13-4　烟气流经锅炉的烟道,其温度从 900 ℃ 降到 200 ℃,然后从烟囱排出,求每立方米烟囱气在烟道中放出的热量(此热量被锅炉中的水和水蒸气所吸收). 已知空气的质量密度为 $m = 1.29$ kg·m⁻³,摩尔质量 $M = 28.9 \times 10^{-3}$ kg·mol⁻¹,空气的摩尔定压热容 $C_{p,m} = \frac{7}{2}R$.

解:烟气排放过程看成是等压过程

1 m³ 空气的物质的量为 $n = \frac{\rho}{M} = 44.6$ mol

等压过程 $Q_p = nC_{p,m}(T_2 - T_1) = 44.6 \times \frac{7}{2} \times 8.31 \times (200 - 900) = -9.09 \times 10^5$ J·m⁻³

其中,"−"表示烟气在放热.

例 13-5　1 mol 理想气体等压加热,使其温度升高 72 K,传给它的热量等于 1.60×10^3 J,求:内能的增量 ΔE_p.(普适气体常量 $R = 8.31$ J·mol⁻¹·K⁻¹)

解:由 $Q_p = nC_{p,m}\Delta T = 1 \times C_{p,m} \times 72 = 1.60 \times 10^3$ J,

可得 $C_{p,m} = 22.22$ J·mol⁻¹·K⁻¹

$C_{V,m} = C_{p,m} - R = (22.22 - 8.31)$ J·mol⁻¹·K⁻¹ $= 13.91$ J·mol⁻¹·K⁻¹

$\Delta E_p = nC_{V,m}\Delta T = (1 \times 13.91 \times 72)$ J $= 1\ 001.52$ J.

例 13-6　温度为 27 ℃. 压强为 1 atm 的 1 mol 刚性双原子分子理想气体,经等温绝热过程体积膨胀至原来的 3 倍,那么气体对外做的功是多少?(普适气体常量 $R = 8.31$ J·mol⁻¹·K⁻¹,$\ln 3 = 1.098\ 6$)

解:据题意 $\dfrac{V_2}{V_1} = 3$

绝热过程 $\gamma = \dfrac{C_{p,m}}{C_{V,m}} = \dfrac{\frac{i+2}{2}R}{\frac{i}{2}R} = \dfrac{i+2}{i} = \dfrac{5+2}{5} = 1.4$

绝热方程 $V_1^{\gamma-1} T_1 = V_2^{\gamma-1} T_2$

$\dfrac{T_2}{T_1} = \left(\dfrac{V_1}{V_2}\right)^{\gamma-1}$　$T_2 = T_1\left(\dfrac{V_1}{V_2}\right)^{\gamma-1} = (27 + 273) \times \left(\dfrac{1}{3}\right)^{1.4-1}$ K $= 193.3$ K

$W = -n\dfrac{iR}{2}(T_2 - T_1) = -1 \times \dfrac{5 \times 8.31}{2} \times (193.3 - 300)$ J $= 2\ 216.7$ J

例 13 − 7 1 mol 的氦气作如图 13 − 2 所示的 12341 循环,设 $V_2 = 2V_1$,$p_2 = 2p_1$,求循环的效率.

分析:该循环是正循环,循环的效率可根据定义式 $\eta = \dfrac{W}{Q_1}$

或 $\eta = 1 - \dfrac{Q_2}{Q_1}$ 来求出,其中 W 表示一个循环过程中系统作的

净功,Q_1 表示一个循环过程中系统吸收的总热量值,Q_2 表示

一个循环过程中系统放出的总热量值.

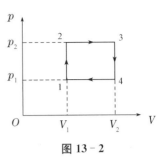

图 13 − 2

解: 设 1 状态的温度为 T_1,根据理想气体状态方程 $p_1 V_1 = \dfrac{m'}{M} R T_1 = R T_1$ 及 $\dfrac{p_1 V_1}{T_1} =$

$\dfrac{p_2 V_2}{T_2}$,可得 $T_2 = 2T_1$,同理,易得 $T_3 = 4T_1$,$T_4 = 2T_1$.

气体经过一个循环过程所做的净功为图中所围的面积,即 $W = p_1 V_1 = RT_1$

1→2 等体过程,$Q_{12} = C_{V,m}(T_2 - T_1) = C_{V,m} T_1 > 0$ 吸热

2→3 等压过程,$Q_{23} = C_{p,m}(T_3 - T_2) = 2C_{p,m} T_1 > 0$ 吸热

3→4 等体过程,$Q_{34} = C_{V,m}(T_4 - T_3) = -2C_{V,m} T_1 < 0$ 放热

4→1 等压过程,$Q_{41} = C_{p,m}(T_1 - T_4) = -C_{p,m} T_1 < 0$ 放热

氦气是单原子分子,$C_{V,m} = \dfrac{3}{2}R$,$C_{p,m} = \dfrac{5}{2}R$

总吸热值 $Q_1 = Q_{12} + Q_{23} = C_{V,m} T_1 + 2C_{p,m} T_1 = \dfrac{13}{2} RT_1$

总放热值 $Q_2 = |Q_{34}| + |Q_{41}| = 2C_{V,m} T_1 + C_{p,m} T_1 = \dfrac{11}{2} RT_1$

$$\eta = \frac{W}{Q_1} = \frac{RT_1}{\dfrac{13}{2} RT_1} = \frac{2}{13} = 15.4\%$$

或 $\eta = 1 - \dfrac{Q_2}{Q_1} = 1 - \dfrac{\dfrac{11}{2} RT_1}{\dfrac{13}{2} RT_1} = \dfrac{2}{13} = 15.4\%$

例 13 − 8 一卡诺循环的热机,高温热源温度是 400 K,每一循环从此热源吸进 100 J 热量,并向一低温热源放出 80 J 热量,求:

(1) 低温热源温度;

(2) 这循环的热机效率.

解:(1) 由卡诺循环可知:$\dfrac{Q_1}{T_1} = \dfrac{Q_2}{T_2}$

则 $T_2 = T_1 \dfrac{Q_2}{Q_1} = 400 \times \dfrac{80}{100}$ K $= 320$ K

(2) $\eta = 1 - \dfrac{Q_2}{Q_1} = 1 - \dfrac{80}{100} = 20\%$.

13.5　练习题

一、选择题

1. 如图所示,当气缸中的活塞迅速向外移动从而使气体膨胀时,气体所经历的过程   (   )

 A. 是准静态过程,它能用 p-V 图上的一条曲线表示

 B. 不是准静态过程,但它能用 p-V 图上的一条曲线表示

 C. 不是准静态过程,它不能用 p-V 图上的一条曲线表示

 D. 是准静态过程,但它不能用 p-V 图上的一条曲线表示

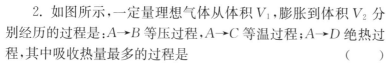

选 1 题图

2. 如图所示,一定量理想气体从体积 V_1 膨胀到体积 V_2 分别经历的过程是:$A{\to}B$ 等压过程,$A{\to}C$ 等温过程;$A{\to}D$ 绝热过程,其中吸收热量最多的过程是   (   )

 A. $A{\to}B$

 B. $A{\to}C$

 C. $A{\to}D$

 D. 既是 $A{\to}B$ 也是 $A{\to}C$,两过程吸热一样多

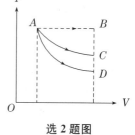

选 2 题图

3. 质量一定的理想气体,从相同状态出发,分别经历等温过程、等压过程和绝热过程,使其体积增加一倍,那么气体温度的改变(绝对值)在   (   )

 A. 绝热过程中最大,等压过程中最小

 B. 绝热过程中最大,等温过程中最小

 C. 等压过程中最大,绝热过程中最小

 D. 等压过程中最大,等温过程中最小

4. 理想气体向真空做绝热膨胀,膨胀后   (   )

 A. 温度不变,压强减小   B. 膨胀后,温度降低,压强减小

 C. 膨胀后,温度升高,压强减小 D. 膨胀后,温度不变,压强不变

5. 对于理想气体系统来说,在下列过程中,哪个过程系统所吸收的热量、内能的增量和对外做的功三者均为负值?   (   )

 A. 等体降压过程   B. 等温膨胀过程

 C. 绝热膨胀过程   D. 等压压缩过程

6. 理想气体经历如图所示的 abc 平衡过程,则该系统对外做功 W、从外界吸收的热量 Q 和内能的增量 ΔE 的正负情况如下   (   )

 A. $\Delta E>0,Q>0,W<0$

 B. $\Delta E>0,Q>0,W>0$

 C. $\Delta E>0,Q<0,W<0$

 D. $\Delta E<0,Q<0,W<0$

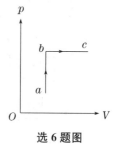

选 6 题图

7. 一物质系统从外界吸收一定的热量,则 （　　）

    A. 系统的内能一定增加

    B. 系统的内能一定减少

    C. 系统的内能一定保持不变

    D. 系统的内能可能增加,也可能减少或保持不变

8. 氦气、氮气、水蒸气(均视为刚性分子理想气体),它们的摩尔数相同,初始状态相同,若使它们在体积不变情况下吸收相等的热量,则 （　　）

    A. 它们的温度升高相同,压强增加相同

    B. 它们的温度升高相同,压强增加不相同

    C. 它们的温度升高不相同,压强增加不相同

    D. 它们的温度升高不相同,压强增加相同

9. 两个相同的刚性容器,一个盛氢气,一个盛有氦气(均视为刚性分子理想气体). 开始时它们的压强和温度都相同,现将 3 J 热量传给氦气,使之升高到一定的温度. 若使氢气也升高同样的温度,则应向氢气传递热量为 （　　）

    A. 7 J   B. 3 J

    C. 5 J   D. 15 J

10. 有两个相同的容器,容积固定不变,一个盛有氦气,另一个盛有氢气(看成刚性分子的理想气体),它们的压强和温度都相等,现将 5 J 的热量传给氢气,使氢气温度升高,如果使氦气也升高同样的温度,则应向氦气传递的热量是 （　　）

    A. 6 J   B. 5 J

    C. 3 J   D. 2 J

11. 1 mol 的单原子分子理想气体从状态 A 变为状态 B,如果不知是什么气体,变化过程也不知道,但 A、B 两态的压强、体积和温度都知道,则可求出 （　　）

    A. 气体所做的功   B. 气体内能的变化

    C. 气体传给外界的热量   D. 气体的质量

12. 如图所示,一定量的理想气体,沿着图中直线从状态 a (压强 $p_1=4$ atm,体积 $V_1=2$ L)变到状态 b (压强 $p_2=2$ atm,体积 $V_2=4$ L),则在此过程中 （　　）

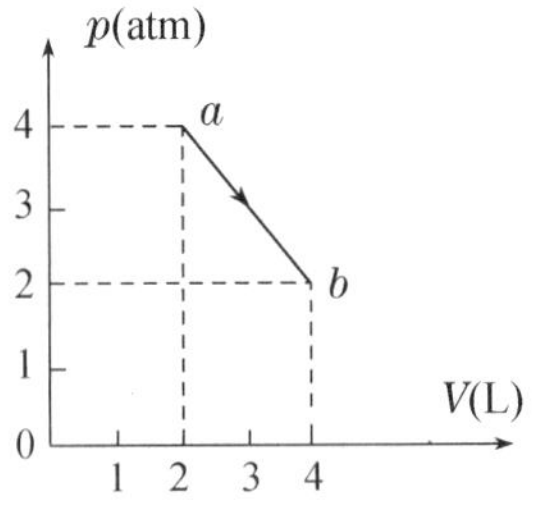

    A. 气体对外做正功,向外界放出热量

    B. 气体对外做正功,从外界吸热

    C. 气体对外做负功,向外界放出热量

    D. 气体对外做正功,内能减少

选 12 题图

13. 用公式 $\Delta E=nC_{V,m}\Delta T$ (式中 $C_{V,m}$ 为定体摩尔热容量,视为常量,n 为气体摩尔数)计算理想气体内能增量时,此式 （　　）

    A. 只适用于准静态的等体过程

    B. 只适用于一切等体过程

    C. 只适用于一切准静态过程

    D. 适用于一切始末态为平衡态的过程

14. 一定量的理想气体如图所示,经历 acb 过程时吸热 500 J,则经历 $acbda$ 过程时,吸

热为 ( )

A. －1 200 J　　　　B. －700 J

C. －400 J　　　　D. 700 J

15. 对于室温下的刚性双原子分子理想气体,在等压膨胀的情况下,系统对外所做的功与从外界吸收的热量之比 W/Q 等于 ( )

A. 2/3　　　　B. 1/2

C. 2/5　　　　D. 2/7

选 14 题图

16. 一定量的某种理想气体起始温度为 T,体积为 V,该气体在下面的循环过程中经过三个平衡过程:(1)绝热膨胀到体积为 $2V$;(2)等体变化使温度恢复为 T;(3)等温压缩到原来体积 V,则此整个循环过程中 ( )

A. 气体向外界放热　　　　　　B. 气体对外界做正功

C. 气体内能增加　　　　　　D. 气体内能减少

17. 用 p-V 图表示正循环的特征叙述完整的是 ( )

A. 闭合的曲线　　　　　　B. 缺口的曲线

C. 顺时针方向的闭合曲线　　　　D. 逆时针方向的闭合曲线

18. 一定量理想气体经历的循环过程用 V-T 曲线表示如图所示,在此循环过程中,气体从外界吸热的过程是 ( )

A. $A \rightarrow B$　　　　B. $B \rightarrow C$

C. $C \rightarrow A$　　　　D. $B \rightarrow C$ 和 $C \rightarrow A$

19. 在温度分别为 37 ℃ 和 27 ℃ 的高温热源和低温热源之间工作的热机,理论上的最大效率为 ( )

A. 25%　　　　B. 50%

C. 75%　　　　D. 91.74%

选 18 题图

20. 有人设计一台卡诺热机(可逆的),每循环一次可从 400 K 的高温热源吸热 1 800 J,向 300 K 的低温热源放热 800 J,同时对外做功 1 000 J,这样的设计是 ( )

A. 可以的,符合热力学第一定律

B. 可以的,符合热力学第二定律

C. 不行的,卡诺循环所做的功不能大于向低温热源放出的热量

D. 不行的,这个热机的效率超过理论值

21. 用下列两种方法 ( )

(1) 使高温热源的温度 T_1 升高 ΔT;

(2) 使低温热源的温度 T_2 降低同样的值 ΔT,分别可使卡诺循环的效率升高 $\Delta \eta_1$ 和 $\Delta \eta_2$,两者相比.

A. $\Delta \eta_1 > \Delta \eta_2$　　B. $\Delta \eta_1 < \Delta \eta_2$　　C. $\Delta \eta_1 = \Delta \eta_2$　　D. 无法确定哪个大

22. 一定量的理想气体,起始温度为 T,体积为 V_0,后经历绝热过程,体积变为 $2V_0$,再经过等压过程,温度回升到起始温度,最后再经过等温过程,回到起始状态. 则在此循环过程中 ( )

A. 气体从外界净吸的热量为负值　　B. 气体对外界净做的功为正值

  C. 气体从外界净吸的热量为正值 D. 气体内能减少

  23. 如图所示,理想气体卡诺循环过程的两条绝热线下的面积大小(图中阴影部分)分别为 S_1 和 S_2,则二者的大小关系是 ( )

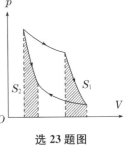

  A. $S_1 > S_2$ B. $S_1 = S_2$

  C. $S_1 < S_2$ D. 无法确定

选 23 题图

  24. 下列四图分别表示理想气体的四个设想的循环过程,在理论上可能实现是 ( )

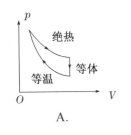 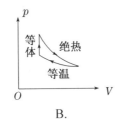 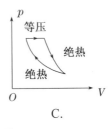 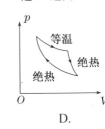

  A.   B.   C.   D.

选 24 题图

  25. 根据热力学第二定律可知 ( )

  A. 功可以全部转换为热,但热不能全部转换为功

  B. 热可以从高温物体传到低温物体,但不能从低温物体传到高温物体

  C. 不可逆过程就是不能向相反方向进行的过程

  D. 一切自发过程都是不可逆的

  26. 根据热力学第二定律判断下列哪种说法是正确的 ( )

  A. 热量能从高温物体传到低温物体,但不能从低温物体传到高温物体

  B. 功可以全部变为热,但热不能全部变为功

  C. 气体能够自由膨胀,但不能自动收缩

  D. 有规则运动的能量能够变为无规则运动的能量,反之不可以

  27. "理想气体和单一热源接触作等温膨胀时,吸收的热量全部用来对外做功."对此说法,有如下几种评论,哪种是正确的? ( )

  A. 不违反热力学第一定律,但违反热力学第二定律

  B. 不违反热力学第二定律,但违反热力学第一定律

  C. 不违反热力学第一定律,也不违反热力学第二定律

  D. 违反热力学第一定律,也违反热力学第二定律

  28. 甲说:"由热力学第一定律可证明任何热机的效率不可能等于1."乙说:"热力学第二定律可表述为效率等于100%的热机不可能制造成功."丙说:"由热力学第一定律可证明任何卡诺循环的效率都等于 $1 - \dfrac{T_2}{T_1}$."丁说:"由热力学第一定律可证明理想气体卡诺热机(可逆的)循环的效率等于 $1 - \dfrac{T_2}{T_1}$"对以上说法,有如下几种评论,哪种是正确的? ( )

  A. 甲、乙、丙、丁全对   B. 甲、乙、丙、丁全错

  C. 甲、乙、丁对,丙错   D. 乙、丁对,甲、丙错

29. 关于热功转换和热量传递过程,有下面一些叙述

（1）功可以完全变为热量,而热量不能完全变为功

（2）一切热机的效率都只能够小于 1

（3）热量不能从低温物体向高温物体传递

（4）热量从高温物体向低温物体传递是不可逆的

以上这些叙述　　　　　　　　　　　　　　　　　　　　　（　　）

  A. 只有(2)、(4) 正确   B. 只有(2)、(3)、(4) 正确

  C. 只有(1)、(3)、(4) 正确   D. 全部正确

30. 某理想气体状态变化时,内能随体积的变化关系如图中 AB 直线所示,$A{\rightarrow}B$ 表示的过程是　　　　　　　　　（　　）

  A. 等压过程   B. 等体过程

  C. 等温过程   D. 绝热过程

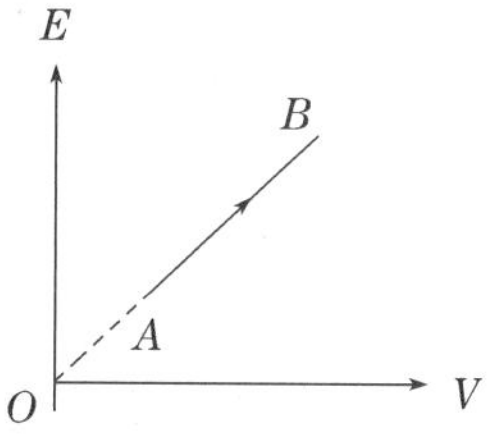

选 30 题图

二、填空题

1. 在 p-V 图上

（1）系统的某一平衡态用＿＿＿＿＿＿来表示;

（2）系统的某一准静态过程用＿＿＿＿＿＿来表示;

（3）系统的某一准静态循环过程用＿＿＿＿＿＿＿＿来表示.

2. 一定量的理想气体处于热动平衡状态时,此热力学系统的不随时间变化的三个宏观量是＿＿＿＿＿＿＿＿＿＿＿＿,而随时间不断变化的微观量是＿＿＿＿＿＿＿＿＿＿＿＿＿＿.

3. 如图所示,已知图中画不同斜线的两部分的面积分别为 S_1 和 S_2,那么

（1）如果气体的膨胀过程为 a—1—b,则气体对外做功 $W=$＿＿＿＿＿＿＿＿＿＿;

（2）如果气体进行 a—2—b—1—a 的循环过程,则它对外做功 $W=$＿＿＿＿＿＿＿＿.

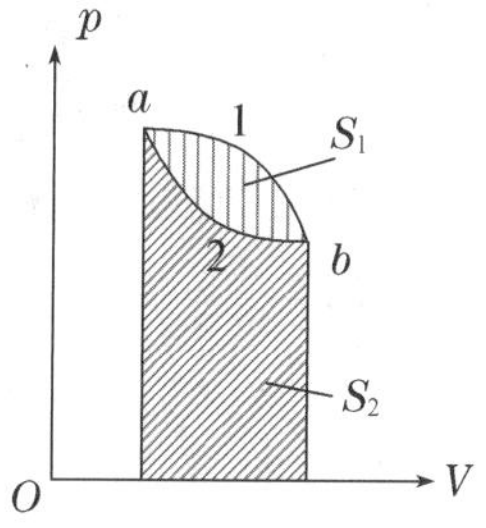

填 3 题图

4. 处于平衡态 A 的一定量的理想气体,若经准静态等体过程变到平衡态 B,将从外界吸收热量 416 J,若经准静态等压过程变到与平衡态 B 有相同温度的平衡态 C,将从外界吸收热量 582 J,所以,从平衡态 A 变到平衡态 C 的准静态等压过程中气体对外界所做的功为＿＿＿＿＿＿＿＿＿＿＿＿＿＿.

5. 不规则地搅拌盛于绝热容器中的液体,液体温度在升高,若将液体看作系统,则:

（1）外界传给系统的热量＿＿＿＿＿＿＿＿＿＿零;

（2）外界对系统做的功＿＿＿＿＿＿＿＿＿＿零;

（3）系统的内能的增量＿＿＿＿＿＿＿＿＿＿零.（填大于、等于或小于）

6. 要使一热力学系统的内能增加,可以通过＿＿＿＿＿＿＿＿或＿＿＿＿＿＿两种方式,或者两种方式兼用来完成.热力学系统的状态发生变化时,其内能的改变量只决定于＿＿＿＿＿＿＿＿＿,而与＿＿＿＿＿＿＿＿＿＿＿无关.

7. 某理想气体等温压缩到给定体积时外界对气体做功 $|W_1|$,又经绝热膨胀返回原来体积时气体对外做功 $|W_2|$,则整个过程中气体

（1）从外界吸收的热量 $Q=$＿＿＿＿＿＿＿;（2）内能增加 $\Delta E=$＿＿＿＿＿＿＿.

8. 同一种理想气体的定压摩尔热容 $C_{p,m}$,大于定体摩尔热容 $C_{V,m}$,其原因是:等压过程中_____.

9. 一定量的理想气体,从状态 A 出发,分别经历等压、等温、绝热三种过程由体积 V_1 膨胀到体积 V_2,试在示意图上分别用 AB、AC、AD 画出这三种过程的 p-V 图曲线. 在上述三种过程中:

(1) 气体的内能增加的是_____过程;

(2) 气体的内能减少的是_____过程.

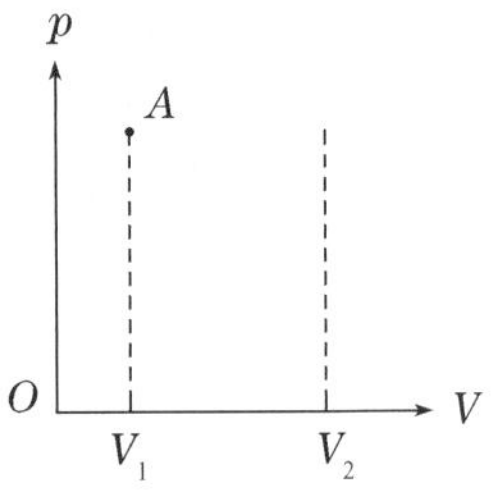

填9题图

10. 一定量理想气体,从同一状态开始使其体积由 V_1 膨胀到 $2V_1$,分别经历以下三种过程:(1) 等压过程;(2) 等温过程;(3) 绝热过程. 其中:_____过程气体对外做功最多;_____过程气体内能增加最多;_____过程气体吸收的热量最多.

11. 将热量 Q 传给一定量的理想气体,

(1) 若气体的体积不变,则热量用于_____;

(2) 若气体的温度不变,则热量用于_____;

(3) 若气体的压强不变,则热量用于_____.

12. 已知一定量的理想气体经历如图所示(p-T 图)的循环过程,图中各过程的吸热、放热情况为:

(1) 过程 1-2 中,气体_____;

(2) 过程 2-3 中,气体_____;

(3) 过程 3-1 中,气体_____.

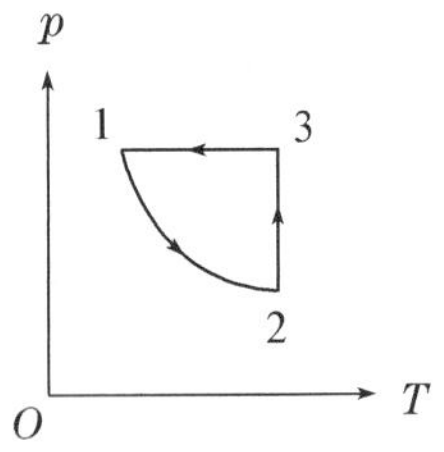

填12题图

13. 如图,三幅图所示分别为一定量理想气体的等压线、等温线和绝热线. 试判断各图上 a、b 两点中处于哪一点的状态时理想气体的内能大?

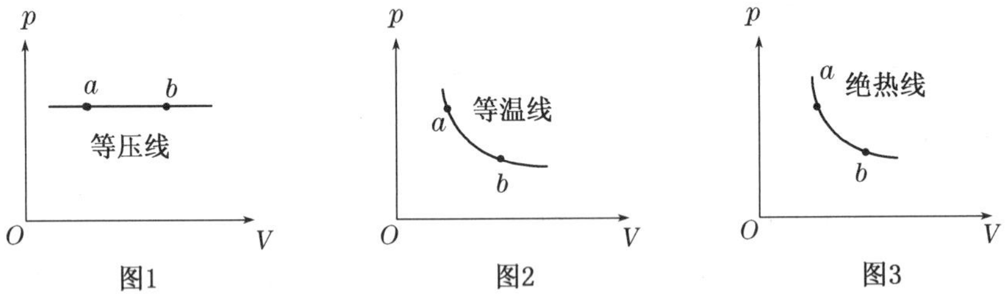

填13题图

图1:_____;图2:_____;图3:_____.(填内能大的那一点;若在两点的内能一样大,则都填.)

14. 一气缸内贮有 10 mol 的单原子分子理想气体,在压缩过程中外界做功 209 J,气体升温 1 K,此过程中气体内能增量为_____,外界传给气体的热量为_____.(普适气体常量 $R = 8.31$ J·mol^{-1}·K^{-1})

15. 一定量的某种理想气体在等压过程中对外做功为 200 J,若此种气体为单原子分子气体,则该过程中需吸热_____;若为双原子分子气体,则需吸热_____.

16. 有 1 mol 刚性双原子分子理想气体,在等压膨胀过程中对外做功 W,则其温度变化 $\Delta T=$ _____;从外界吸取的热量 $Q_p=$ _____.

17. 一定量理想气体,从 A 状态($2p_1$,V_1)经历如图所示的直线过程变到 B 状态($2p_1$,V_2),则 AB 过程中系统做功 $W=$ _____;内能改变 $\Delta E=$ _____.

填 17 题图

填 18 题图

18. 1 mol 的单原子理想气体,从状态 Ⅰ(p_1,V_1)变化至状态 Ⅱ(p_2,V_2),如图所示,则此过程气体对外做的功为 _____,吸收的热量为 _____.

19. 常温常压下,一定量的某种理想气体(其分子可视为刚性分子),在等压过程中吸热为 Q,对外做功为 W,内能增加为 ΔE,则 $\dfrac{W}{Q}=$ _____;$\dfrac{\Delta E}{Q}=$ _____.

20. 已知 1 mol 的某种理想气体(其分子可视为刚性分子),在等压过程中温度上升 1 K,内能增加了 20.78 J,则气体对外做功为 _____,气体吸收热量为 _____.(普适气体常量 $R=8.31$ J·mol^{-1}·K^{-1})

21. 3 mol 的理想气体开始时处在压强 $p_1=6$ atm. 温度 $T_1=500$ K 的平衡态,经过一个等温过程,压强变为 $p_2=3$ atm,该气体在此等温过程中吸收的热量为 $Q=$ _____ J.(普适气体常量 $R=8.31$ J·mol^{-1}·K^{-1})

22. 压强、体积和温度都相同的氢气和氦气(均视为刚性分子的理想气体),它们的质量之比为 m_1:$m_2=$ _____,它们的内能之比为 E_1:$E_2=$ _____;如果它们分别在等压过程中吸收了相同的热量,则它们对外做功之比为 W_1:$W_2=$ _____.(各量下角标 1 表示氢气,2 表示氦气)

23. 一卡诺热机(可逆的),低温热源的温度为 27 ℃,热机效率为 40%,则其高温热源温度为 _____ K. 今欲将该热机效率提高到 50%,若低温热源温度保持不变,则高温热源的温度应增加 _____ K.

24. 有一卡诺热机,用 290 g 空气为工作物质,工作在 27 ℃ 的高温热源与 −73 ℃ 的低温热源之间,此热机的效率 $h=$ _____,若在等温膨胀的过程中气缸体积增大到 2.718 倍,则此热机每一循环所做的净功为 _____.(空气的摩尔质量为 29×10^{-3} kg/mol,普适气体常量 $R=8.31$ J·mol^{-1}·K^{-1})

25. 一热机从温度为 727 ℃ 的高温热源吸热,向温度为 527 ℃ 的低温热源放热,若热机在最大效率下工作,且每一循环吸热 2 000 J,则此热机每一循环做功 _____.

26. 气体经历如图所示的一个循环过程,在这个循环过程中,外界传给气体的净热量是 _____.

填 26 题图

27. 1 mol 理想气体(设 $\gamma = C_{p,m}/C_{V,m}$ 为已知)的循环过程如图 $T\text{-}V$ 图所示,其中 CA 为绝热过程,A 点状态参量 (T_1, V_1) 和 B 点的状态参量 (T_2, V_2) 为已知. 试求 C 点的状态参量: $V_c =$ _____;$T_c =$ _____;$p_c =$ _____.

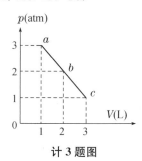

填 27 题图

28. 给定的理想气体(比热容比 g 为已知),从标准状态 $(p_0$、V_0、$T_0)$ 开始,做绝热膨胀,体积增大到三倍,膨胀后的温度 $T =$ _____,压强 $p =$ _____.

29. 热力学第二定律

克劳修斯叙述是: _____;

开尔文叙述是: _____.

30. 热力学第二定律的开尔文表述和克劳修斯表述是等价的,表明在自然界中与热现象有关的实际宏观过程都是不可逆的,开尔文表述指出了 _____ 的过程是不可逆的,而克劳修斯表述指出了 _____ 的过程是不可逆的.

三、计算题

1. 为了使刚性双原子分子理想气体在等压膨胀过程中对外做 2 J 的功,必须传给气体多少热量? 单原子分子理想气体在等压膨胀过程中对外做 2 J,必须传给气体多少热量?

2. 一定量的双原子分子理想气体,其体积和压强按 $pV^2 = a$ 的规律变化,其中 a 为已知常数. 当气体从体积 V_1 膨胀到 V_2,试求:

(1) 在膨胀过程中气体所做的功;

(2) 内能的变化;

(3) 吸收的热量.

3. 一定量的理想气体,由状态 a 经 b 到达 c(如图所示,abc 为一直线),求此过程中(1) 气体对外做的功;(2) 气体内能的增量;(3) 气体吸收的热量. $(1\ \text{atm} = 1.013 \times 10^5\ \text{Pa})$

计 3 题图

4. 一定量的单原子分子理想气体,从 A 态出发经等压过程膨胀到 B 态,又经绝热过程膨胀到 C 态,如图所示.试求整个过程中气体对外所做的总功、内能的增量.

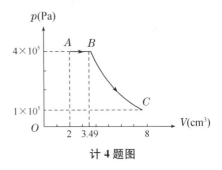

计 4 题图

5. 如图所示,在一刚性绝热容器中用一个可以无摩擦移动的导热活塞将容器分为 A、B 两部分.A、B 两部分分别充有 1 mol 的氦气和 1 mol 的氧气.开始时的氦气的温度为 $T_1 = 400$ K,氧气的温度为 $T_2 = 600$ K,氦气与氧气的压强相同均为 $p_0 = 1.013 \times 10^5$ Pa.试求整个系统达到平衡时的温度 T 及压强 p.（活塞的热容量可忽略）

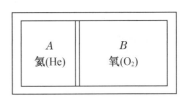

计 5 题图

6. 一定量的单原子分子理想气体,从初态 A 出发,沿图所示直线过程变到另一状态 B,又经过等容、等压两过程回到状态 A.求:(1) $A \to B$,$B \to C$,$C \to A$ 各过程中系统对外所做的功 W、内能的增量 ΔE 以及所吸收的热量 Q;(2) 整个循环过程中系统对外所做的总功以及从外界吸收的总热量(过程吸热的代数和).

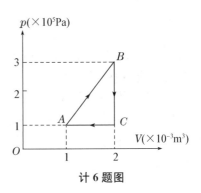

计 6 题图

7. 如图所示，$abcda$ 为 1 mol 单原子分子理想气体的循环过程，求：

(1) 气体循环一次，在吸热过程中从外界共吸收的热量；

(2) 气体循环一次对外做的净功；

(3) 求此循环的效率.

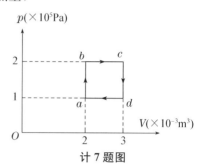

计 7 题图

8. 一定量的某单原子分子理想气体装在封闭的汽缸里，此汽缸有可活动的活塞（活塞与气缸壁之间无摩擦且无漏气）.已知气体的初压强 $p_1 = 1$ atm，体积 $V_1 = 1$ L，现将该气体在等压下加热直到体积为原来的两倍，然后在等体积下加热直到压强为原来的 2 倍，最后做绝热膨胀，直到温度下降到初温为止.

(1) 在 p-V 图上将整个过程表示出来；

(2) 试求在整个过程中气体内能的改变；

(3) 试求在整个过程中气体所吸收的热量；(1 atm $= 1.013 \times 10^5$ Pa)

(4) 试求在整个过程中气体所做的功.

9. 0.02 kg 的氦气（视为理想气体），温度由 17 ℃升为 27 ℃.若在升温过程中，(1) 体积保持不变；(2) 压强保持不变；(3) 不与外界交换热量.试分别求出气体内能的改变、吸收的热量、外界对气体所做的功.（普适气体常量 $R = 8.31$ J·$\text{mol}^{-1}\text{K}^{-1}$）

10. 1 mol 理想气体在 $T_1 = 400$ K 的高温热源与 $T_2 = 300$ K 的低温热源间作可逆卡诺循环，在 400 K 的等温线上起始体积为 $V_1 = 0.001$ m³，终止体积为 $V_2 = 0.005$ m³，试求此气体在每一循环中

(1) 从高温热源吸收的热量 Q_1；

(2) 气体传给低温热源的热量 Q_2；

(3) 气体所做的净功 W.

11. 一定量的某种理想气体进行如图所示的循环过程,已知气体在状态 A 的温度为 $T_A = 300$ K. 求:

(1) 气体在状态 B、C 的温度;

(2) 一个循环过程中气体对外所做的功;

(3) 经过整个循环过程,气体从外界吸收的总热量(各过程吸热的代数和).

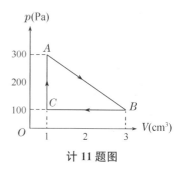

计 11 题图

12. 比热容比 $g = 1.40$ 的理想气体进行如图所示的循环,已知状态 A 的温度为 300 K,求:

(1) 状态 B、C 的温度;

(2) 每一过程中气体所吸收的净热量. (普适气体常量 $R = 8.31$ J·mol^{-1}·K^{-1})

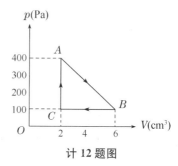

计 12 题图

13. 一卡诺循环的热机,高温热源温度是 400 K,每一循环从此热源吸进 100 J 热量并向一低温热源放出 80 J 热量. 求:

(1) 低温热源温度;

(2) 这循环的热机效率.

14. 效率为 25% 的热机,输出功率为 5 kW. 如果在每一循环中它排出热量 8 000 J,试求:(1) 每一循环中它吸收的热量;(2) 每一循环经历的时间.

15. 某卡诺热机的效率为 40%,在每一循环中它从温度 500 K 的高温热源吸收热量 800 J. 试求:(1)循环中它放出的热量;(2)低温热源的温度.

16. 一定量的理想气体经过如图所示的循环过程,其中 AB 和 CD 为等温过程,对应的温度分别为 T_1 和 T_2,BC 和 DA 为等体过程,对应的体积分别为 V_1 和 V_2,该循环被称作逆向斯特林循环. 假如被制冷的对象放在低温热源 T_2 处(与 CD 过程相对应),试求该循环的制冷系数 e.

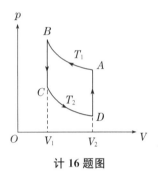

计 16 题图

17. 1 mol 单原子分子理想气体的循环过程如图所示,其中点 C 的温度 $T_C = 600$ K. 试求:

(1) AB、BC、CA 各个过程系统吸收的热量;

(2) 经一循环过程系统所做的净功;

(3) 循环的效率.($\ln 2 = 0.693$)

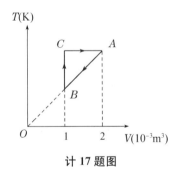

计 17 题图

18. 卡诺逆循环中如何证明 $e = \dfrac{T_2}{T_1 - T_2}$?

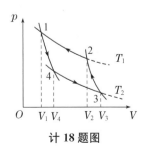

计 18 题图

四、应用题

1. 位于委内瑞拉的安赫尔瀑布是世界上落差最大的瀑布,它高 979 m,如果在水下落过程中,重力对它所做的功中有 50% 转化为热量使水温升高,求水由瀑布顶部落到底部而产生的温差.(水的比热容为 4.18×10^3 J $\cdot$ kg^{-1} $\cdot$ K^{-1}.)

2. 烟气流经锅炉的烟道,其温度从 900 ℃ 降到 200 ℃,然后从烟囱排出.求每立方米烟囱气在烟道中放出的热量(此热量被锅炉中的水和水蒸气所吸收).已知空气的质量密度为 $m = 1.29$ kg $\cdot$ m^{-3},摩尔质量 $M = 28.9 \times 10^{-3}$ kg $\cdot$ mol^{-1},空气的定压摩尔热容 $C_{p,m} = \dfrac{7}{2} R$.

3. 汽缸内有 2 mol 氦气,初始温度为 27 ℃,体积为 20 L,先将氦气等压膨胀,直至体积加倍,然后绝热膨胀,直至回复初温为止.把氦气视为理想气体,试求:

(1) 在 p-V 图上大致画出气体的状态变化过程;

(2) 氦气的内能变化多少?

(3) 在这过程中氦气吸热多少?

(4) 氦气所做的总功是多少?

(普适气体常量 $R = 8.31$ J $\cdot$ mol^{-1} $\cdot$ K^{-1})

4. 氧气在医疗及工业方面用途极为广泛.已知它是刚性双原子分子,将其看作理想气体.那么当温度为 27 ℃,压强为 1 atm 的 1 mol,一定量的氧气经等温过程体积膨胀至原来的 3 倍.(普适气体常量 $R = 8.31$ J $\cdot$ mol^{-1} $\cdot$ K^{-1},$\ln 3 = 1.0986$)

(1) 计算这个过程中气体对外所做的功;

(2) 假若气体经绝热过程体积膨胀为原来的 3 倍,那么气体对外做的功又是多少?

5. 实验用的一尊大炮炮筒长为 3.66 m,内膛直径为 0.152 m,炮弹质量为 45.4 kg. 击发后火药爆燃完全时炮弹已被推行 0.98 m,速率为 311 m/s,这时膛内气体压强为 2.43×10^8 Pa. 设此后膛内气体做绝热膨胀,直到炮弹出口. 求:

(1) 在这一绝热膨胀过程中气体对炮弹做功多少?(设 $\gamma = 1.2$)

(2) 炮弹的出口速率.(忽略摩擦)

6. 一小型热电厂内,一台利用地热发电的热机工作于温度为 227 ℃ 的地下热源和温度为 27 ℃ 的地表之间,假定该热机每小时能从地下热源获取 1.8×10^{11} J 的热量,试从理论上计算其最大功率.

7. 在夏季,假定室外温度恒定为 37.0 ℃,启动空调使室内温度始终保持在 17.0 ℃,如果每天有 2.51×10^8 J 的热量通过热传导等方式自室外流入室内,则空调一天耗电多少?(假设该空调制冷机的制冷系数为同条件下的卡诺制冷机制冷系数的 60%.)